中国机械工程学科教程配套系列教材
教育部高等学校机械设计制造及其自动化专业教学指导分委员会推荐教材

计算机辅助设计与制造技术

主编 殷国富 袁清珂 徐雷

清华大学出版社
北京

内容简介

CAD/CAM是一项知识密集、多学科交叉、综合性强、应用范围广泛的高新技术,是制造业信息化工程的核心内容之一。本书结合数字化设计制造技术的最新发展和应用需要,论述了CAD/CAM技术概况、CAD/CAM系统软硬件组成、图形处理、数字化实体建模、3D装配建模技术、CAE/CAPP/CAM技术以及CAD/CAM集成等方面的理论、技术与方法,分析论述了CAD/CAM应用软件二次开发技术以及CAD/CAM系统规划与实施方法等内容。本书注重技术原理、应用方法和常用CAD/CAM软件系统(SolidWorks、Nastran、开目CAPP和MasterCAM)的结合,突出教学内容的实用性。本书不同章节的组合可满足机械工程学科专业本科教学不同学时的需要,亦可供从事CAD/CAM系统研究、开发与应用的工程技术人员参考。

图书在版编目(CIP)数据

计算机辅助设计与制造技术/殷国富,袁清珂,徐雷主编. --北京:清华大学出版社,2011.5
(2025.8重印)

(中国机械工程学科教程配套系列教材暨教育部高等学校机械设计制造及其自动化专业教学指导分委员会推荐教材)

ISBN 978-7-302-25042-5

Ⅰ. ①计… Ⅱ. ①殷… ②袁… ③徐… Ⅲ. ①计算机辅助设计-高等学校-教材 ②计算机辅助制造-高等学校-教材 Ⅳ. ①TP391.7

中国版本图书馆CIP数据核字(2011)第045480号

责任编辑:庄红权
责任校对:刘玉霞
责任印制:刘 菲

出版发行:清华大学出版社
网　　址:https://www.tup.com.cn,https://www.wqxuetang.com
地　　址:北京清华大学学研大厦A座　　　　　　邮　　编:100084
社 总 机:010-83470000　　　　　　　　　　　邮　　购:010-62786544
投稿与读者服务:010-62776969,c-service@tup.tsinghua.edu.cn
质量反馈:010-62772015,zhiliang@tup.tsinghua.edu.cn
印 装 者:三河市龙大印装有限公司
经　　销:全国新华书店
开　　本:185mm×260mm　　　印　　张:16.5　　　字　　数:397千字
版　　次:2011年5月第1版　　　　　　　　　　印　　次:2025年8月第13次印刷
定　　价:49.00元

产品编号:033874-05

我曾提出过高等工程教育边界再设计的想法，这个想法源于社会的反应。常听到工业界人士提出这样的话题：大学能否为他们进行人才的订单式培养。这种要求看似简单、直白，却反映了当前学校人才培养工作的一种尴尬：大学培养的人才还不是很适应企业的需求，或者说毕业生的知识结构还难以很快适应企业的工作。

当今世界，科技发展日新月异，业界需求千变万化。为了适应工业界和人才市场的这种需求，也即是适应科技发展的需求，工程教学应该适时地进行某些调整或变化。一个专业的知识体系、一门课程的教学内容都需要不断变化，此乃客观规律。我所主张的边界再设计即是这种调整或变化的体现。边界再设计的内涵之一即是课程体系及课程内容边界的再设计。

技术的快速进步，使得企业的工作内容有了很大变化。如从 20 世纪 90 年代以来，信息技术相继成为很多企业进一步发展的瓶颈，因此不少企业纷纷把信息化作为一项具有战略意义的工作。但是业界人士很快发现，在毕业生中很难找到这样的专门人才。计算机专业的学生并不熟悉企业信息化的内容、流程等，管理专业的学生不熟悉信息技术，工程专业的学生可能既不熟悉管理，也不熟悉信息技术。我们不难发现，制造业信息化其实就处在某些专业的边缘地带。那么对那些专业而言，其课程体系的边界是否要变？某些课程内容的边界是否有可能变？目前不少课程的内容不仅未跟上科学研究的发展，也未跟上技术的实际应用。极端情况甚至存在有些地方个别课程还在讲授已多年弃之不用的技术。若课程内容滞后于新技术的实际应用好多年，则是高等工程教育的落后甚至是悲哀。

课程体系的边界在哪里？某一门课程内容的边界又在哪里？这些实际上是业界或人才市场对高等工程教育提出的我们必须面对的问题。因此可以说，真正驱动工程教育边界再设计的是业界或人才市场，当然更重要的是大学如何主动响应业界的驱动。

当然，教育理想和社会需求是有矛盾的，对通才和专才的需求是有矛盾的。高等学校既不能丧失教育理想、丧失自己应有的价值观，又不能无视社会需求。明智的学校或教师都应该而且能够通过合适的边界再设计找到适合自己的平衡点。

我认为，长期以来，我们的高等教育其实是"以教师为中心"的。几乎所有的教育活动都是由教师设计或制定的。然而，更好的教育应该是"以学生为中心"的,即充分挖掘、启发学生的潜能。尽管教材的编写完全是由教师完成的,但是真正好的教材需要教师在编写时常怀"以学生为中心"的教育理念。如此,方得以产生真正的"精品教材"。

教育部高等学校机械设计制造及其自动化专业教学指导分委员会、中国机械工程学会与清华大学出版社合作编写、出版了《中国机械工程学科教程》,规划机械专业乃至相关课程的内容。但是"教程"绝不应该成为教师们编写教材的束缚。从适应科技和教育发展的需求而言,这项工作应该不是一时的,而是长期的,不是静止的,而是动态的。《中国机械工程学科教程》只是提供一个平台。我很高兴地看到,已经有多位教授努力地进行了探索,推出了新的、有创新思维的教材。希望有志于此的人们更多地利用这个平台,持续、有效地展开专业的、课程的边界再设计,使得我们的教学内容总能跟上技术的发展,使得我们培养的人才更能为社会所认可,为业界所欢迎。

是以为序。

2009 年 7 月

　　计算机辅助设计与制造(computer aided design and manufacturing, CAD/CAM)是一种以计算机为核心的数字信息处理系统与工程技术人员协同作业进行产品设计和制造的先进技术,具有知识密集、学科交叉、综合性强、应用范围广等特点。CAD/CAM 技术的发展和应用使传统的产品设计方法与生产模式发生了深刻的变化,对制造业的生产模式和人才知识结构产生重大的影响,并由此奠定了制造业信息化工程的基础。经过几十年的应用发展,不仅 CAD/CAM 系统本身已形成规模庞大的产业集群,而且显著促进了制造业产品设计制造迈向了数字化、网络化、智能化和全球化的新时代,也为制造业带来了巨大的经济社会效益。目前 CAD/CAM 技术广泛应用于机械、电子、汽车、模具、航空航天、交通运输、工程建筑、军工等各个领域,它的研究与应用水平已成为衡量一个国家技术发展和工业现代化水平的重要标志之一。

　　毫无疑问,CAD/CAM 技术已经成为产品设计制造工作中不可缺少的工具,是机械工程学科领域的一门重要的专业必修课程。对于 21 世纪的工程技术人员来说,学习并掌握 CAD/CAM 技术原理及其相应软件系统的应用方法是十分重要的。因此,及时系统地反映 CAD/CAM 技术原理与典型软件系统的应用方法,满足当前 CAD/CAM 技术研究、教学和推广应用的需要,是编写本书的基本出发点。

　　我们认为,CAD/CAM 课程教学的主要任务有三个方面:一是使学生学习 CAD/CAM 技术的基本原理和主要技术方法;二是学习和掌握 CAD/CAM 的各单元技术、集成技术等关键技术;三是通过典型 CAD/CAM 软件系统的学习和初步应用,培养学生的 CAD/CAM 系统工程化应用意识。为此,本书编写的指导思想是:以 CAD/CAM 技术的共性理论为基础,以机械工程应用为背景,注意突出内容的新颖性和实用性,在论述 CAD/CAM 的基本原理、关键技术和应用方法的基础上,结合常用 CAD/CAM 软件系统的应用介绍,方便学生学习从图像处理、三维建模、装配建模、性能分析仿真到数控加工编程所涉及的 CAD/CAM 技术和软件系统,并通过应用 CAD/CAM 软件系统来理解和掌握 CAD/CAM 技术。

　　本书体系结构与内容安排是:

　　第 1 章概述 CAD/CAM 的基本概念与作用、CAD/CAM 技术的产生与发展、用 CAD/CAM 软件系统实现特定产品的设计和制造的过程。

第 2 章论述 CAD/CAM 系统组成与软硬件环境等方面的内容,使学生从整体上了解 CAD/CAM 的系统组成、CAD/CAM 软件环境、硬件配置等。

第 3 章介绍计算机图形处理技术及其应用,重点是计算机图形学的基本概念、图形标准、图形变换的原理以及常用自由曲线的生成方法。

第 4 章论述产品数字化造型技术,主要内容是几何模型的基本概念、三维几何造型的理论基础、几何造型方法、三维实体的计算机内部表示、参数化特征造型等技术,介绍运用 SolidWorks 软件系统进行三维实体造型、产品装配设计、工程图制作的方法。

第 5 章介绍 CAD/CAM 系统中装配建模的基本原理、装配建模中的约束技术以及装配建模方法,使学生初步掌握 SolidWorks 的装配建模技术。

第 6 章介绍计算机辅助分析技术与应用,重点是有限元分析的基本原理和分析步骤,结合实例介绍了 MSC. Patran 与 MSC. Nastran 两种 CAE 软件平台的使用方法。

第 7 章论述计算机辅助工艺设计技术,包括 CAPP 系统组成、工艺决策与工序设计、工艺数据库技术等内容,并以开目 CAPP 为例介绍 CAPP 的各功能模块与应用。

第 8 章介绍数控编程的原理与方法、加工过程仿真以及 CAM 软件应用技术,以实例讨论了 MasterCAM 数控编程软件系统的实验方法。

第 9 章论述 CAD/CAM 集成技术,介绍 CAD/CAM 集成系统的逻辑结构、产品数据交换标准、产品信息的描述与集成数据模型等内容,重点讨论基于 PDM 的 CAD/CAM 集成系统与实例。

第 10 章讨论 CAD/CAM 应用软件开发技术,着重介绍基于通用平台的 CAD 专业软件的开发方法,并以 SolidWorks 三维软件平台为例讨论专业软件的二次开发技术。

第 11 章从 CAD/CAM 系统的需求分析、系统规划、实施步骤、管理体制、应用培训等方面介绍 CAD/CAM 系统规划与实施方法以及 CAD/CAM 系统建立案例。

本书由四川大学殷国富教授、广东工业大学袁清珂教授和四川大学徐雷副教授担任主编。其中第 1、9 章由袁清珂教授编写,第 2、3、10 章由徐雷副教授编写,第 4、5 章由井冈山大学胡茶根老师编写,第 6 章由五邑大学杨铁牛教授编写,第 7 章由广东工业大学习小英副教授编写,第 8 章由殷国富教授编写,第 11 章由四川大学方辉老师编写,全书由殷国富、袁清珂、徐雷统稿。在编写过程中我们参考了许多学者专家的论著和文献资料,谨此致谢。

本书内容新颖,体系合理,注重技术原理、应用方法和常用 CAD/CAM 软件系统(SolidWorks、Nastran、开目 CAPP 和 MasterCAM)的结合,方便学生通过软件系统的应用来理解和掌握 CAD/CAM 技术,突出了教材的教学适用性。本书不同章节的组合可满足相关学科本科教学不同学时的需要,亦可供从事计算机辅助设计制造技术研究、开发与应用的工程技术人员参考。由于 CAD/CAM 技术内容十分丰富,技术发展日新月异,因此书中内容难以全面反映这一领域的全部技术成果,不妥之处在所难免,诚请批评指正。

作　者
2011 年 3 月

目　录

CONTENTS

第1章　CAD/CAM 技术概论 ·· 1

1.1　CAD/CAM 的基本概念与作用 ·· 1

1.2　CAD/CAM 技术的产生与发展 ·· 2

1.3　CAD/CAM 集成系统的应用过程与实例 ······························ 5

习题 ··· 7

第2章　CAD/CAM 系统硬件和软件 ·· 8

2.1　CAD/CAM 系统组成 ·· 8

2.2　CAD/CAM 工作站的硬件设备 ·· 9

2.3　CAD/CAM 系统的软件体系结构 ······································ 11

2.4　常用 CAD/CAM 软件系统 ·· 14

2.5　CAD/CAM 系统的硬件选型 ·· 17

2.6　CAD/CAM 系统设计原则 ·· 20

2.7　网络化 CAD/CAM 系统 ·· 22

习题 ··· 22

第3章　计算机图形处理技术及其应用 ······································ 23

3.1　计算机绘图概述 ·· 23

3.2　图形的概念 ··· 24

3.3　图形系统与图形标准 ·· 25

3.4　图形变换与处理 ·· 27

3.5　曲线描述的基本原理和方法 ·· 31

3.6　曲线设计 ··· 33

　　3.6.1　Bezier 曲线 ··· 33

　　3.6.2　B 样条曲线 ·· 36

3.7　曲面设计 ··· 38

习题 ··· 42

第4章　产品数字化造型技术 ·· 43

4.1　几何模型的基本概念 ·· 43

　　4.1.1　几何模型的信息组成 ·· 43

4.1.2　几何造型方法 ……………………………………………… 45

4.2　三维几何造型的理论基础 …………………………………………… 48

4.3　三维几何实体造型方法 ………………………………………………… 50

4.4　参数化与变量化设计技术 ……………………………………………… 55

4.5　特征造型技术 ……………………………………………………………… 58

4.6　基于 SolidWorks 的参数化特征造型技术 ……………………………… 60

4.6.1　SolidWorks 工作界面及特征管理树 ………………………… 61

4.6.2　SolidWorks 实体造型 ………………………………………… 62

4.6.3　SolidWorks 曲面造型 ………………………………………… 67

4.6.4　特征修改及编辑 ……………………………………………… 69

4.6.5　参数化特征造型的应用 ……………………………………… 69

习题 …………………………………………………………………………… 71

第 5 章　CAD/CAM 装配建模技术 …………………………………… 72

5.1　装配建模概述 ……………………………………………………………… 72

5.2　装配模型 …………………………………………………………………… 73

5.2.1　装配模型的特点与结构 ……………………………………… 73

5.2.2　装配模型的信息组成 ………………………………………… 75

5.2.3　装配树 ………………………………………………………… 76

5.2.4　装配模型的管理 ……………………………………………… 77

5.2.5　装配模型的分析 ……………………………………………… 78

5.3　装配约束技术 ……………………………………………………………… 79

5.3.1　装配约束分析 ………………………………………………… 79

5.3.2　装配约束规划 ………………………………………………… 81

5.4　装配设计的两种方法 ……………………………………………………… 82

5.4.1　自底向上的装配设计 ………………………………………… 83

5.4.2　自顶向下的装配设计 ………………………………………… 83

5.5　装配建模技术的应用 ……………………………………………………… 84

5.5.1　SolidWorks 装配功能简介 …………………………………… 85

5.5.2　基于 SolidWorks 的自底向上的装配设计 ………………… 86

5.5.3　基于 SolidWorks 的自顶向下的装配设计 ………………… 88

习题 …………………………………………………………………………… 91

第 6 章　计算机辅助分析技术与应用 ………………………………… 93

6.1　CAE 技术构成、现状与发展趋势 …………………………………… 93

6.2　有限元分析原理 …………………………………………………………… 96

6.3　CAE 的应用 ………………………………………………………………… 97

6.3.1　CAE 的主要应用领域 ………………………………………… 97

6.3.2　CAE 求解的两类问题 ………………………………………… 98

6.3.3 CAE 中的有限元方法 ··· 98
6.3.4 有限元法的解题流程 ··· 99
6.3.5 有限元分析的前处理 ··· 100
6.3.6 有限元分析的后处理 ··· 101
6.3.7 有限元分析软件 ·· 101
6.3.8 CAE 的应用实例 ··· 102
习题 ·· 113

第 7 章 计算机辅助工艺设计技术 ·· 114

7.1 计算机辅助工艺设计技术概况 ·· 114
7.1.1 工艺设计的任务与内容 ·· 114
7.1.2 CAPP 概念及发展概况 ·· 116
7.1.3 CAPP 系统组成 ·· 118
7.2 CAPP 系统中的工艺决策与工序设计 ···································· 119
7.2.1 工艺决策内容 ··· 119
7.2.2 工艺决策技术 ··· 122
7.2.3 派生式 CAPP 系统 ·· 124
7.2.4 创成式 CAPP 系统 ·· 128
7.2.5 CAPP 专家系统 ·· 129
7.3 CAPP 的工艺数据库技术 ··· 132
7.3.1 工艺数据库在 CAPP 中的作用 ···································· 132
7.3.2 工艺数据类型及特点 ··· 132
7.3.3 工艺数据库设计 ·· 134
7.4 CAPP 系统开发与应用 ··· 136
7.4.1 CAPP 系统开发目标 ··· 136
7.4.2 CAPP 系统开发原则 ··· 136
7.4.3 开发环境及工具的选择 ·· 137
7.4.4 CAPP 系统开发过程 ··· 137
7.4.5 CAPP 系统功能模块 ··· 139
7.4.6 开目 CAPP 简介与应用 ··· 139
7.5 CAPP 的发展趋势 ··· 145
习题 ·· 145

第 8 章 计算机辅助制造技术与应用 ·· 147

8.1 CAM 技术概述 ·· 147
8.2 CAM 系统功能与体系结构 ··· 150
8.3 数控机床及其编程技术 ··· 151
8.4 数控语言及数控加工程序的编制 ··· 155
8.4.1 数控加工程序的结构与格式 ··· 156

8.4.2　数控加工程序的指令代码 ················· 157

8.5　数控加工过程仿真技术 ················· 163

8.6　常用 CAM 软件系统的功能简介 ················· 165

8.7　MasterCAM 数控编程实例 ················· 167

8.7.1　MasterCAM 的基本功能 ················· 167

8.7.2　MasterCAM 的工作界面 ················· 167

8.7.3　MasterCAM 数控编程的一般工作流程 ················· 168

8.7.4　MasterCAM 数控编程实例 ················· 168

习题 ················· 174

第 9 章　CAD/CAM 集成技术 ················· 176

9.1　CAD/CAM 集成技术与方法 ················· 176

9.1.1　CAD/CAM 集成系统的逻辑结构 ················· 176

9.1.2　CAD/CAM 集成系统的总体结构 ················· 177

9.1.3　CAD/CAM 集成的关键技术 ················· 178

9.1.4　CAD/CAM 系统集成的方法 ················· 179

9.2　产品数据交换标准 ················· 183

9.2.1　产品数据交换标准的产生与发展 ················· 183

9.2.2　IGES 标准 ················· 184

9.2.3　STEP 标准 ················· 187

9.3　产品信息的描述与集成数据模型 ················· 190

9.3.1　集成产品数据模型 ················· 191

9.3.2　零件信息模型 ················· 192

9.3.3　产品信息模型 ················· 195

9.4　基于 PDM 的 CAD/CAM 集成系统与实例 ················· 199

9.4.1　PDM 的体系结构与功能 ················· 199

9.4.2　基于 PDM 集成 CAD/CAM 系统 ················· 202

9.4.3　基于 PDM 集成 CAD/CAM 系统的开发实例 ················· 205

习题 ················· 208

第 10 章　CAD/CAM 应用软件开发技术 ················· 209

10.1　应用软件开发技术概述 ················· 209

10.1.1　二次开发的概念、目的和一般原则 ················· 209

10.1.2　机械 CAD 软件的二次开发 ················· 210

10.2　CAD 软件开发流程与文档资料要求 ················· 211

10.3　CAD/CAM 应用软件编程基础 ················· 213

10.3.1　OpenGL 标准 ················· 214

10.3.2　微机平台 OpenGL 的开发环境 ················· 215

10.3.3　OpenGL 中基本图形的生成 ················· 216

　　　　10.3.4　VC 6.0 中 OpenGL 开发环境配置 ································ 220

　　10.4　专业 CAD 软件开发方法 ····························· 221

　　10.5　基于通用平台的 CAD 专业软件开发方法 ·················· 221

　　　　10.5.1　CAD 软件二次开发平台的体系结构 ················· 221

　　　　10.5.2　CAD 软件二次开发技术 ······················ 222

　　10.6　基于 SolidWorks 的三维 CAD 软件开发方法 ·············· 224

　　　　10.6.1　SolidWorks 的对象层次结构 ···················· 224

　　　　10.6.2　SolidWorks 二次开发的工具 ···················· 225

　　　　10.6.3　SolidWorks 二次开发的一般过程 ················· 227

　　习题 ··· 233

第 11 章　CAD/CAM 系统规划与实施方法 ···················· 234

　　11.1　CAD/CAM 系统的规划和实施步骤 ···················· 234

　　11.2　需求分析 ·· 236

　　11.3　系统规划和实施步骤 ······························ 239

　　11.4　CAD/CAM 系统的管理体制 ······················· 239

　　11.5　CAD/CAM 系统和应用培训 ······················· 241

　　11.6　CAD/CAM 系统建立案例 ························· 243

　　习题 ··· 248

主要参考文献 ··· 249

第 **1** 章

CAD/CAM 技术概论

▲ 教学提示与要求

　　CAD/CAM 技术是指计算机辅助设计(computer aided design,CAD)技术和计算机辅助制造(computer aided manufacturing,CAM)技术,是产品设计与开发的重要工具技术和手段。本章介绍了 CAD/CAM 技术的基本概念与作用、CAD/CAM 技术的产生与发展、CAD/CAM 集成系统的应用过程与实例。通过本章的教学使学生从整体上了解 CAD/CAM 技术的内涵和特点,了解 CAD/CAM 集成系统的应用过程,在宏观上对 CAD/CAM 技术有一个全面的认识。

1.1　CAD/CAM 的基本概念与作用

　　CAD/ CAM 技术可以在产品开发过程中发挥重要作用,一般的产品开发过程如图 1.1 所示。

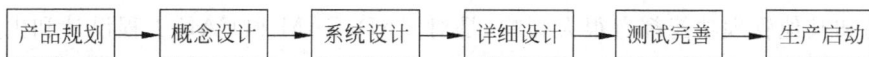

产品规划 → 概念设计 → 系统设计 → 详细设计 → 测试完善 → 生产启动

图 1.1　产品开发过程

　　计算机辅助设计(computer aided design,CAD)技术是在产品开发过程中使用计算机系统辅助产品创建、修改、分析和优化的有关技术。这样,任何嵌入了计算机图形学的计算机程序和在设计过程中使工程设计变得容易进行的应用程序,都归类为 CAD 软件。换句话说,CAD 工具包括了从创建形体的几何建模工具到诸如分析、优化应用程序的所有工具。目前可以使用的典型工具包括公差分析、质量属性计算、有限元建模和分析结果的可视化。CAD 最基本的功能是定义设计的几何形状,这里所说的设计可以是机械零件、建筑结构、电子电路和建筑平面布局等的设计,这是因为设计的几何形状是产品周期中后续各项工作的基础。计算机辅助绘图系统和几何建模系统典型地应用于这一目的,这也是这些系统被称为 CAD 软件的原因。此外,这些系统所建立的几何模型是执行后续 CAE 和 CAM 中其他功能的基础,这是 CAD 最大的优点之一,因为它可以节省重新定义几何形状所需的大量时间,也可以减少因此而造成的出错概率。因此,我们说计算机辅助绘图系统和几何建模系统是 CAD 中最重要的组成部分。

计算机辅助制造(computer aided manufacturing,CAM)技术是将计算机系统直接或间接地应用于计划、管理和控制生产作业的有关技术。CAM 最成熟的应用领域之一是数字控制,或简称为 NC,这种技术是使用可编程的指令来控制机床,进行磨削、切割、冲压、成形、车削等作业,将原材料加工成零件。目前,计算机使用可以基于 CAD 数据库中的几何数据、加上由操作人员提供的有关信息,生成大量的数控指令。CAM 的研究集中于最小化操作人员的交互工作。

CAM 的另一个重要作用是机器人编程,使机器人可以在加工单元内进行作业,为数控机床选择刀具、定位工件等。这些机器人可以独立地完成诸如焊接、装配,或在车间内搬运设备或零件的任务。

实现工艺设计自动化也是计算机自动化的一个目标,当工件从车间的一个工作站运送到另一个工作站时,工艺设计已经为它制定了从开始到结束所需的详细生产步骤。如前面所述,完全彻底的工艺制定自动化是不可能实现的,然而如果一个零件的工艺已经制定就可以自动生成与这个零件相似零件的工艺。能够将相似零件归为一类的成组技术,可以实现这个目的。如果这些零件有诸如沟槽、斜面、孔等常见制造特征,就可以把它们归为不同的类。因此,为了能够自动地检索到具有相似特征的零件,CAD 数据库中必须包含这些特征信息,基于特征的建模技术或特征识别技术可以完成上述任务。

此外,计算机还可以用来决定什么时间订购原材料和零件以及订购多少,以完成生产计划,这称为物料需求计划(material requirements planning,MRP)。计算机也可以用来监视车间中机器的工作状态,并给它们发出适当的指令。

由此可见,CAD、CAM 是与自动完成产品周期中指定任务并使工作更有效的技术。因为这些系统是独立开发的,所以没有充分认识到将产品周期中设计和制造活动集成起来的需求。为了解决这一问题,提出了一种称为计算机集成制造(computer integrated manufacturing,CIM)的新技术。CIM 的目标是把一个个单独的自动化孤岛集成为一个连续平滑运行的高效系统。CIM 通过使用计算机数据库使整个企业高效运行,并且对财务、报表、运输和其他管理功能都有很大影响,是对 CAD、CAM 和 CAE 工程设计和生产功能的补充。通常情况下 CIM 被认为是经营哲理,而不是计算机系统。

1.2   CAD/CAM 技术的产生与发展

1. CAD 技术的产生与发展

CAD 指使用计算机系统进行设计的全过程,包括资料检索、方案构思、零件造型、工程分析、工程制图、文档编制等。在设计的各个阶段计算机都能发挥它的辅助作用,因此 CAD 概念一产生,就成为一门新兴的学科,引起了工程界的关注和支持,迅速得到发展并日益地完善起来。

20 世纪 60 年代初,美国麻省理工学院(MIT)开发了名为 Sketchpad 的计算机交互图形处理系统,并描述了人机对话设计和制造的全过程,形成了最初的 CAD 概念:科学计算、绘图。随着计算机软、硬件的发展,计算机逐步应用于设计过程,形成了 CAD 系统,同时给 CAD 概念加入新的含义,逐步形成了当今应用十分广泛的 CAD/CAM 集成的 CAD 系统。

从 CAD 概念产生至今,CAD 经历了多个发展阶段。

从 20 世纪 60 年代初到 70 年代中期,CAD 从封闭的专用系统走向商品化,其主要技术特点是二维、三维线框造型,只能表达基本的几何信息,不能有效表达几何数据间的拓扑关系,需配备大型计算机系统,价格昂贵。此时期有代表性的产品是:美国通用汽车公司的 DAC-1,洛克希德公司的 CADAM 系统。CAD 开始进入应用阶段。

20 世纪 70 年代后期,进入发展阶段。由于集成电路的问世,CAD 系统价格下降。同时,此时正值飞机和汽车工业蓬勃发展时期,飞机和汽车制造中遇到了大量的自由曲面问题,法国索达飞机制造公司率先开发出以表面模型为特点的自由曲面建模方法,推出了三维曲面造型系统 CATIA,采用多截面视图、特征纬线的方式来近似表达自由曲面。该阶段的主要技术特点是自由曲面造型。曲面造型系统为人类带来了第一次 CAD 技术革命。一些受到国家财政支持的军工部门相继开发了 CAD 软件,如美国洛克希德公司的 CADAM、美国通用汽车公司的 CALMA、美国波音公司的 CV、美国国家航空及宇航局(NASA)支持开发的 I-DEAS、美国麦道公司开发的 UG 等。

20 世纪 80 年代初,由于计算机技术的大跨步前进,CAE、CAM 技术也开始有了较大的发展,由于表面模型技术只能表达形体表面的信息,难以准确地表达零件的其他属性,如质量、质心、惯性矩等,对 CAE 十分不利,最大的问题在于分析的前处理特别困难。基于对 CAD/CAE 一体化技术发展的探索,SDRC 公司第一个开发了基于实体造型技术的 CAD/CAE 软件 I-DES。由于实体造型技术能够精确地表达零件的全部属性,在理论上有助于统一 CAD、CAE、CAM 的模型表达,因此称之为 CAD 发展史上的第二次技术革命。但由于当时的硬件技术条件还不能满足实体造型技术所带来的数据计算量极度膨胀的需求,使实体造型技术没能很快在整个行业中全面推广开来。

20 世纪 80 年代中期,CV 公司的一些人提出了参数化实体造型方法,其特点是:基于特征、全尺寸约束、全数据相关、尺寸驱动设计等修改等。策划参数化技术的这些人成立了一个参数技术公司(Parametric Technology Corp,PTC),开始研制 Pro/Engineer 的参数化软件。进入 20 世纪 90 年代,PTC 在 CAD 市场份额名列前茅。可以认为,参数化技术的应用主导了 CAD 发展史上的第三次技术革命。

20 世纪 90 年代初期,SRDC 公司在摸索了几年参数化技术后,开发人员发现参数化技术尚存在许多不足之处。"全尺寸约束"这一硬性规定就干扰和制约着设计者创造力及想象力的发挥。为此,SRDC 的开发者提出了一种比参数化技术更为先进的实体造型技术——变量化技术,并历经 3 年时间,投资 1 亿多美元,推出了全新体系的 I-DEAS Master Serise 软件。变量化技术成就了 SRDC,也推动了 CAD 技术发展的第四次技术革命。

目前,CAD 技术日益完善,许多发达国家相继推出成熟的 CAD/CAM 集成化的商品软件,在设计理论、设计方法、设计环境、设计工具等各方面出现许多成熟的现代 CAD 技术。当今 CAD 技术是计算机在工程中最有影响的应用技术,它作为现代工程制造技术的重要组成部分,是促进科研成果的开发和转化、促进传统产业和学科的更新与改造、实现设计自动化、增强企业及其产品在市场上的竞争力、加强国民经济发展的一项关键性高新技术。

CAD 概念在各个时期有所不同。1973 年国际信息联合会给出"CAD 是将人和机器混编在解题作业中的一种技术,从而使人和机器的最好特性联系起来"的定义。到 20 世纪 80

年代初,第二届国际 CAD 会议上认为 CAD 是一个系统的概念,包括计算、图形、信息自动交换、分析和文件处理 5 个方面的内容。1984 年召开的国际设计及综合讨论会上,认为 CAD 不仅是设计手段,而且是一种新的设计方法和思维。可见 CAD 概念是一个变化的、不断发展的概念。

2. CAM 技术的产生与发展

制造技术可谓历史悠久,可以说它是伴随着人类的诞生而出现的,伴随着人类的进步而发展的。人类社会能够创造今天辉煌的经济成就,能够登上月球、探索太空,从根本上讲是制造技术获得重大发展的结果。CAM 技术是伴随着数控机床的产生而产生、伴随着数控技术和计算机技术的发展而不断发展的,这门技术从产生到现在,已经历了半个世纪,从形成、发展、提高和目前的高度集成,已形成了比较完整的科学技术体系,并在当今的高新技术领域中占有很重要的位置。

1952 年 MIT 试制成功世界上第一台数控铣床,解决了形状复杂零件的相关问题,尤其是由自由曲面组成的复杂零件的自动加工的问题,促进了数控编程技术的发展。同期,MIT 研制开发了 APT 自动编程系统,可以方便地将被加工零件的形状输入到计算机中进行刀具轨迹的计算和数控程序的自动生成。这就是第一代 CAM 软件。20 世纪 60 年代在专业数控系统上开发的编程机及部分编程软件,如日本 FANUC、德国 SEMEMS 编程机,其系统结构为专机形式,基本处理方式是人工或辅助式直接计算数控刀路,编程目标与对象也都是直接数控刀路。其特点是功能差、操作困难、专机专用,仍属第一代 CAM 系统的范畴。

20 世纪 70 年代末以后,32 位工作站和微型计算机的出现对 CAM 技术的发展提供了硬件基础并产生了极大的推动作用。32 位工作站属于单用户的计算机系统,具有较高的响应速度;由于工作站之间可以联网,来共享系统内的资源和发挥各台计算机的特点,逐步扩大 CAM 系统的功能和规模。在软件方面,针对 APT 语言的缺点,1978 年,法国达索飞机公司开始开发集三维设计、分析、NC 加工一体化的系统,称为 CATIA。随后很快出现了 EUCLID、UGNX、INTERGRAPH、Pro/Engineer、MasterCAM 及 NPU/GNCP 等系统,这些系统都能有效地解决几何造型、零件几何形状的显示,交互设计、修改及刀具轨迹生成,走刀过程的仿真显示、验证等问题,推动了 CAM 技术的发展并使 CAD 和 CAM 向一体化方向发展,可称之为第二代 CAM 软件。

20 世纪 80 年代是 CAM 技术迅速发展的时期,超大规模集成电路的出现,使计算机硬件成本大幅度地降低,计算机的外设也迅猛发展并成为系列产品,这为推动 CAM 技术向高水平发展提供了硬件保证。同时,软件技术、数据库技术、有限元分析技术、优化技术、计算机图形学技术等相关技术也飞速发展,促进了 CAM 技术的推广和应用。与此同时,还出现了与计算机辅助制造技术相关的其他技术,如计算机辅助零件分类和编码技术、计算机辅助工艺规程设计(CAPP)、计算机辅助工装设计、计算机辅助质量控制与检测(CAQ)等。从 20 世纪 80 年代起,人们在发展上述各单项技术的同时,又开始致力于计算机集成制造系统(CIMS)的研究,这是一种高效益、高柔性的智能化制造系统。

从 20 世纪 90 年代起,CAM 技术已不再停留在过去单一模式、单一功能、单一领域的水平,而转向标准化、集成化、智能化的方向发展。为了实现系统的集成,实现资源的共享和产

品生产与组织管理的高度自动化,提高产品的竞争力,就需要在企业之间和企业集团内的
CAM 系统之间与各个子系统之间进行统一的数据交换。在这种情况下,一些发达国家和
国际标准化组织都进行了数据交换接口方面的开发工作,并制定了相应的标准。在这个阶
段也出现了面向对象的技术、并行工程的思想、人工智能技术及产品数据管理(PDM)等新
技术,这些技术都对 CAM 技术的发展和功能延伸起到了推动作用。

从目前 CAM 技术的应用和发展看,这一技术在 20 世纪的工业发展中占有很重要的地
位。1989 年美国评出近 25 年间当代 10 项最杰出的工程技术成就,其中第 4 项是 CAD/
CAM。1991 年 3 月 20 日,海湾战争结束后的第 3 个星期美国政府发表了跨世纪的国家关
键技术发展战略,列举了六大技术领域中的 22 项关键项目,认为这些项目对于美国的长期
国家安全和经济繁荣至关重要。而 CAD/CAM 技术及其中的两大领域 11 个项目紧密相
关,这就是制造与信息通信。制造技术为工业界生产一系列创新的、成本上有竞争能力和高
质量的产品投入市场打下基础。而信息和通信技术则以惊人的速度不断发展,改变着社会
的通信、教育和制造方法。制造技术的关键项目有柔性计算机集成制造、智能加工设备、微
米级和毫米级制造、系统管理技术;信息和通信技术包括软件、微电子学和光电子学、高性能
计算和联网、高清晰度成像显示、传感器和信号处理、数据存储器和外围设备、计算机仿真和
建模。

1.3　CAD/CAM 集成系统的应用过程与实例

1. 产品集成设计开发过程

应用 CAD/CAM 系统进行产品设计开发的过程大致是:①进行功能设计,选择合适的
科学原理或构造原理;②进行产品结构的初步设计,产品的造型和外观的初步设计;③从
总图派生出零件,对零件的造型、尺寸、色彩等进行详细设计,对零件进行有限元分析,使结
构及尺寸与应力相适应;④对零件进行加工模拟,如对注塑(对塑料制品)、压铸(对金属
件)、锻压或机械加工等过程进行模拟,从模拟过程中发现制造中的问题,进而提出对零件设
计的修改方案;⑤对产品实施运动模拟或功能模拟,对其性能做出评价、分析和优化,最终
完成零件的结构设计。其一般设计过程如图 1.2 所示。

2. 产品集成设计开发实例

现在,我们将 CAD/CAM 系统应用于简单产品的开发,以说明应用 CAD/CAM 系统进
行产品开发的大致流程。

应用 CAD/CAM 系统进行产品开发,大致可以分为 3 个阶段:第 1 阶段,利用 CAD 技
术进行三维参数化建模;第 2 阶段,利用 CAD 技术进行设计方案的分析,检验是否满足设计
要求;第 3 阶段,利用 CAM 技术进行数控编程和数控加工。如图 1.3 所示。

在产品开发过程中,各阶段产生的数据或文件,可以在产品数据管理(product data
management,PDM)或产品生命周期管理(product lifecycle management,PLM)的管理下,
以统一数据库的方式保存,如图 1.4 所示。

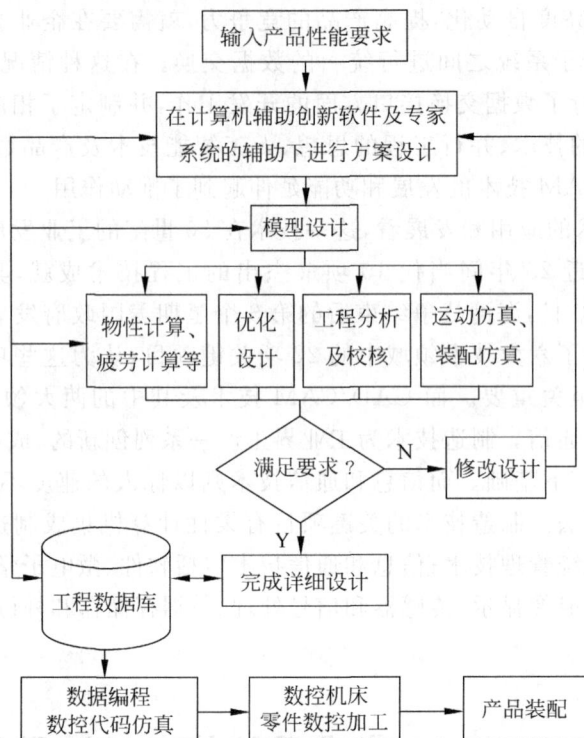

图 1.2   产品集成设计开发过程

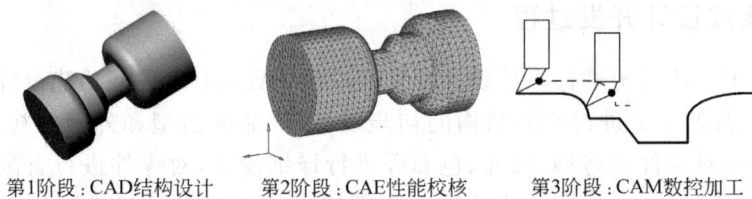

第1阶段：CAD结构设计   第2阶段：CAE性能校核   第3阶段：CAM数控加工

图 1.3   应用 CAD/CAM 系统进行产品开发的过程

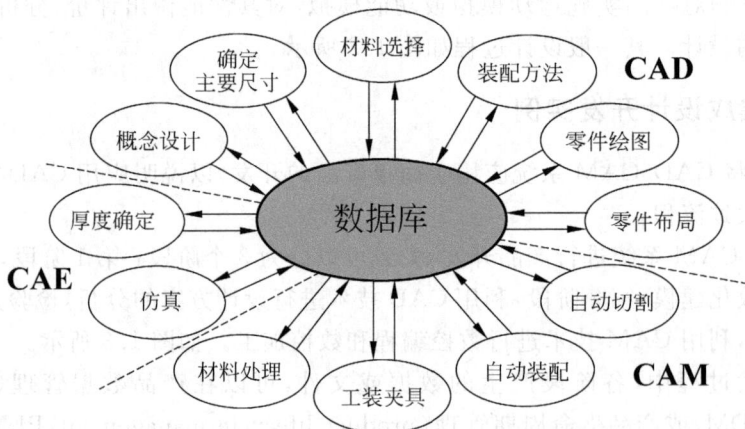

图 1.4   通过数据库集成 CAD、CAM 和 CAE

习题

1. 简述 CAD 的概念及其主要功能。
2. 简述 CAM 的概念及其主要功能。
3. 何谓 CAD/CAM 集成系统？其在产品开发过程中有何作用？
4. 结合某个工程实例，简述应用 CAD/CAM 系统进行产品集成设计开发的过程。
5. 上网查找目前流行的商业化 CAD、CAM 软件，了解其主要功能。

第2章

CAD/CAM 系统硬件和软件

教学提示与要求

CAD/CAM 系统组成需要根据具体情况选择合适的结构,在规模上可大可小,系统中的软、硬件也需要有针对性地进行配置。通过本章的学习使学生从整体上了解 CAD/CAM 的系统组成以及 CAD/CAM 的软件环境和硬件配置,为 CAD/CAM 系统的总体设计奠定基础。

2.1 CAD/CAM 系统组成

对于一个 CAD/CAM 系统来说,可以根据企业的具体情况、系统的应用范围和相应的软件规模,选用不同规模、不同结构、不同功能的计算机、外设及其生产加工设备,如图 2.1 所示。系统规模一开始可能比较简单,面对高速发展的计算机技术及企业应用的增多,CAD/CAM 系统在理论方法、体系结构与实施技术上均在不断更新和发展,其规模也会不断扩展,组成相应也会比较复杂。

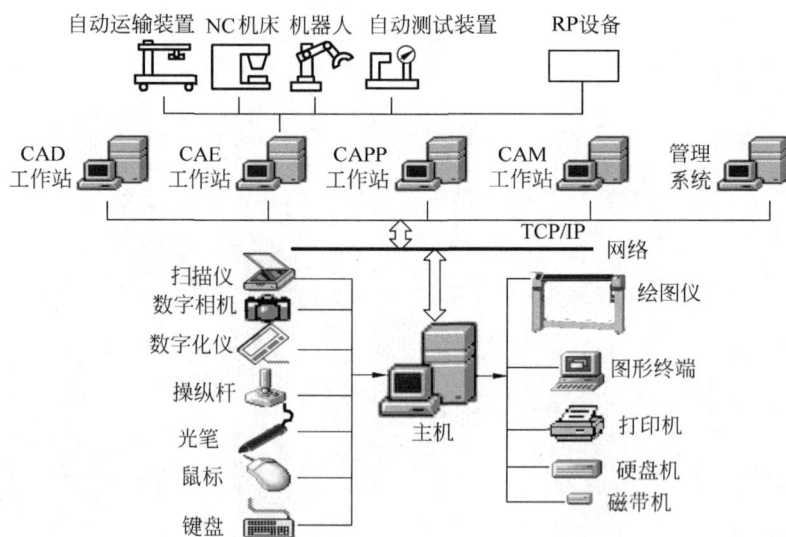

图 2.1 CAD/CAM 系统结构

在 CAD/CAM 系统结构中,以图形处理为主、以 CAD/CAM 应用为目的的独立硬件环境称为 CAD/CAM 工作站,它除有主机外,还配备了图形显示器、数字化仪、绘图仪、打印机等交互式输入输出设备。

CAD 工作站是指安装了 CAD 软件的计算机,用于产品的设计。CAE 工作站指安装了 CAE 软件的计算机,用于计算分析和优化。CAPP 工作站指安装了辅助工艺设计的 CAPP 软件的计算机,用于产品的工艺设计。同理,CAM 工作站指安装了 CAM 软件的计算机,用于数控编程和仿真。目前大部分商业化的大型 CAD 软件都是集成软件,集成了 CAD、CAE、CAM 的功能,那些安装了这些软件的工作站可以同时承担上述三个工作站的角色。不过,一般情况下,CAD、CAE、CAM、工程管理等工作分别由不同部门的工程师承担,是分工合作的关系。

打印机、扫描仪、绘图仪、硬盘机等外设并不是经常使用,所以可以通过网络共享给众多用户。NC 机床、机器人等设备是机械制造的主要工具,它们接受 CAD/CAM 系统提供的指令和程序,接受管理系统的管理,最终生产出产品。

CAD/CAM 系统下的工作站可用如图 2.2 所示的分层体系结构描述,它是以计算机硬件为基础、系统软件和支撑软件为主体、应用软件为核心组成的面向工程设计问题的信息处理系统。CAD/CAM 系统总体上是由硬件(hardware)和软件(software)两大部件所组成的。硬件是 CAD/CAM 系统的物质基础,软件是信息处理的载体。随着 CAD/CAM 系统功能的不断完善和提高;软件成本在整个 CAD/CAM 系统中所占比重越来越大。目前国外引进的一些高档软件,其价格已经远远高于系统硬件的价格。

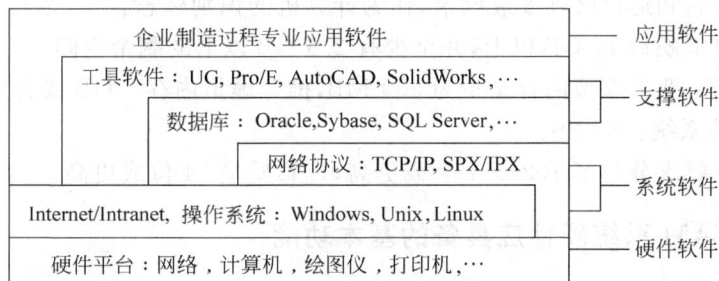

图 2.2　工作站内部结构

2.2　CAD/CAM 工作站的硬件设备

硬件是指一切可以触摸到的物理设备。随着微电子技术的迅速发展,以 32/64 位微机构成的 CAD/CAM 系统正越来越受到人们的重视。对于一个独立的 CAD/CAM 工作站,除有主机外,还配备了图形显示器、数字化仪、绘图仪、打印机等交互式输入输出设备。

1. 典型 CAD 软件对硬件的需求

安装 AutoCAD 2010 的系统硬件需求如下。
- 32 位处理器：Intel Pentium 4 处理器或 AMD Athlon,2.2 GHz 或更高的 Intel 或

AMD 双核处理器,1.6 GHz 或更高 64 位处理器: AMD 64 或 Intel EM64T。

- 32 位内存: 1 GB (Microsoft Windows XP SP2) 或 2 GB (Microsoft Windows Vista)64 位内存。
- 2 GB 图形卡。
- 1280×1024 32 位彩色视频显示适配器(真彩色) 128 MB 或更高,具有 OpenGL 或 Direct 3D 功能的工作站级图形卡。对于 Microsoft Windows Vista,需要具有 Direct 3D 功能的工作站级图形卡 128 MB 或更高,1024×768 VGA 真彩色(最低要求)需要一个支持 Windows 的显示适配器。对于支持硬件加速的图形卡,必须安装 DirectX 9.0c 或更高版本。
- 硬盘: 750 MB 用于安装软件(Microsoft Windows XP,SP2),除软件外,需 2 GB 可用空间 (Microsoft Windows Vista)。注: AutoCAD 2010 三维方面的功能对硬件要求更高。

Pro/Engineer Wildfire 4.0 安装硬件要求

- CPU: 最小要求主频在 2 GHz 以上,推荐使用 Intel 公司生产的 Pentium 2.4 GHz 或更高主频的 CPU 芯片。
- 内存: 最小要求 1 GB,若要装配大型部件或产品,进行分析、仿真及模拟加工,推荐使用 2 GB 以上的内存。
- 显卡: 要求显存在 256 M 以上,推荐 Geforce 4 以上显卡,如果显卡性能太低,运行 Pro/Engineer 后会自动退出。
- 网卡: 安装和运行必须安装网卡,作为计算机的识别标志。
- 硬盘: 要求硬盘 10 GB 以上,并至少有 2.5 GB 以上的剩余空间。
- 虚拟内存: 要求虚拟内存至少为 500 MB,推荐虚拟内存 2 GB 或者更高。
- 硬盘文件系统: NTFS。
- 显示器: 要求分辨率 1024×768 或更高,色彩质量 24 位或更高。

2. CAD/CAM 系统硬件应具备的基本功能

1) 计算功能

CAD/CAM 系统中,用户与计算机的交互非常频繁,比如观察设计模型、打开模型、更新模型、进行有限元分析、机构模拟等活动,这时需要计算机做各种复杂的计算,用户可能要等待一段时间才能得到设计结果。因此提高计算机的运算速度,缩短用户等待时间,就能提高设计效率。此外,CAD/CAM 系统除了要进行各种数值的计算外,还要有较强的图形处理能力。图形处理过程中计算量大,计算精度要求高。这些数值计算及图形处理的计算功能是由计算机来实现的,所以 CAD/CAM 系统中的计算机应具有高速数值计算及图形处理的能力。

2) 存储功能

CAD/CAM 软件本身要占据一定的计算机内存和硬盘空间,同时实现 CAD/CAM 的前提条件是把设计对象的几何信息和拓扑信息存入计算机内,并要求对这些信息进行实时处理。在计算机辅助机械设计中,当进行复杂的三维形体有限元分析时,计算精度要求较高,需要对有限元网格进行细化,这对存储空间的要求将很快地增加,所以 CAD/CAM 系统必须具有较大的存储量。以当前的情况看,系统至少应有 1 GB 以上的内存和 10 GB 以上的硬盘,以满足图形信息和有限元分析信息对存储空间的要求。

3) 输入输出功能

CAD/CAM 工作过程中,要把有关的设计信息(几何、拓扑信息等)和各种命令输入到计算机中。经过计算机的各种处理,当获得满意的设计结果时,就要根据设计要求输出设计结果,如绘出图样等。另外,在系统处理过程中,设计者可能随时需要了解中间结果,这时也需输出计算数据等。总之,为满足用户的方便使用,CAD/CAM 系统应有较好的输入输出功能。

4) 交互功能

在 CAD/CAM 工作过程中,一般总要通过人机对话(即交互作用)进行各种操作,以实现修改、定值及拾取等活动来达到理想的设计要求。可以说,人机交互功能是 CAD/CAM 系统的一个主要特点。

2.3　CAD/CAM 系统的软件体系结构

软件是用于求解某一问题并充分发挥计算机计算分析功能和交流通信功能的程序的总称。这些程序的运行不同于普通数学中的解题过程,它们的作用是利用计算机本身的逻辑功能,合理地组织整个解题流程,简化或者代替在各个环节中人所承担的工作,从而达到充分发挥机器效率,便于用户掌握计算机的目的。软件是整个计算机系统的"灵魂"。CAD/CAM 系统的软件可分为系统软件、支撑软件和应用软件三个层次。

1. 系统软件

系统软件主要用于计算机的管理、维护、控制以及计算机程序的翻译、装入与运行,它包括各类操作系统和语言编译系统。操作系统包括如 Windows、Linux、Unix 等。语言编译系统用于将高级语言编写的程序翻译成计算机能够直接执行的机器指令,目前 CAD/CAM 系统应用得最多的语言编译系统包括 Visual Basic,Visual C/C++,Visual J++ 等。

为了方便用户进行二次开发,根据需要定制软件功能模块,目前多数 CAD/CAM 软件都提供二次开发语言和工具。例如,AutoDesk 公司提供 Autolisp 语言用于用户的二次开发;SolidWorks 软件提供了应用程序接口(application programming interface,API),可以调用 Delphi,Visual Basic,VB. NET,C++ 等程序文件,以便用户开发、定制特定的功能模块。

操作系统是 CAD/CAM 系统的灵魂,它是用户与计算机之间的接口,负责全面管理计算机资源、合理组织计算机的工作流程,使用户能更方便地使用计算机,提高计算机的利用率。当今流行的操作系统以 Unix,Windows 系列及 Macintosh 为主,近年迅速发展起来的 Linux 也正受到用户的青睐。

(1) Unix。Unix 由美国斯坦福大学、AT&T 开发而发展起来的,Unix 操作系统曾有过辉煌的历史。其系统以优越的资源管理及网络功能成为工程工作站的操作系统,并因此风靡世界。Unix 系统主要是用 C 语言编写的程序,其特点为:系统功能强;由于系统大部分程序是用 C 语言编写的,因此,对整个系统的修改、维护和移植是很方便的;在系统的支持下,在其外层提供可用多种语言编程和编译的功能。但软、硬件的价格高昂、操作复杂、系统维护困难、配套的应用软件匮乏等限制了其进一步的发展。事实表明,Unix 在主要应用领域正逐步被 Windows 所取代,其应用将转移到大型机与小型机适用的银行、金融、通信等专业领域。

(2) Windows。微软成功地占据了 80% 以上的计算机操作系统市场。Windows 系列产品友好的用户界面、稳定的性能、低廉的价格、众多的用户、丰富的应用软件资源是其生命力的最佳体现。今后无论操作系统如何变革,都不会置 80% 以上的用户群于不顾。应该说 Windows 已经确立了其主流地位。近年来在网络技术上的巨大成功,以及借 PC 功能的迅速提高,高性能计算机与 Windows NT 所组成的 NT 工作站系统,开始冲击工程工作站的传统应用领域。

(3) Macintosh。这是美国 Apple 计算机公司的著名产品,以其优越的视窗功能应用于图像处理、印刷出版及教育等领域。但因系统的封闭性,痛失发展良机,已经不可能成为操作系统的主流产品。

(4) Linux。Linux 是近年发展起来的自由操作系统,其发展的势头正给 Windows 系统造成有力的威胁。其主要的问题是相应的应用软件还不是太多,但这种局面正在逐渐改变,无论是世界计算机巨头还是小型的应用软件开发商,都对 Linux 投入了极大的关注。Linux 作为免费的自由软件,在各方面都具有很大的优势,人们对自由软件寄予厚望。目前,越来越多的技术人员和公司投入到 Linux 的技术完善及应用软件开发的工作中来,相应地,Linux 正成为 Windows 在市场上最强劲的对手。

从软件平台的发展情况来看,Windows 成为 CAD/CAM 应用的主要操作界面。CAD/CAM 系统充分利用 Windows 的资源,完全在 Windows 环境下开发;一些从 Unix 环境移植到 NT 工作站的软件,最初保留了大量的 Unix 环境的痕迹,现也向全面改造成 Windows 版本推进。当然,也有一些人对 Unix 操作系统寄予厚望。

2. 支撑软件

支撑软件是为满足 CAD/CAM 工作中一些用户的共同需要而开发的通用软件。由于计算机应用领域迅速扩大,支撑软件的开发研制已有了很大的进展,商品化支撑软件层出不穷,通常可分为下列几类。

(1) 图形核心系统(graphics kernel system,GKS)。GKS 定义了独立于语言的图形系统的核心,提供应用程序和图形输入、输出设备之间的功能接口,包含了基本的图形处理功能,处于与语言无关的层次。

(2) 工程绘图系统(drawing system)。它支持不同专业的应用图形软件开发,常用的基本功能有:①基本图形元素绘制,如点、线、圆等;②图形变换,如缩放、平衡、旋转等;③控制显示比例和局部放大等;④对图形元素进行修改和编辑;⑤尺寸标注、文字编辑、画剖面线;⑥存储、显示控制以及人机交互、输入输出设备驱动等功能。目前,微机上广泛应用的 AutoCAD 就属于这类支撑软件。

(3) 几何造型软件(geometry modeling)。几何造型软件用于在计算机中建立物体的几何形状及其相互关系,用于完整、准确地描述和显示三维几何形状,为产品设计、分析和数控编程提供必要的信息,因为后续的处理和操作都是在此模型基础上完成的,所以几何造型软件是 CAD/CAM 系统中不可缺少的支撑软件。

几何造型方法根据所产生几何模型的不同,可以分为线框造型、表面造型和实体造型三种形式。相应产生的模型分别为线框模型、表面模型和实体模型。目前多数开发系统都同时提供上述三种造型方法,而且三者之间可以转换。目前,特征造型技术成为产品造型的重要发展方向,它可提供产品的形状特征、精度特征、材料特征、加工特征等信息,为 CAD/CAM 集成提供必要的条件。几何造型软件通常具有消隐、着色、浓淡处理、实体参数计算、质量特性计算等功能。CAD/CAM 中的几何建模软件有 I-DEAS,Pro/E,UG-Ⅱ等。

(4) 有限元分析软件。它利用有限元法对产品或结构进行静态、动态、热特性等分析,通常包括前置处理(单元自动剖分、显示有限元网格等)、计算分析及后置处理(将计算分析结果形象化为变形图、应力应变色彩浓淡图及应力曲线等)三个部分。目前世界上已投入使用的比较著名的商品化有限元分析软件有 COSMOS,Nastran,ANSYS,ADAMS,SAP,MARC,Patran,ASKA,DYNA3D 等。这些软件从集成性上可划分为集成型与独立型两大类。集成型主要是指 CAE 软件与 CAD/CAM 软件集成在一起,成为一个综合型的集设计、分析、制造于一体的 CAD/CAE/CAM 系统。目前市场上流行的 CAD/CAM 软件大都具有 CAE 功能,如 SDRC 公司的 I-DEAS,EDS/UniGraphics 公司的 UG-Ⅱ软件等。

(5) 优化方法软件。这是将优化技术用于工程设计,综合多种优化计算方法,为求解数学模型提供强有力数学工具的软件,目的是选择最优方案,取得最优解。

(6) 数据库系统软件。CAD/CAM 系统上几乎所有应用都离不开数据,产品的设计和开发从本质上讲就是信息输入、分析、处理、传递以及输出的过程。这些数据中有静态数据,如各种标准、设计的规范数据等;也有动态数据,如产品设计中不同版本的数据、数字化仿真的数据结果、各子系统之间的交换数据等,所以数据管理在 CAD/CAM 产品开发中非常重要。

早期通常通过文件系统对产品开发中产生的数据进行管理。例如,将各种标准以数据文件的形式存放在磁盘中,各模块之间的信息交换也通过文件进行。文件管理简单易行,但是不能以记录或数据项为单位共享数据,导致数据出现冗余和不一致的情况。数据库是在文件系统的基础上发展起来的一门新型数据管理技术,它的工作模式与早期的文件系统的工作模式存在本质的不同,这种区别主要体现在系统中应用程序与数据之间关系的不同,如图 2.3 和图 2.4 所示。在文件系统中,数据以文件的形式长期保存,程序与数据之间有一定的独立性,应用程序各自组织并通过某种存取方法直接对数据文件进行使用。在数据库系统中,应用程序并不直接操作数据库,而是通过数据库管理系统对数据库进行操作。因此,与文件系统相比,数据库系统具有数据存储结构化、最小的数据冗余度、较高的数据独立性和共享性以及数据的安全保护、完整控制、并发控制及恢复备份等特点。利用数据库系统管理数据时,数据按照一定的数据结构存放在数据库中,由数据库管理系统统一管理。数据库管理系统提供各种管理功能,利用这些命令可以完成各种数控操作。

目前比较流行的数据库管理系统有 FoxPro,Oracle,INGRES,Informix,Sybase 等。为保证产品开发过程中各模块数据信息的一致性,现有的开发软件广泛采用单一数据库技术,即当用户在某个模块中对产品数据作出改变时,系统会自动地修改所有与该产品相关的数据,以避免数据不一致而产生差错。

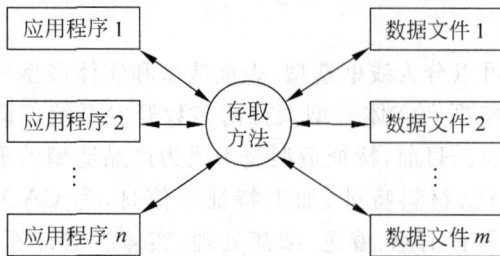

图 2.3 文件系统阶段的数据处理   图 2.4 数据库系统阶段的数据处理

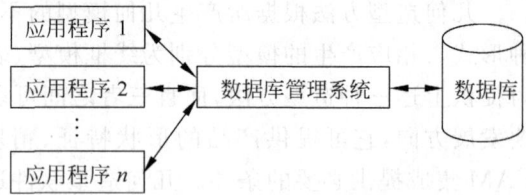

（7）系统运动学/动力学模拟仿真软件。仿真技术是一种建立真实系统的计算机模型的技术，利用模型分析系统的行为而不建立实际系统，在产品设计时，实时、并行地模拟产品生产或各部分运行的全过程，以预测产品的性能、产品的制造过程和产品的可制造性。动力学模拟可以仿真、分析、计算机械系统在某一特定质量特性和力学特性作用下系统运动和力的动态特性；运动学模拟可根据系统的机械运动关系来仿真计算系统的运动特性。这类软件在 CAD/CAM/CAE 技术领域得到了广泛的应用，例如 ADAMS 就是应用非常广泛的机械系统动力学分析软件。

3. 应用软件

用户利用计算机所提供的各种系统软件、支撑软件编制的解决用户各种实际问题的程序称为应用软件。目前，在模具设计、机械零件设计、机械传动设计、建筑设计、服装设计以及飞机和汽车的外形设计等领域都已开发出相应的应用软件，但都有一定的专用性。应用软件种类繁多，适用范围不尽相同，但可以逐步将它们标准化、模块化，形成解决各种典型问题的应用程序。这些程序的组合，就是软件包（package）。开发应用软件是 CAD/CAM 工作者的一项重要工作。

国外原版软件并不是针对中国企业的，在标准规范、技术习惯、技术思维等方面均存在差异，而且不公开其核心技术，不利于二次开发，能直接用于中国企业的国外原版 CAD/CAM 软件非常少。国产 CAD/CAM 软件结合中国实际，能够解决用户的大部分问题，不同软件各有所长，经过二次开发的国内 CAD/CAM 软件，具有自主版权，结合中国实际，适合企业技术人员学习与应用，但大多数在商品化方面还有一些差距，主要表现在系统的稳定性、可靠性、功能等方面。一般来说，基于国外平台软件开发的二维应用软件，具有更好的兼容性，并且在系统的稳定性和软件功能方面都有一定的优势，但在价格方面，国内自主平台的软件具有相当的优势，因为前者不但需要购买国外的平台软件，还要购买二次开发软件，这种费用是两次的，而且国外平台软件的费用更是不低。

2.4 常用 CAD/CAM 软件系统

目前，基于三维实体建模、参数化设计、特征造型等特性的 CAD/CAM 软件系统在国内已获得广泛的应用。常用 CAD/CAM 系统主要是 AutoCAD、Inventor、SolidWorks、Solid

Edge、Pro/Engineer、UG 等软件系统。常用的有限元分析和动力学仿真软件有 Nastran、ANSYS、COSMOS、ABAQUS、ADAMS 等。CAM 软件中有代表性的是 Surf CAM、Smart CAM、MasterCAM、WorkNC、Cimatron 和 DelCAM 等软件。下面简单介绍一些常用的 CAD/CAM 系统功能。

1) Pro/Engineer

Pro/Engineer 是美国参数技术公司(PTC)开发的 CAD/CAM 软件,在中国也有较多用户。它采用面向对象的统一数据库和全参数化造型技术,为三维实体造型提供非常优良的平台。其工业设计方案可以直接读取内部的零件和装配文件,当原始造型被修改后,具有自动更新的功能。其 MOLDESIGN 模块用于建立几何外形,产生模具的模芯和腔体,产生精加工零件和完善的模具装配文件。新近发布的版本,提供最佳加工路径控制和智能化加工路径创建,允许 NC 编程人员控制整体的加工路径直到最细节的部分。该软件还支持高速加工和多轴加工,带有多种图形文件接口。

2) UG NX

UG NX (UniGrphics NX)是美国 EDS 公司发布的 CAD/CAE/CAM 一体化软件,采用 Parasolid 实体建模核心技术。UG 可以运行于 Windows NT 平台,无论是装配图还是零件图设计,都是从三维实体造型开始,可视化程度很高。三维实体生成后,可自动生成二维视图,如三视图、轴侧图、剖视图等。其三维 CAD 是参数化的,一个零件尺寸的修改,可致使该零件发生相应的变化。该软件还具有人机交互方式下的有限元求解程序,可以进行应力、应变及位移分析。UG NX 的 CAM 模块功能非常强大,它提供了一种产生精确刀具路径的方法,该模块允许用户通过观察刀具运动来图形化地编辑刀具轨迹,如延伸、修剪等,它所带的后置处理模块支持多种数控系统。UG NX 具有多种图形文件接口,可用于复杂形体的造型设计,特别适合于大型企业和研究所使用,广泛运用在汽车业、航空业、模具加工及设计业、医疗器材产业等。

3) CATIA

CATIA 是达索公司开发的高档 CAD/CAM 软件,作为世界领先的 CAD/CAM 软件,CATIA 可以帮助用户完成大到飞机、小到螺丝刀的设计及制造,它提供了完备的设计能力:从 2D 到 3D 再到技术指标化建模。同时,作为一个完全集成化的软件系统,CATIA 将机械设计、工程分析及仿真和加工等功能有机地结合,为用户提供严密的无纸工作环境,从而达到缩短设计生产时间、提高加工质量及降低费用的效果。CATIA 软件以其强大的曲面设计功能而在飞机、汽车、轮船等设计领域内享有很高的声誉。CATIA 的曲面造型功能体现在它提供了极丰富的造型工具来支持用户的造型需求。其特有的高次 Bezier 曲线曲面功能,次数能达到 15,能满足特殊行业对曲面光滑性的苛刻要求。

4) SolidWorks

SolidWorks 公司推出的基于 Windows 平台的微机三维设计软件 SolidWorks 使用了特征管理(feature manager)等先进技术,是机械产品三维与二维设计的有效工具。同时,还可以组成一个以 SolidWorks 为核心的、完整的集成环境,实现如动态模拟、结构分析、运动分析、数控加工和工程数据管理等功能。COSMOS/Works 作为有限元分析不仅能对单个的机械零件进行结构分析,还可以直接对整个装配体进行分析。由于 COSMOS/Works 是在 SolidWorks 的环境下运行的,因此零部件之间的边界条件是由 SolidWorks 的装配关系自动确定的,无须手工加载。DesignWorks 是专业化的运动学和动力学分析模块,它不仅能直接读取 SolidWorks 的装配关系,自动定义铰链,同时还可以计算反力,并将反力自动加载到零部件上,对零部件进行结构分析。CAMWorks 是世界上第一个基于特征和知识库的加工模块,它能在 SolidWorks 实体上直接提取加工特征,并调用知识库的加工特征,自动产生标准的加工工艺,实现实体切削过程模拟,最终生成机床加工指令。

5) Solid Edge

Solid Edge 是采用 Parasolid 造型内核作为软件核心,并基于 Windows 操作系统的微机平台参数化三维实体造型系统,具有零件、装配、工程图和钣金、塑料模具、铸造设计以及产品渲染、文本与管理的能力。Solid Edge 的 STREAM 技术利用逻辑推理和决策概念来动态捕捉工程师的设计意图,提高了造型效率和易用性。与 Solid Edge 集成的 PDM 软件 Smart Team 是由 Smart Solutions 公司以面向对象技术为基础开发成功的,具有设计版本、产品结构、产品流程、企业信息安全和多种文档浏览等功能。

6) Inventor

Inventor 是美国 AutoDesk 公司推出的一款三维可视化实体建模软件,它简化了复杂三维模型的创建,工程师可专注于设计的功能实现。通过快速创建数字样机,并利用数字样机来验证设计的功能,工程师可在投产前更容易发现设计中的错误。AutoDesk Inventor Professional 包括 AutoDesk Inventor&reg 三维设计软件,基于 AutoCAD&reg 平台开发的二维机械制图,还加入了用于缆线和束线设计、管道设计及 PCB IDF 文件输入的专业功能模块;并加入了由业界领先的 ANSYS&reg 技术支持的 FEA 功能,可以直接在 AutoDesk Inventor 软件中进行应力分析。

Inventor 的功能包括:运动仿真、布管设计、电缆与线束设计、与 AutoCAD 集成、零件设计、钣金设计、装配设计、工程图与其他文档、数据管理与沟通、自定义与自动化、学习资源。

7) MasterCAM

MasterCAM 是一种应用广泛的中低档 CAD/CAM 软件,由美国 CNC Software 公司开发,V5.0 以上运行于 Windows 或 Windows NT。该软件三维造型功能稍差,但操作简便实用,容易学习。新的加工任选项使用户具有更大的灵活性,如多曲面径向切削和将刀具轨迹投影到数量不限的曲面上等功能。这个软件还包括新的 C 轴编程功能,可顺利将铣削和车削结合。其他功能,如直径和端面切削、自动 C 轴横向钻孔、自动切削与刀具平面设定等,有助于高效的零件生产。其后处理程序支持铣削、车削、线切割、激光加工以及多轴加工。另外,Master CAM 提供多种图形文件接口,如 SAT、IGES、VDA、DXF、CADL 以及 STL 等。由于该软件的价格便宜,应用广泛,同时它具有很强的 CAM 功能,已成为现在应用最广的 CAM 应用软件。

8) SurfCAM

SurfCAM 是美国加州的 Surfware 公司开发的,SurfCAM 是基于 Windows 的数控编程系统,附有全新透视图基底的自动化彩色编辑功能,可迅速而又简捷地将一个模型分解为型芯和型腔,从而节省复杂零件的编程时间。该软件的 CAM 功能具有自动化的恒定 Z 水平粗加工和精加工功能,可以使用圆头、球头和方头立铣刀在一系列 Z 水平面上对零件进行无撞伤的曲面切削。对某些作业来说,这种加工方法可以提高粗加工效率和缩短精加工时间。V7.0 版本完全支持基于微机的实体模型建立。另外 Surfware 公司和 SolidWorks 公司签有合作协议,SolidWorks 的设计部分将成为 SurfCAM 的设计前端,SurfCAM 将直接挂在 SolidWorks 的菜单下,两者相辅相成。

9) EdgeCAM

EdgeCAM 是英国 Pathtrace 工程系统公司开发的一套智能数控编程系统,是在 CAM 领域里面非常具有代表性的实体加工编程系统。EdgeCAM 作为新一代的智能数控编程系统,完全在 Windows 环境下开发,保留了 Windows 应用程序的全部特点和风格,无论从界面布局还是操作习惯上,非常容易为新手所接受。EdgeCAM 软件的应用范围广泛,支持车、铣、车铣复合、线切割的编程操作。

2.5　CAD/CAM 系统的硬件选型

CAD/CAM 系统的硬件配置与通用计算机系统有所不同,其主要区别在于 CAD/CAM 系统硬件配置中,应具有很强的人机交互功能和图形处理能力。先进的 CAD/CAM 系统的硬件由计算机及其外围设备和网络组成。CAD/CAM 的硬件设备是 CAD/CAM 运行环境的基础,要求硬件系统的设备具有高性能的计算机、大容量的存储器、灵活的人机交互能力、逼真的图形输出能力及良好的网络通信功能。

1. 计算机主机

计算机主机是控制和指挥整个系统执行运算及逻辑分析的装置,是系统的核心。主机由中央处理器(central processing unit,CPU)和主存储器(main memory,MM,也称内存)两部分组成,用于指挥、控制整个系统完成运算、分析工作。按照主机功能等级的不同,可将 CAD/CAM 系统计算机分为大中型机、小型机、工程工作站及微机等不同档次。主机的类型及性能很大程度上决定了 CAD/CAM 系统的使用性能。

大中型机通常用于解决复杂的工程和科学问题,如流体力学分析、热传导分析以及应力分析中的交互式计算。小型机的功能次于大中型机,但价格较便宜,适用于商业和工业中,也可作为大型检测设备的一部分。工程工作站可以完成复杂的设计任务,例如大型机械产品的设计与组装,或者半导体芯片的设计。在这些任务中,图形应用密集度高,相应的应用软件很少具有负载均衡能力,无法利用多台机器完成同一件事情,为了获得最大的效率,要求单机的计算能力和图形显示能力比较强大,尤其是三维图形显示能力要达到极限。一般而言,功能较强的 CAD/CAM 系统都选用工作站作为系统的主机。但是,工程工作站一直是传统的 Unix 操作系统以及 RISC 处理器的天下,大量的著名工作站厂商,如 SUN、HP、SGI 等,依靠的都是这种体系。Unix 操作系统虽然是一个开放的工业标准,但各工程工作站厂商由于种种原因在工程工作站上提供的 Unix 操作系统互不兼容。这必然造成应用软件无法互换,造成人力与物力的浪费。专有的零配件如 SGI 的图形卡不能在 HP 工作站上使用。这种模式下任何厂家都无法进行较大规模的生产,无法降低综合成本,其结果易造成价格的居高不下。

随着 Intel 公司和 AMD 公司不断推出性能更高的第 7 代中央处理器以及微软公司纯 32 位 Windows 操作系统的出现,再加上 x86 平台图形加速卡的飞速发展,基于 x86 处理器的工作站性能开始接近传统的 RISC 工程工作站。

自从 20 世纪 90 年代以后,PC 的性能得到了飞速发展,其主频速度直追传统工程工作站的速度,领域几乎覆盖了计算机应用领域的 80% 以上。高配置的 PC 工作站与传统的工程工作站的图形、图像处理能力不相上下,而系统价格只有传统工程工作站的五分之一左右。而且简单易学,易于维护的系统结构,促进了企业 CAD/CAM 的普及推广。以 PC 作为 CAD/CAM 系统的硬件平台,具有以下特点:性价比高;维护方便;PC 应用广,互换性好,容易升级,易于修理;容易操作;其他辅助工作的软件丰富。

目前,可用于 CAD/CAM 应用的硬件系统有两大类:PC 和工作站。近来,在传统的工作站和 PC 之间又冒出一支新军:PC 工作站。一方面证明,Intel/Windows 系统的性能已经接近或达到传统 Unix 系统的指标;另一方面也意味着:用户可以用较低的成本实现 CAD/CAM 应用。据专家建议,国内中小企业可用 40 万~50 万元人民币甚至更少基本实现"CAD 化",整个系统即采用 PC 或 PC 工作站,但 PC 系统目前在做高精度大型复杂计算时尚不尽如人意,大型企业用户最好还是选用稳定性和速度都较为出色的中高档 Unix 工作站。

存储设备外存储器是补充内存、减轻主机负荷的一种辅助存储设备,用来存放大量暂时不用而等待调用的程序,它通过内存参与计算机的工作,容量比内存大,而存储速度慢。通常对存储器的评价须考虑容量、价格、存取速度等指标。目前,最常用的存储设备有硬盘、软盘、光盘、磁带、闪存(U 盘)。

2. 图形输入设备

输入设备是能够将各种外部数据转换成计算机能识别的电脉冲信号的装置。对于交互式 CAD/CAM 系统来说,除需要配备一般计算机系统的输入设备,还应配备能提供其他功能的输入设备。目前 CAD/CAM 系统常用的输入设备包括键盘、鼠标、触摸屏、数据手套、扫描仪、数码相机和数码摄像机、语音输入设备、位置传感器等。

(1) 键盘是计算机最基本的输入设备之一,可用来输入文字、坐标数值、命令等。

(2) 鼠标是一种高效的手动指点输入装置,十分适合窗口操作方式。目前鼠标有机械式、光学式、光机式三种,其中机械式鼠标最为便宜。

(3) 触摸屏又称为触感型终端,是一种特殊的显示屏。与普通显示器不同的是它附加了坐标定位装置,能够感知接触点的位置,而功能和图形板与普通显示器相同。触感可由红外式、电容式、机械式传感系统获得,当手指触摸屏幕时,通过相应的电路就可以检测到该点的位置。例如,将应用软件的菜单显示在屏幕上,利用触摸技术,手指直接点选菜单,既直观又方便,还不易出错。

(4) 数据手套是虚拟现实系统中最常用的输入装置,其利用光导纤维的导光量来测量手指角度。当光导纤维随手指弯曲时,传输的光将会有损失,弯曲越大,损失越多。数据手套可以帮助计算机测试人手的位置与指向,从而可以实时地生成手与物体接近或远离的图像。

(5) 扫描仪是一种将图样信息转化为数字信息输入计算机的快速输入设备。

（6）数码相机和数码摄像机是新出现的计算机图像输入设备，它们采用光电装置将光学信号转换为数字信号，然后将其存储在磁性存储介质中，与计算机连接后可以方便地把信号输入计算机，并可对输入的信号进行编辑和修改。

（7）语音输入设备是将人类说话的语音直接输入计算机的设备。声音通过话筒变成模拟电信号，再将模拟信号通过调制变成数字信号。语音输入的难点是如何理解、识别语音，目前的水平处于定量词汇、定人语音识别的程度。已有公司开发出操作系统的语音输入系统，用户只需读出所需进入选项的名称，系统会自动识别用户语音而选择相应的操作，其效果与鼠标选择是相同的。

（8）位置传感器。在应用虚拟现实技术的 CAD/CAM 系统中，为了提高真实感，必须知道浏览者在三维空间中的位置，尤其是必须知道浏览者头部的位置和方向。位置传感器用于检测和确定浏览者的位置和方向，通常包括电磁场式、超声波式、机电式、光学式等。

3. 图形输出设备

CAD/CAM 系统常用的图形输出设备有可以分为两大类：一类是与图形输入设备相结合，构成具有交互功能的可以快速地生成和修改图形的显示设备；另一类是在纸上或其他介质上输出可以永久性保存的绘图设备，也称为硬拷贝设备。CAD/CAM 系统常用的硬拷贝设备有打印机和绘图仪。

打印机（见图 2.5）按与计算机的通信方式可分为串行打印机和并行打印机。前者从 RS232 口向打印机传递字符，一位一位串行传递；后者则通过打印机接口（LPT）按每个字符的 8 位一次并行传递，所以速度较快。目前绝大多数打印机都是并行打印机。按打印机所使用的打印技术，打印机可分为点阵式打印机、喷墨打印机与激光打印机。点阵式打印机采用机械击打的方式，结构简单，耗材成本较低，但是噪声大、打印速度慢，打印质量也较差。喷墨打印机与激光打印机均属于非击打式打印机，采用热敏、化学或光电技术来完成打印工作。它们的特点是打印质量好、打印速度快、噪声小。目前喷墨打印机的价格最低，但耗材较贵。激光打印机的打印质量较好，耗材价格也比较适中，是理想的图纸输出设备。工程上使用的激光打印机最好为宽行打印机，最大可输出 A2 图纸。遇到更大幅面的图纸，可以将图形分割，输出后再进行拼接。

图 2.5　打印机

绘图仪是被广泛应用在设计部门作为 CAD/CAM 系统的图形输出设备。绘图仪大体上可分为笔式绘图仪、静电绘图仪和喷墨绘图仪等。喷墨式绘图仪绘图速度快、噪声小，应用较多。

2.6　CAD/CAM 系统设计原则

使用单位在引入 CAD/CAM 系统时往往要投入大量的资金,花费较大的精力和时间。但是 CAD/CAM 系统是否会产生效益与系统的整体设计、软/硬件的选型有很大的关系。科学、合理地选型将为 CAD/CAM 的成功应用打下良好的基础,并推动 CAD/CAM 应用沿着良性循环的轨道滚动前进,健康发展;而选型不当,其结果是 CAD/CAM 系统被闲置,应用软件无人问津,造成财力与资源的浪费,为进一步推广应用 CAD/CAM 技术设置了障碍。因此 CAD/CAM 的正确选型尤为重要。

1. 总体选择原则

(1) 软件优于硬件。硬件设备是看得见、摸得着的,因此很多单位在引进 CAD/CAM 系统时,非常重视购置硬件,软件则不大重视,甚至不予购买,这是非常错误的。软件是决定 CAD/CAM 系统能力的最主要的因素。它是计算机的灵魂,也是评价 CAD/CAM 系统的最关键因素。正确的选型思想是,根据本单位产品开发的要求,先分析需要什么样的应用软件,再考虑配备什么样的硬件,最后组成 CAD/CAM 系统。一般而言,软件的种类和复杂程度远远超过硬件,软件决定了系统的主要功能,在软件上花费的资金要比硬件多,软件的生命周期比硬件长,硬件需要根据软件的要求来选定。但是各种 CAD/CAM 软件间存在着差异,各有其技术特色与专业分工。因此,只有在分清各种软件的特点、分清不同功能配置上的差异的基础上,才能正确认识软件,作出科学的决策。

(2) 整体设计分步实施。CAD/CAM 是不断积累、可持续发展的应用技术,在选型阶段就应该充分考虑发展的因素。CAD/CAM 系统自身不断发展,配置上可适应发展,在价格策略上要有利于发展,创造出一个良性循环的应用基础。需要清醒认识的是 CAD/CAM 系统是作为工具存在的,该工具是为满足企业特定方面的需求而存在的,所以企业没有必要追求那些当时最为高端的硬、软件产品,而要根据企业的需要以及需求的发展状况。一般广义上的企业 CAD/CAM 应用为 4 个步骤:①二维图形设计绘制,一般为实现“甩图板”的初级目标;②三维图形设计绘制,是更进一步的应用,但还未超越基本目标;③CAE 应用,通过计算机辅助分析,可使设计者不但知道怎样设计产品,而且明白为什么这样设计,从而可进一步完善产品细节;④PDM 应用,对产品数据进行管理,CAD/CAM 应用经验积累到一定的基础,使之发生质变,真正实现设计制造的系统化。事实证明,企业要真正用好 CAD/CAM,需要一个长期的过程,非一日一时之功可实现。另外,还得多做调研,向有 CAD/CAM 使用经验的同类企业多做咨询。

(3) 加强技术人员培训。CAD/CAM 系统的功能很强,但是要熟练掌握 CAD/CAM 系统,利用 CAD/CAM 系统解决机械工程中的实际问题绝不是一件容易的事。技术人员不仅需要掌握机械工程设计的专业知识,而且还要具备计算机的基础知识。此外,由于我国目前的先进 CAD/CAM 系统主要是从国外引进的,操作人员具备一定的外语基础也是必要的。

(4) 注重合作伙伴资质。在购买到适用的技术外,CAD/CAM 系统实施更重要的是购买服务。一些可经常得到技术支持的用户,甚至可以达到降低 80% 生产成本的效益,因此,厂商的服务实力是保障系统运行的重要基础。

2. 硬件设备选择原则

（1）满足系统功能要求。计算机硬件平台是 CAD/CAM 技术的基础，把握硬件平台的发展趋势，正确选择主流产品。CAD/CAM 系统的硬件选型相对于其他的计算机系统有特殊的功能要求。首先，CAD/CAM 系统与用户的交互过程非常频繁，当设计过程需要计算机做复杂的计算时，用户需要等待一段时间才能得到计算结果。因此要选择速度快的硬件产品，使用户等待的时间尽量缩短，就能有效提高设计效率。此外，CAD/CAM 软件进行图形处理工作，要求硬件有很好的图形显示效果（分辨率、色彩种类等）和处理能力（二维、三维显示，动画仿真能力），同时对采集和硬拷贝能力、网络通信能力、接口类型也有一定的要求。在键盘、鼠标、扫描仪、坐标测量仪的选购上，需要考虑的因素有输入输出的精度、速度和工作范围等。

（2）硬件不要盲目追求高档。在选购硬件设备时，采购者要做到全面了解，既要知道所选购设备的特点、性能和用途，更要知道本单位所选购的设备用在什么环境和安装什么软件。在信息技术飞速发展的今天，计算机的性能每 18 个月翻一番，而 CAD/CAM 软件系统的变化也很快，软件一两年就要升级一个版本，功能不断增强，价格却有所下降。一般而言，软件要购买最新的版本，硬件购买则选择性价比较高的。在这个技术大变革的时代，在硬件上用户最好不要赶时髦，一味追求高性能、高指标。在购置硬件时，要做到切合实际，定量选购。根据实际要求和发展趋势选择适中的产品，不要进行设备囤积，以免闲置贬值。

3. 软件选用原则

（1）系统功能与集成。引进 CAD/CAM 系统的目的就是为了更好地设计开发产品，因此购买的软件要能满足企业现实和未来发展的需要。在选择 CAD/CAM 软件时，是选择那些具有一体化解决方案的厂商的产品还是选择具有高度集成性并且在技术和功能等方面都更为优秀的产品？一般来说，如果一个厂商能够提供一体化的解决方案，在集成性方面应该是没有太大的问题，但问题在于，构成一体化方案的每个单元是否都是功能强大、满足企业需求呢？实际情况是这样的：有的公司在 CAD/CAM 方面比较强，有的公司在 CAPP 方面处于领先地位，有的公司在 PDM 方面优势明显，而做 MIS 或 ERP 等管理软件的公司一般来说是不做设计制造类软件的，许多软件在开发的过程中就考虑到了集成问题，预留了集成用的接口，这同样可以解决集成的问题。企业用户在选型时，一定要全面考虑各个厂商的软件，对功能和集成性等问题进行综合考虑。

（2）开放性。企业对 CAD/CAM 的要求是多种多样的，一开始引进 CAD/CAM 系统时不可能将今后一段时期的软件功能都买齐。随着时间的推移，不断会有新的需求，而且各种软件的特点各不相同，其功能各有千秋，一般会购置多家厂商的软件以满足不同的需要。软件现有的功能再强，也不可能完全满足用户的要求。所以一方面，软件应具有较好的数据转换接口，以更好发挥不同应用软件的作用。另一方面，软件应有比较好的二次开发工具，可方便地进行应用开发，并集成到 CAD/CAM 软件中。

（3）系统的扩展能力。随着应用规模的扩大，软件应有升级和扩展的能力，保证原有系统能在新系统中继续应用，保护用户的投资不受损失。

（4）可靠性和维护性。可靠性指软件在规定的时间内完成规定任务的能力。软件在规定时间内完成规定任务的概率越高，平均无故障工作时间越长，平均修复时间越短，系统的性能就越好。据统计，由于软件的维护阶段占整个生命周期的 67% 以上，所以软件纠正错误或故障以及为满足新的需要改变原有系统的难易程度也是系统选型的重要指标。维护工作是否完善、有效，决定了整个系统的运行效果。

（5）软件公司的背景和销售商的技术能力。买软件不仅要买软件强大的功能，还要买软件的技术支持。软件公司的背景对软件的前途有很大的影响，这关系到用户的投资是否能够得到保护。一般而言，软件销售商应具备工程应用方面的知识和实际工作经验，这样能很好地帮助用户解决实际问题，并使用户能很快地掌握 CAD/CAM 软件的应用方法。

2.7　网络化 CAD/CAM 系统

网络化分布式协同设计是一种新兴的产品设计方式。在该方式下，分布在不同地点的产品设计人员以及其他相关人员通过网络采用各种各样的计算机辅助工具协同地进行产品设计活动，活动中的每一个用户都能感觉到其他用户的存在，并与他们进行不同程度的交互。不同地点的产品设计人员通过网络进行产品信息的共享和交换，实现对异地 CAX 等软件工具的访问和调用。通过网络进行设计方案的讨论、设计结果的检查与修改，使产品设计工作能够跨越时空进行。上述特点使得分布式协同设计能够较大幅度地缩短产品设计周期，降低产品开发成本，提高个性化产品开发能力。目前，基于应用服务提供商（application service provider，ASP）模式的网络化设计制造与服务技术是研究的前沿课题，对实现企业间的资源共享、提高制造业创新能力、发挥制造业群体优势、促进产业链的形成具有十分重要的作用。

总之，随着网络技术和可视化技术的发展，CAD/CAM 系统将更加广泛地采用越来越开放的体系结构，以及基于 Web 的信息管理和智能化设计制造等技术，最终发展成为集设计绘图、分析计算、智能决策、产品可视化、数据交换、远程异地协同作业为一体的综合型系统。可以想见，人们对 CAD/CAM 的应用将从单纯的设计制造领域发展为对产品全生命周期的设计与管理，这一技术也必将走向更广大工程技术人员的桌面。

习题

1. 结合企业实例，论述一个完整 CAD/CAM 系统的结构。
2. CAD/CAM 支撑软件应包含哪些功能模块？请结合市场上商品化的 CAD/CAM 软件系统（如 Pro/Engineer、UG 等），分析讨论某一软件的具体功能模块，写出相应的分析评述报告。
3. 简述 CAD/CAM 系统的硬件构成。
4. 简述 CAD/CAM 系统的软件构成。
5. 实施网络化 CAD/CAM 有何意义？
6. 在 CAD/CAM 系统选型时，应考虑哪些因素？

第 3 章

计算机图形处理技术及其应用

教学提示与要求

　　计算机图形学(computer graphics,CG)在 CAD/CAM 技术中起着举足轻重的作用。本章介绍有关计算机图形学的基本概念和基础知识,包括图形的概念、图形系统、标准和图形变换(二维图形和三维图形的几何变换)等内容,以及工程上自由曲线的计算机描述、分析、生成的数学原理和处理方法。要求学生了解计算机图形学的基础知识,图形系统与图形标准;掌握图形变换(比例、对称、错切、平移、旋转、复合变换等)的原理和方法;了解常用自由曲线的生成方法及优缺点。

3.1　计算机绘图概述

　　在 CAD/CAM 工作站中,对象的几何表示是以计算机图形学为基础的。计算机图形学可以定义对象以及不同视图的生成、表示以及处理。对象及不同视图的表示可借助计算机软、硬件以及图形处理设备来实现。

　　计算机绘图技术起源于 20 世纪 50 年代,以后随着计算机软、硬件技术的不断进步以及图形处理技术的出现,计算机绘图技术得到迅速发展。1950 年,世界上第一台图形显示器"旋风一号"在美国问世,解决了图形处理的问题。1958 年美国 CALCOMP 公司制成滚筒式绘图仪,GERBER 公司制成平板式绘图仪,解决了图形输出问题。1963 年 I. E. Sutherland 提出并实现了一个人机交互图形系统(SKETCHPAD 系统),首次使用了 Computer Graphics(计算机图形学)这个专用名词,全面揭开了计算机绘图研究的序幕。进入 20 世纪 90 年代,计算机绘图技术进入开放式、标准化、集成化和智能化的发展时期。光栅扫描式大屏幕彩色图像终端、工程扫描仪、静电绘图机等设备的功能已很完善;计算机图形处理发展到三维实体设计;大量有实用价值的图形系统及功能良好的输入、输出设备相继普及、投入使用并获得效益;以微机为基础的计算机绘图系统得到普及应用。

　　计算机图形学的工程应用领域很广。利用计算机图形学,可以增强用户与计算机之间的交互能力。计算机图形学是简化了的可视化输出与复杂数据以及科学计算之间的连接桥梁。一幅简单的图形可以代替大量的数据表格,能够使用户快速解释数量与特性等信息。例如人们能够在计算机上模拟并预测汽车的碰撞问题,模拟减速器在不同速度、载荷和不同工程环境下的性能等。

3.2   图形的概念

从图形的实际形成来看,可称为图形的有:人类眼睛所看到的景物;用摄影机、录像机等装置获得的照片;用绘图仪器绘制的工程图;各种人工美术绘图和雕塑品;用数学方法描述的图形(包括几何图形、代数方程或分析表达式所确定的图形)。狭义地说,只有最后一类才被称为图形,而前面一些则分别称为景象、图像、图画和形象等。因计算机图形处理的范围早已超出用数学方法描述的图形,故若要用一个统一的名称来表达各类景物、图片、图画、形象等所表示的含义,则"图形"比较合适,它既包含图像的含义,又包括几何形状的含义。

从构成图形的要素来看,图形是由点、线、面、体等几何要素和明暗、灰度、色彩等非几何要素构成的。例如,一张黑白照片上的图像是由不同灰度的点构成的,几何方程 $x^2 + y^2 = R^2$ 确定的图形则是用一定灰度、色彩且满足这个方程的点所构成的。因此,计算机图形学研究的图形不但有形状,而且还有明暗、灰度和色彩,这是与数学中研究的图形的不同之处,它比数学中描述的图形更为具体。但它又仍是一种抽象,因为一只玻璃杯与一只塑料杯只要形状一样,透明度一样,从计算机图形学的观点来看,它们的图形是一样的。

因此,计算机图形学中所研究的图形是从客观世界物体中抽象出来的带有灰度或色彩、具有特定形状的图或形。在计算机中表示一个图形常用的方法有点阵法和参数法两种。

点阵法是用具有灰度或色彩的点阵来表示图形的一种方法,它强调图形由哪些点组成,并具有什么灰度或色彩。例如,通常的二维灰度图像就可用矩阵

$$P_{n \times m} \tag{3-1}$$

表示,其中 $P_{ij}(i=1,2,\cdots,n;j=1,2,\cdots,m)$ 表示图像在 (x_i,y_j) 处的灰度。

参数法是以计算机中所记录图形的形状参数与属性参数来表示图形的一种方法。形状参数可以是描述图形形状的方程的系数、线段的起点和终点等;属性参数则包括灰度、色彩、线型等非几何属性。

人们通常把参数法描述的图形叫做参数图形,简称为图形;而把点阵法描述的图形叫做像素图形,简称图像。习惯上也把图形叫做矢量图形(vector graphics),把图像叫做光栅图形(raster graphics)。CAD 系统从发展到现在都保留了以矢量图形的形式存储图形信息的特色,其他的图像软件如 Paint 和 Photoshop,都以光栅图形的形式存储图形信息。光栅图形与矢量图形的区别可由图 3.1 看出。图 3.1(a) 和图 3.1(b)分别是用 Word 绘制的矢量图形和用 Paint 绘制的光栅图形,从中看不出它们有多大的区别。但是将图形放大 5 倍后,如图 3.1(c)和 3.1(d),光栅图形变得模糊,而矢量图形可以任意缩放不会影响图形的输出质量。

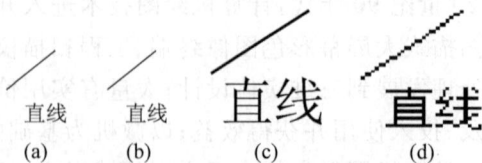

直线   直线   直线   直线
(a)   (b)   (c)   (d)

图 3.1   矢量图形与光栅图形的对比

计算机图形学的研究任务就是利用计算机来处理图形的输入、生成、显示、输出、变换以及图形的组合、分解和运算。

3.3　图形系统与图形标准

计算机图形系统是 CAD/CAM 软件或其他图形应用软件系统的重要组成部分。计算机图形系统包括硬件和软件两大部分,硬件部分包括图形的输入、输出设备和图形控制器等,软件部分主要包括图形的显示、交互技术、模型管理和数据存取交换等方面。对于一个图形应用程序的用户而言,面对的是在特定图形系统环境上开发的一个具体的应用系统。对于一个图形应用程序开发人员而言,一般面对的是三种不同的界面,有三种不同的任务:一种是设备相关界面,需要开发一个与设备无关的图形服务软件;二是设备无关的系统环境,需要开发一个应用系统支持工具包;三是应用环境,应据此开发一个实用的图形应用系统。

1. 图形系统的基本功能与层次结构

一个计算机图形应用系统应该具有的最基本功能有:

(1) 运算功能。它包括定义图形的各种元素属性,各种坐标系及进行几何变换等。

(2) 数据交换功能。它包括图形数据的存储与恢复、图形数据的编辑以及不同系统之间的图形数据交换等。

(3) 交互功能。它提供人机对话的手段,使图形能够实时地、动态地交互生成。

(4) 输入功能。它接收图形数据的输入,而且输入方式应该是多种多样的。

(5) 输出功能。它实现在图形输出设备上产生逼真的图形。

不同的计算机图形系统根据应用要求的不同,在结构和配置上有一定的差别。早期的图形系统没有层次形式,应用程序人员开发图形软件受系统的配置影响很大,从而导致图形系统的开发周期长,而且不便于移植。计算机图形的标准化进程使得图形系统逐步具有层次概念,并且各层具有标准的接口形式,从而提高了图形应用系统的研制速度和使用效益。图 3.2 是基于图形标准化的形式而得出的一个图形系统的层次图。API(application programming interface)是一个与设备无关的图形软件工具,它提供丰富的图形操作,包括图形的输出元素及元素属性,图形的数据结构以及编辑图形的各种变换,图形的输入和输出等操作。API 通常是用诸如 C,Pascal,Fortran 等高级编程语言编写的子程序包。语言连接(language binding)是一个十分有用的接口,它使得用单一语言编写的 API 子程序包能被其他语言所调用。CGI(computer graphics interface)是设备相关图形服务与设备无关图形操作之间的接口,它提供一系列与标准设备无关的图形操作命令。CGI 通常直接制作在图形卡上,它的实现一般是与设备相关的。CGM(computer graphics metafile)定义了一个标准的图元文件(metafile)格式,用 CGM 格式存储的图形数据可以在不同的图形系统之间进行交换。基于图 3.2 所示的标准化应用图形系统的层次结构,CAD 应用系统开发人员就可以在对系统环境不甚了解的情况下高效地开发应用系统,同时也便于人们移植已经开发的应用系统,甚至 API 系统也可以进行移植。同样,只要图形硬件的驱动程序是标准的,CGI 系统也可以进行移植。

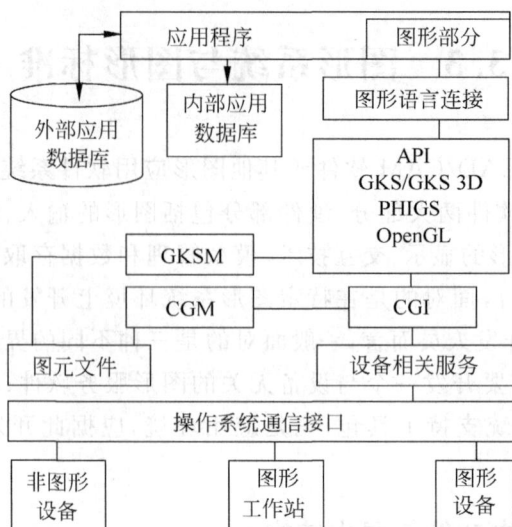

图 3.2   图形系统的层次结构

2. 图形系统标准

图形系统标准化一直是计算机图形学的重要研究课题。由于图形是一种范围很广而又很复杂的数据,因而对它的描述和处理也是复杂的。图形系统的作用是简化应用程序的设计。由于图形系统较难独立于 I/O 设备、主机、工作语言和应用领域,因此图形系统研制成本高、可移植性差成为一个严重问题。为使图形系统可移植,必须解决以下几个问题:

(1) 独立于设备。交互式图形系统中有多种输入、输出设备,作为标准的通用图形系统,在应用程序设计这一级应具有对图形设备的相对无关性。

(2) 独立于机器。图形系统应能在不同类型的计算机主机上运行。

(3) 独立于语言。程序员在编写应用程序来表达算法和数据结构时,通常采用高级语言,通用图形系统应是具有图形功能的子程序组,以便供不同的高级语言调用。

(4) 独立于不同的应用领域。图形系统的应用范围十分宽广,若所开发系统只适用于某一领域的应用,在其他场合下使用就要作很大的修改,需要付出巨大的代价,为此要求通用图形系统标准应独立于不同的应用领域,即提供一个不同层次的图形功能组。

实现绝对的程序可移植性(使一个图形系统不作任何修改即可在任意设备上运行)是很困难的,但只作少量修改即可运行是能够做到的,标准化的图形系统为解决上述几个问题打下了良好的基础。国际上已从 20 世纪 70 年代中期开始着手了图形系统的标准化工作。制定图形系统标准的目的在于:

(1) 解决图形系统的可移植性问题,使涉及图形的应用程序易于在不同的系统环境间移植,便于图形数据的变换和传送,降低图形软件研制的成本,缩短研制周期。

(2) 有助于应用程序员理解和使用图形学方法,给用户带来极大的方便。

(3) 为厂家设计制造智能工作站提供指南,使其可依据此标准决定将哪些图形功能组合到智能工作站中,可以避免软件开发工作者的重复劳动。

图形标准化工作历经十余年,主要收获是确定了为进行图形标准化而必须遵循的若干准则,并在图形学的各个领域(如图形应用程序的用户接口、图形数据的传输、图形设备接口等)进行了标准化的研究。从目前来看,计算机图形标准化主要包括以下几个方面的内容:

(1) 应用程序员接口 API 标准化。ISO 提供三个标准,它们是 GKS,GKS 3D 和 PHIGS。

(2) 语言连接规范,诸如 Fortran,C,Ada,Pascal 与 GKS,GKS 3D,PHIGS 的连接标准。

(3) 计算机图形接口的标准化,包括 CGI,CGI-3D。

(4) 图形数据交换标准。在这方面引入了元文件概念,定义了 CGM,CGM-3D 标准。

在不久的将来,操作员接口(operater interface)和硬件接口(harder interface)的标准化将成为图形标准化研究的目标。同时,图形数据交换的标准将演变为集文字、图像、语言和图形为一体的多媒体信息交换标准。

3.4　图形变换与处理

图形变换是计算机图形学的基础内容之一,指将图形的几何信息经过几何变换后产生新的图形。例如,图形投影到计算机上,通常人们希望改变图形的比例,以便更清晰地看到某些细节;也许需要将图形旋转一定角度,得到对象的更佳视图;或者需要将一个图形平移到另一位置,以便在不同环境中显示。对于装配体的动态运动而言,在每一运动中需要不同的平移和转动。通过图形变换也可由简单图形生成复杂图形,可用二维图形表示三维形体。图形变换既可以看做是图形不动而坐标系变动,变动后该图形在新的坐标系下具有新的坐标值;也可以看做是坐标系不动而图形变动,变动后的图形在坐标系中的坐标值发生变化。而这两种情况本质是一样的,两种变换矩阵互为逆矩阵。本节所讨论的几何变换属于后一种情况。

对于线框图形的变换,通常是以点变换为基础,把图形的一系列顶点作几何变换后,连接新的顶点序列即可产生新的变换后的图形。连接这些点时,必须保持原来的拓扑关系。对于用参数方程描述的图形,可以通过参数方程几何变换,实现对图形的变换。

1. 变换矩阵

一个对象或几何体可以用位于若干平面上的一系列点来表示。设矩阵 C_{old} 表示一组数据,现在定义一个操作数 T,使其与矩阵 C_{old} 相乘而得到一个新矩阵 C_{new} 即

$$C_{new} = TC_{old} \tag{3-2}$$

其中,T 称为变换矩阵。该矩阵可以是绕一点或轴的旋转、移动至指定的目的地、缩放、投影,或者是这些变换的组合。变换的基本原则是矩阵相乘,但是只有当第一个矩阵的列数与第二个矩阵的行数相等时,这两个矩阵才能进行相乘。

2. 齐次坐标

在图形学中,在实现图形变换时通常采用齐次坐标系来表示坐标值,这样可方便地用变换矩阵实现对图形的变换。所谓齐次坐标表示法就是由 $n+1$ 维矢量表示一个 n 维空间的点。即 n 维空间的一个点通常采用位置矢量的形式表示为 $P(P_1 P_2 \cdots P_n)$,它唯一地对应了 n 维空间的一个点。此时点 P 的齐次坐标表示法为 $P(hP_1 hP_2 \cdots hP_n h)$,其中 $h \neq 0$。这

时 h 的取值不同,一个 n 维空间位置的点在 $n+1$ 维齐次空间内将对应无穷多个位置矢量。从 n 维空间映射到 $n+1$ 维空间是一对多的变换。

在图形学中,如 $[12\ 8\ 4]$,$[6\ 4\ 2]$,$[3\ 2\ 1]$ 均表示 $[3,2]$ 这一点的齐次坐标。当取 $h=1$ 时,空间位置矢量 $[P_1\ P_2\cdots\ P_n\ 1]$ 称为齐次坐标的规格化形式。例如对二维空间直角坐标系内点的位置矢量 $[x\ y]$ 用三维齐次空间直角坐标系内对应点的位置矢量 $[x\ y\ 1]$ 表示。在图形变换中一般都选取这种齐次坐标的规格化形式,使正常坐标和齐次坐标表示的点一一对应,其几何意义是将二维平面上的点 (x,y) 移到三维齐次空间 $h=1$ 的平面上。从图 3.3 可以看出规格化三维齐次坐标的几何意义。

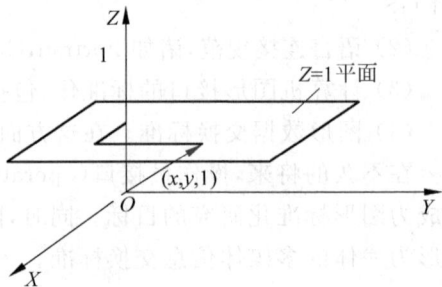

图 3.3   规格化三维齐次坐标系的几何意义

在图形变换中引入齐次坐标表示的好处:

(1) 使各种变换具有统一的变换矩阵格式;并可以将这些变换结合在一起进行组合变换,同时也便于计算。例如二维、三维的变换矩阵分别为

$$\text{二维:}\ \boldsymbol{T}_{2D}=\begin{bmatrix}a & d & g\\b & e & h\\c & f & i\end{bmatrix}\qquad \text{三维:}\ \boldsymbol{T}_{3D}=\begin{bmatrix}a_{11} & a_{12} & a_{13} & a_{14}\\a_{21} & a_{22} & a_{23} & a_{24}\\a_{31} & a_{32} & a_{33} & a_{34}\\a_{41} & a_{42} & a_{43} & a_{44}\end{bmatrix}$$

(2) 齐次坐标可以表示无穷远点。例如 $n+1$ 维中,$h=0$ 的齐次坐标实际上表示了一个 n 维的无穷远点。对二维的齐次坐标 $[a\ b\ h]$,当 $h\to 0$,表示了直线 $ax+by=0$ 上的连续点 $[x\ y]$ 逐渐趋近于无穷远的点。在三维情况下,利用齐次坐标可以表示视点在世界坐标系原点时的投影变换,其几何意义会更加清晰。

3. 坐标系

从定义零件的几何形状到在图形设备生成相应图形,一般都需要建立相应的坐标系来描述图形,并通过坐标变换来实现图形的表达(见图 3.4)。按形体结构特点建立的坐标系统称为世界坐标,多用右手直角坐标系。图形设备、绘图仪、显示器等有自己相对独立的坐标系,用来绘制或显示图形,通常使用左手直角坐标系。坐标轴的单位与图形设备本身有关,例如图形显示器使用光栅单位,绘图仪使用长度单位。在三维形体透视图的生成过程中,还需要使用视点坐标系,它也是一个左手直角坐标系,坐标原点位于视点位置,该坐标的一个坐标方向与视线方向一致。

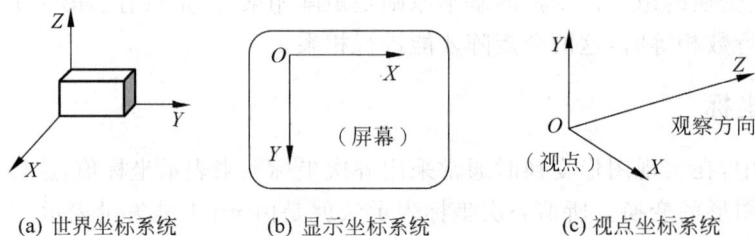

(a) 世界坐标系统   (b) 显示坐标系统   (c) 视点坐标系统

图 3.4   常见的三种坐标系

4. 二维图形变换

假设二维图形变换前点的坐标为$[x\ y\ 1]$,变换后为$[x^*\ y^*\ 1]$;同理,三维图形变换前点的坐标为$[x\ y\ z\ 1]$,变换后为$[x^*\ y^*\ z^*\ 1]$。

二维图形几何变换矩阵可用下式表示:

$$[x^*\ y^*\ 1]=[x\ y\ 1]\boldsymbol{T}_{2D} \tag{3-3}$$

其中,$\boldsymbol{T}_{2D}=\begin{bmatrix} a & d & g \\ b & e & h \\ c & f & i \end{bmatrix}$,$\begin{bmatrix} a & d \\ b & e \end{bmatrix}$对图形产生缩放、旋转、对称、错切等变换;$[c\ f]$对图形进行平移变换;$\begin{bmatrix} g \\ h \end{bmatrix}$对图形进行投影变换:$X$轴在$l/g$处产生一个灭点,$Y$轴在$l/h$处产生一个灭点;$[i]$对整个图形作伸缩变换。

常用的几种变换矩阵如表 3.1 所示。

表 3.1　典型二维图形变换

矩　　阵	说　　明	变换名称	示　意　图
$\begin{bmatrix} 1 & 0 & 0 \\ 0 & 1 & 0 \\ 0 & 0 & 1 \end{bmatrix}$	定义二维空间的直角坐标系; $[1\ 0\ 0]$表示 X 轴的无穷远点; $[0\ 1\ 0]$表示 Y 轴的无穷远点; $[0\ 0\ 1]$表示坐标原点	恒等变换	
$\begin{bmatrix} 1 & 0 & 0 \\ 0 & 1 & 0 \\ T_x & T_y & 1 \end{bmatrix}$	沿 X 轴平移 T_x,沿 Y 轴平移 T_y	平移变换	
$\begin{bmatrix} S_x & 0 & 0 \\ 0 & S_y & 0 \\ 0 & 0 & 1 \end{bmatrix}$	$S_x=S_y=1$ 时,为恒等变换; $S_x=S_y>1$ 时,为 X,Y 方向等比例放大; $S_x=S_y<1$ 时缩小; $S_x\neq S_y$ 时,各方向不等比例缩放	比例变换	 $S_x>1$; $S_y>1$ 时
$\begin{bmatrix} a & d & 0 \\ b & e & 0 \\ 0 & 0 & 1 \end{bmatrix}$	$b=d=0,a=-1,e=1$	Y 轴对移变换	 2 为 1 的 $y=x$ 对称变换 3 为 1 的 X 轴对称变换
	$b=d=0,a=1,e=-1$	X 轴对称变换	
	$b=d=0,a=e=-1$	原点对称变换	
	$b=d=1,a=e=0$	$Y=X$ 对称变换	
	$b=d=-1,a=e=0$	$Y=-X$ 对称变换	
$\begin{bmatrix} \cos\theta & \sin\theta & 0 \\ -\sin\theta & \cos\theta & 0 \\ 0 & 0 & 1 \end{bmatrix}$	θ 为 XOY 平面中逆时针为正计数的角度	旋转变换	
$\begin{bmatrix} 1 & d & 0 \\ b & 1 & 0 \\ 0 & 0 & 1 \end{bmatrix}$	$d=0$, $b\neq0$,沿 X 方向错切; $d\neq0$,$b=0$,沿 Y 方向错切; $d\neq0$,$b\neq0$,沿 X,Y 两方向同时错切	错切变换	 X 方向错切

5. 组合变换

在许多 CAD 处理中,要通过组合变换对某些几何体实施一系列的变换。这样做的优点是通过完成一定数量的矩阵相乘来得到所希望的图形。

例如,除了需要绕原点旋转 θ 角度外,有时需要将指定的几何体绕空间任意一点旋转。如果分析只限制在二维空间,旋转首先移动几何体,使其中心与原点重合(应用表 3.1 中的平移矩阵),然后将对象绕原点进行相应的旋转(应用表 3.1 中的旋转矩阵)。完成旋转后,再将几何体(对象)平移回原位置。实际上,绕一点旋转只是假象情况,在数学上行不通,这是因为不可能将一个对象绕一点旋转,在二维中,旋转点实际上表示的是压缩后的 Z 轴。因此,绕一点旋转实际上是绕 Z 轴旋转,只是在 XY 平面上观察几何体。

6. 三维图形变换

三维图形几何变换矩阵可用下式表示:

$$[X^* \ Y^* \ Z^* \ 1] = [X \ Y \ Z \ 1]\boldsymbol{T}_{3D} \tag{3-4}$$

其中,$\boldsymbol{T}_{3D} = \begin{bmatrix} a_{11} & a_{12} & a_{13} & a_{14} \\ a_{21} & a_{22} & a_{23} & a_{24} \\ a_{31} & a_{32} & a_{33} & a_{34} \\ a_{41} & a_{42} & a_{43} & a_{44} \end{bmatrix}$;$\begin{bmatrix} a_{11} & a_{12} & a_{13} \\ a_{21} & a_{22} & a_{23} \\ a_{31} & a_{32} & a_{33} \end{bmatrix}$ 产生比例、旋转、错切变换;$[a_{41} \ a_{42} \ a_{43}]$ 产生平移变换;$\begin{bmatrix} a_{14} \\ a_{24} \\ a_{34} \end{bmatrix}$ 产生投影变换;$[a_{44}]$ 产生整体比例变换。

常用的几种三维图形变换矩阵列于表 3.2,其中省略了变换的示意图,可参见二维变换。在三维变换中也列出了三维形体的投影变换矩阵。所谓投影变换就是把三维物体转变为二维图形的过程。

表 3.2   常用的三维图形变换

矩　　阵	说　　明	变换名称
$\begin{bmatrix} 1 & 0 & 0 & 0 \\ 0 & 1 & 0 & 0 \\ 0 & 0 & 1 & 0 \\ T_x & T_y & T_z & 1 \end{bmatrix}$	沿 X 轴移动 T_x;沿 Y 轴移动 T_y;沿 Z 轴平移 T_z。$T_x = T_y = T_z$ 时,为恒等变换矩阵,代表三维空间坐标系,意义同二维	平移变换
$\begin{bmatrix} S_x & 0 & 0 & 0 \\ 0 & S_y & 0 & 0 \\ 0 & 0 & S_z & 0 \\ 0 & 0 & 0 & 1 \end{bmatrix}$	沿 X 轴方向缩放 S_x 倍;沿 Y 方向缩放 S_y 倍;沿 Z 轴方向缩放 S_z 倍	比例变换
$\begin{bmatrix} 1 & 0 & 0 & 0 \\ 0 & \cos\theta & \sin\theta & 0 \\ 0 & -\sin\theta & \cos\theta & 0 \\ 0 & 0 & 0 & 1 \end{bmatrix}$	绕 X 轴旋转角度 θ,以右手螺旋方向为正	X 轴旋转变换

续表

矩　　阵	说　　明	变换名称
$\begin{bmatrix} \cos\theta & 0 & -\sin\theta & 0 \\ 0 & 1 & 0 & 0 \\ \sin\theta & 0 & \cos\theta & 0 \\ 0 & 0 & 0 & 1 \end{bmatrix}$	绕 Y 轴旋转角度 θ，以右手螺旋方向为正	Y 轴旋转变换
$\begin{bmatrix} \cos\theta & \sin\theta & 0 & 0 \\ -\sin\theta & \cos\theta & 0 & 0 \\ 0 & 0 & 1 & 0 \\ 0 & 0 & 0 & 1 \end{bmatrix}$	绕 Z 轴旋转角度 θ，以右手螺旋方向为正	Z 轴旋转变换
$\begin{bmatrix} -1 & 0 & 0 & 0 \\ 0 & 0 & 0 & 0 \\ 0 & 1 & 0 & 0 \\ a-t_x & b-t_z & 0 & 1 \end{bmatrix}$	正投影到 XZ 平面中，并且沿 X 和 Z 方向移动 t_x,t_z 以便观察，中心在 (a,b) 处	主视图
$\begin{bmatrix} -1 & 0 & 0 & 0 \\ 0 & -1 & 0 & 0 \\ 0 & 0 & 0 & 0 \\ a+t_x & b+t_y & 0 & 1 \end{bmatrix}$	正投影到 XY 平面中，并且沿 X 和 Y 方向移动 t_x,t_y 以便观察，中心在 (a,b) 处	俯视图
$\begin{bmatrix} 0 & 0 & 0 & 0 \\ 1 & 0 & 0 & 0 \\ 0 & 1 & 0 & 0 \\ a+t_y & b+t_z & 0 & 1 \end{bmatrix}$	正投影到 YZ 平面中，并且沿 Y 和 Z 方向移动 t_y,t_z 以便观察，中心在 (a,b) 处	侧视图
$\begin{bmatrix} \cos\theta & 0 & -\sin\theta\sin\varphi & 0 \\ -\sin\theta & 0 & -\cos\theta\sin\varphi & 0 \\ 0 & 0 & \cos\varphi & 0 \\ 0 & 0 & 0 & 1 \end{bmatrix}$	θ 是立体绕 Z 轴正转角度；φ 是立体绕 X 轴逆转角度。$\theta=45°,\varphi=35°15'$ 时为正等测变换；$\theta=45°,\varphi=19°28'$ 时为正二测变换	正轴测投影变换
$\begin{bmatrix} 1 & 0 & 0 & 0 \\ -0.3535 & 0 & -0.3535 & 0 \\ 0 & 0 & 1 & 0 \\ 0 & 0 & 0 & 1 \end{bmatrix}$	沿 Y 轴缩短 0.5，轴测轴 Y 与水平线夹 45°	斜二测投影变换
$\begin{bmatrix} 1 & 0 & 0 & 0 \\ 0 & 1 & 0 & 0 \\ -\dfrac{x_c}{z_c} & -\dfrac{y_c}{z_c} & 0 & -\dfrac{1}{z_c} \\ 0 & 0 & 0 & 1 \end{bmatrix}$	视点为 $P_c(X_c,Y_c,Z_c)$，投影平面为 XOY，形体上一点 $P(X,Y,Z)$ 投影为 (X_s,Y_s)	一点透视投影变换

3.5　曲线描述的基本原理和方法

工程上常用的曲线有两种类型：一种是规则曲线，另一种是自由曲线。常用的规则曲线有圆锥曲线、摆线和渐开线等，这些曲线都可以用函数或参数方程来表示。有了这些函数方程，很容易应用计算机来显示和画出它们。自由曲线通常是指不能用直线、圆弧和二次圆锥曲线描述，而只能用一定数量的离散点来描述的任意形状的曲线。在实际应用中往往是已知型值点列及其走向和连接条件,利用数学方法构造出能完全通过或者比较接近给定型值点的曲线(曲线拟合),再计算出拟合曲线上位于给定型值点之间的若干点(插值点),从而生成相应的参数曲线。本节将讨论自由曲线的计算机描述、分析、生成的数学原理和处理方法。

1. 造型空间与参数空间坐标系统

造型空间是指曲面、曲线等几何实体存在的三维空间。我们可通过坐标系由数学模型来精确地描述几何实体。如图 3.5 所示,对于曲线上每一位置点的(x,y,z)坐标都可由一个单变量 u 的方程来定义。对于曲面上任意位置点的(x,y,z)坐标都可由一个双变量 u 和 v 的方程来定义。参数域上的一对值(u,v)产生曲面上的一个三维点。

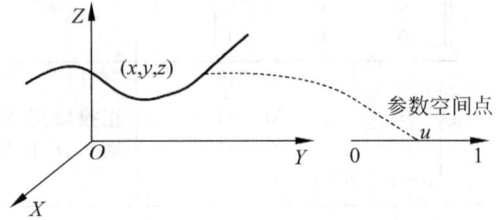

图 3.5　曲线的造型空间和参数空间

2. 曲线的数学描述方法

1) 参数曲线和参数曲面

曲线和曲面可以用隐函数、显函数或参数方程来表示。用隐函数表示曲线和曲面不直观、作图也不方便,而用显函数表示又存在多值性和斜率无穷大等问题。因此,隐函数和显函数只适合表达简单、规则的曲线和曲面(如二次圆锥曲线)。自由曲线和自由曲面多用参数方程(parametric representation)表示,相应地被称为参数曲线(parametric curve)或参数曲面。

空间的一条曲线可以表示成随参数 u 变化的运动点的轨迹(见图 3.5),其矢量函数为

$$\boldsymbol{P}(u) = \boldsymbol{P}(x(u), y(u), z(u))　u \in [0,1] \tag{3-5}$$

其中,$[0,1]$为参数域,在参数域中的每一个参数点都可以通过曲线方程计算出一个曲线空间点。

2) 曲线次数

样条曲线中的每一段曲线都由一个多项式来定义,它们都有相同的次数,即样条曲线的次数。曲线的次数决定了曲线的柔韧性。次数为 1 的样条曲线是连接所有控制顶点的直线段,它至少需要 2 个控制顶点。2 次样条曲线至少需要 3 个控制顶点,3 次样条曲线至少需要 4 个控制顶点,以此类推。但高于 3 次的样条曲线有可能出现难以控制的振荡。对于各系统中,B 样条曲线的默认次数为 3 次,这能够满足绝大多数情况的需求。

3. 几何设计的基本概念

在自由曲线和曲面描述中常用三种类型的点,它们是:
(1) 控制点,用来确定曲线或曲面的形状位置,但曲线或曲面不一定经过该点;
(2) 型值点,用于确定曲线或曲面的位置与形状,并且经过该点;
(3) 插值点,为提高曲线或曲面的输出精度,在型值点之间插入的一系列点。

设计中通常是用一组离散的型值点或控制点来定义和构造几何形状,且所构造的曲线和曲面应满足光顺的要求。这种定义曲线和曲面的方法有插值、拟合、逼近、光滑、光顺等。

（1）插值：给定一组精确的数据点，要求构造一个函数，使之严格地依次通过全部型值点，且满足光顺要求，如图 3.6(a)所示。

（2）拟合：对于一组具有误差的数据点，构造一个函数，使之在整体上最接近这些数据点而不必通过全部数据点，并使所构造的函数与所有数据点的误差在某种意义上最小。

（3）逼近：用特征多边形或网格来定义和控制曲线或曲面的方法，如图 3.6(b)、(c)所示。虚线上的点是控制点，形成的多边形称为特征多边形或控制多边形（control polygon）。

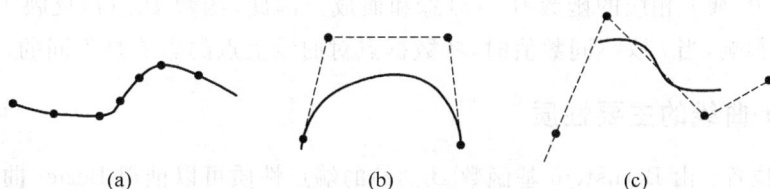

(a)　　　　　　　　(b)　　　　　　　　(c)

图 3.6　型值点、特征点与曲线的关系

（4）光滑：从数学意义上讲，光滑是指曲线或曲面具有至少一阶的连续导数。

（5）光顺：它不仅要求曲线或曲面具有至少一阶的连续导数，而且还要满足设计要求。例如，一般机械零件外形只要求一阶导数连续就够了，而叶片、汽车外形等产品不但要二阶导数连续，而且曲线的凹凸走向要满足功能要求。

3.6　曲线设计

自由曲线可以是由一系列的曲线段连接而成，因此，对曲线研究的重点就可放在曲线段的描述以及它们的连接拼合方法上。下面介绍 Bezier 曲线和 B 样条曲线的构造和连接拼合。

3.6.1　Bezier 曲线

1962 年，法国雷诺汽车公司的 P. E. Bezier 构造了一种以逼近为基础的参数曲线和曲面的设计方法，后被称为 Bezier 方法。该方法将函数逼近同几何表示结合起来，使得设计师在计算机上作图就和使用作图工具一样得心应手。其具体设计过程是：从模型或手绘草图上取得数据后，用绘图工具绘出曲线图，然后从这张图上大致定出 Bezier 特征多边形各顶点的坐标值，并输入计算机进行交互式的几何设计，调整特征多边形的顶点位置，直到得出满意的结果为止，最后用绘图机绘出曲线样图。用该方法构成的曲线即 Bezier 曲线，其形状是通过一组多边折线（特征多边形）的各顶点唯一地定义出来的。

1. Bezier 曲线定义

Bezier 构造曲线的基本思想是：由曲线的两个端点和若干个不在曲线上的点来唯一地确定曲线的形状。这两个端点和其他若干个点被称为 Bezier 特征多边形的顶点。设给定空间特征多边形的 $n+1$ 个顶点 $P_i(i=0,1,\cdots,n)$，则定义 n 次 Bezier 曲线的矢量函数为

$$P(t) = \sum_{i=0}^{n} B_{n,i}(t) P_i \qquad (3-6)$$

$$B_{n,i}(t) = C_n^i (1-t)^{n-i} t^i \quad 0 \leqslant t \leqslant 1 \qquad (3-7)$$

$$C_n^i = \frac{n!}{i!(n-i)!} \qquad (3-8)$$

式中，$B_{n,i}(t)$ 称为伯恩斯坦基函数(Bernstein Basis)。式(3-7)表明 Bezier 曲线上的点 $P(t)$ 是由各数据点 P_i 乘上相应的函数 $B_{n,i}(t)$ 总和而成。因此，函数 $B_{n,i}(t)$ 反映了各数据点 P_i 对曲线上点的影响，当 t 取不同数值时，各数据点对曲线上点的影响是不同的。

2. Bezier 曲线的主要性质

(1) 端点位置：由 Bernstein 基函数 $B_{n,i}(t)$ 的端点性质可以推得 Bezier 曲线的起点、终点与相应的特征多边形的起点、终点重合；

(2) 端点切线：Bezier 曲线起点处的切线方向是特征多边形第一条边向量的方向，终点处的切线方向是特征多边形最末一条边向量的方向；

(3) 几何不变性：指某些几何特性不随坐标变换而变化的特性。Bezier 曲线的位置和形状与其特征多边形的顶点的位置有关，它不依赖坐标系的选择，即 Bezier 曲线具有几何不变性。

(4) 曲线的整体逼近性：由 Bernstein 基函数 $B_{n,i}(t) \equiv 1$ 可见，伯恩斯坦基函数具有权性，那么当 $0 < t < 1$ 时，所有的权函数的值均不为零。这意味着除了 Bezier 曲线的首、末两端点外，曲线上的每个点都将受到所有 P_i 点的影响，任何一个 P_i 点的改变都会使整段 Bezier 曲线随着改变。这是 Bezier 曲线不好的特性，因为它排除了对一段 Bezier 曲线作局部修改的可能。

3. 工程中常用的 Bezier 曲线

1) 3 次 Bezier 曲线的生成

常用的 3 次 Bezier 曲线，见图 3.6(b)，由 4 个控制点确定($n=3$)，由式(3-8)可以得到

$$C_3^0 = \frac{3}{3! \times 0!} = 1 \quad C_3^1 = \frac{3!}{2! \times 1!} = 3 \quad C_3^2 = \frac{3!}{1! \times 2!} = 3 \quad C_3^3 = \frac{3!}{0! \times 3!} = 1$$

由式(3-7)可得到基函数为

$$B_{3,0} = (1-t)^3 \quad B_{3,1} = 3t(1-t)^2 \quad B_{3,2} = 3t^2(1-t) \quad B_{3,3} = t^3$$

代入 Bezier 曲线表达式(3-6)得到

$$P(t) = (1-t)^3 P_0 + 3t(1-t)^2 P_1 + 3t^2(1-t) P_2 + t^3 P_3 \quad 0 \leqslant t \leqslant 1 \qquad (3-9)$$

写成矩阵形式为

$$P(t) = (t^3 \quad t^2 \quad t \quad 1) \begin{bmatrix} 1 & 3 & 3 & 1 \\ 3 & 6 & 3 & 0 \\ 3 & 3 & 0 & 0 \\ 1 & 0 & 0 & 0 \end{bmatrix} \begin{bmatrix} P_0 \\ P_1 \\ P_2 \\ P_3 \end{bmatrix}$$

式(3-9)是 3 次 Bezier 曲线表达式。利用此式在 t 取(0,1)中的若干个值时得到一系列

点,从而绘制出 3 次 Bezier 曲线来。取 $t=0,\dfrac{1}{3},\dfrac{2}{3},1$,求
出 $B_{3,1}(t)$ 对应的曲线如图 3.7 所示。它们构成了 3 次
Bezier 曲线空间的一组基,任何 3 次 Bezier 曲线都是这 4
条曲线的线性组合。

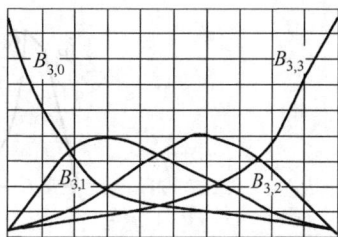

图 3.7　Bezier 基函数图形

2) 2 次 Bezier 曲线

当 Bezier 曲线由 3 个控制点确定时($n=2$),式(3-5)转
化为如下的 2 次 Bezier 曲线:

$$\boldsymbol{P}(t)=(1-t)^2\boldsymbol{P}_0+2t(1-t)\boldsymbol{P}_1+t^2\boldsymbol{P}_2$$

$$=(t^2\quad t\quad 1)\begin{bmatrix} 1 & -2 & 1 \\ -2 & 2 & 0 \\ 1 & 0 & 0 \end{bmatrix}\begin{bmatrix} \boldsymbol{P}_0 \\ \boldsymbol{P}_1 \\ \boldsymbol{P}_2 \end{bmatrix}\quad 0\leqslant t\leqslant 1 \qquad (3\text{-}10)$$

在上式中,当 $t=\dfrac{1}{2}$ 时,$\boldsymbol{P}\left(\dfrac{1}{2}\right)=\dfrac{1}{2}\left[\boldsymbol{P}_1+\dfrac{1}{2}(\boldsymbol{P}_0+\boldsymbol{P}_2)\right]$,对应于一条抛物线。

3) Bezier 曲线的程序设计

实际中主要应用 3 次 Bezier 曲线。利用 3 次 Bezier 曲线的表达式(3-9)在区间(0,1)间
取多个值,例如 100 个,计算出这 100 个值对应的坐标点,然后用一条曲线拟合,就得到一条
Bezier 曲线。为程序设计方便,把式(3-9)变为直角坐标系中的参数方程,即:

$$\begin{cases} x(t)=(1-t)^3x_0+3t(1-t)^2x_1+3t^2(1-t)x_2+t^3x_3 \\ y(t)=(1-t)^3y_0+3t(1-t)^2y_1+3t^2(1-t)y_2+t^3y_3 \end{cases} \qquad (3\text{-}11)$$

或写成

$$\begin{cases} x(t)=A_0+A_1t+A_2t^2+A_3t^3 \\ y(t)=B_0+B_1t+B_2t^2+B_3t^3 \end{cases}$$

其中

$$\begin{cases} B_0=y_0 \\ B_1=-3y_0+3y_1 \\ B_2=3y_0-6y_1+3y_2 \\ B_3=-y_0+3y_1-3y_2+y_3 \end{cases} \qquad \begin{cases} A_0=x_0 \\ A_1=-3x_0+3x_1 \\ A_2=3x_0-6x_1+3x_2 \\ A_3=-x_0+3x_1-3x_2+x_3 \end{cases}$$

按上述表达式,读者可以自己编写 Bezier 曲线的通用生成程序。

4. Bezier 曲线的拼接

常用的 3 次 Bezier 曲线由 4 个控制点确定。多控制点($n>4$)的 3 次 Bezier 曲线存在着
几条曲线的拼接问题,其关键问题是拼接处的连续性。由 Bezier 曲线的性质可知:一段
Bezier 曲线一定通过控制多边形的起始点和终止点,并在此两点与起始边和终止边相切。
由此可以证明所拼接的两曲线应具有一个公共点。第一条曲线的终点一定是第二条曲线的
起点,但第一条曲线的后两个控制点和第二条曲线的前两个控制点应在一条直线上(见
图 3.8)。对于第一条 Bezier 曲线来说,$\boldsymbol{C}_1'(3)=3(\boldsymbol{P}_3-\boldsymbol{P}_2)$,而对于第二条曲线 $\boldsymbol{C}_2'(0)=3(\boldsymbol{P}_5$
$-\boldsymbol{P}_4)$。由拼接原理可知 $\boldsymbol{C}_1'(3)=\boldsymbol{C}_2'(0)$,所以 $3(\boldsymbol{P}_3-\boldsymbol{P}_2)=3(\boldsymbol{P}_5-\boldsymbol{P}_4)$。如令 $\boldsymbol{P}_3=\boldsymbol{P}_4=\boldsymbol{P}$,所
以有 $\boldsymbol{P}_2+\boldsymbol{P}_5=\boldsymbol{P}$。故 $\boldsymbol{P}_2,\boldsymbol{P}_3,\boldsymbol{P}_4,\boldsymbol{P}_5$ 共线。应用这一原理编写 Bezier 曲线的拼接程序。

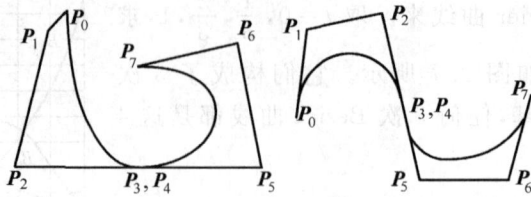

图 3.8 Beizer 曲线拼接

3.6.2 B 样条曲线

Bezier 曲线是通过逼近特征多边形而获得曲线的,具有直观、计算简单等许多优点,特征多边形顶点的个数决定了曲线的次数,顶点越多,曲线的次数越高,多边形对曲线的控制越弱。另外它是整体构造,每个基函数在整个曲线段范围内非零,故不便于修改,改变某一控制点对整个曲线都有影响。1972 年 Riesenfeld 等人在 Bezier 基础上提出了 B 样条(B-Spline)曲线。用 B-Spline 基函数代替 Bernstein 基函数组,不仅保持了 Bezier 曲线的特性,而且逼近特征多边形的精度更高。在 Bezier 方法中,特征多边形的边数与 Bernstein 多项式的项数相等;而在 B-Spline 方法中,特征多边形的边数与 B-Spline 基函数的次数无关。Bezier 方法是整体逼近;而 B-Spline 则是局部逼近,修改多边形顶点,对曲线的影响只是局部的。

1. B 样条的定义

设有控制顶点 $P_0, P_1, P_2, \cdots, P_n$,则 n 次 B 样条曲线的数学表达式为

$$\begin{cases} \boldsymbol{P}(t) = \sum_{i=0}^{n} N_{i,n}(t)\boldsymbol{P}_i \\ N_{i,n}(t) = \dfrac{1}{n!}\sum_{j=0}^{n-i}(-1)^j C_{n+1}^j (t+n-i-j)^n \quad (0 \leqslant t \leqslant 1) \end{cases} \tag{3-12}$$

式中,P_i 为特征多边形控制点;$N_{i,n}(t)$ 是 n 次 B 样条曲线基函数。

与 Bezier 曲线相比较,B 样条曲线有如下不同:

(1) Bezier 曲线的阶次与控制顶点数有关,而 B 样条的基函数次数与控制顶点无关。这样就避免了 Bezier 曲线次数随控制点数增加而增加的不足。

(2) Bezier 曲线所用的基函数是多项式函数,B 样条曲线的基函数是多项式样条。

(3) Bezier 曲线缺乏局部控制能力,而 B 样条曲线的基函数 $N_{i,n}(t)$ 仅在某个局部不等于零,于是改变控制点 P_i 也只对这个局部发生影响,使 B 样条曲线具有局部可修改性,更适合于几何设计。

2. 工程中常用的 B 样条曲线

1) 3 次 B 样条曲线的生成

对于 $n+1$ 个特征多边形顶点 $P_0, P_1, \cdots, P_n$,每 4 个顺序点为一组,其线性组合可以构成 $n-2$ 段 3 次 B 样条曲线,即由 4 个控制点确定 3 次 B 样条曲线,由式(3-12)可以得到

$$N_{0,3}(t) = \frac{1}{6}(-t^3 + 3t^2 - 3t + 1) \quad N_{1,3}(t) = \frac{1}{6}(3t^3 - 6t^2 + 4)$$

$$N_{2,3}(t) = \frac{1}{6}(-3t^3 + 3t^2 + 3t + 1) \quad N_{3,3}(t) = \frac{1}{6}t^3$$

代入 B 样条曲线表达式(3-12)得到

$$P(t) = \frac{1}{6}\big[(-P_0 + 3P_1 - 3P_2 + P_3)t^3 + (3P_0 - 6P_1 + 3P_2)t^2$$
$$+ (-3P_0 + 3P_2)t + (P_0 + 4P_1 + P_2)\big] \tag{3-13}$$

式(3-12)写成矩阵形式为

$$P(t) = \frac{1}{6}(t^3 \quad t^2 \quad t \quad 1)\begin{bmatrix} -1 & 3 & -3 & 1 \\ 3 & -6 & 3 & 0 \\ -3 & 0 & 0 & 0 \\ 1 & 4 & 1 & 0 \end{bmatrix}\begin{pmatrix} P_0 \\ P_1 \\ P_2 \\ P_3 \end{pmatrix} \tag{3-14}$$

当 $t=0$ 时，$P(0) = \frac{1}{6}(P_0 + 4P_1 + P_2) = \frac{1}{3}\left(\frac{P_0 + P_2}{2}\right) + \frac{2}{3}P_1$

当 $t=1$ 时，$P(1) = \frac{1}{6}(P_1 + 4P_2 + P_3) = \frac{1}{3}\left(\frac{P_1 + P_3}{2}\right) + \frac{2}{3}P_2$

这表明三次 B 样条曲线段的起点 $P(0)$ 落在 $\triangle P_0 P_1 P_2$ 的中线 $P_1 P_1^*$ 上离 P_1 三分之一处，终点 $P(1)$ 落在 $\triangle P_1 P_2 P_3$ 的中线 $P_2 P_2^*$ 上离 P_2 三分之一处，见图 3.9。

将式(3-13)对 t 求导，

当 $t=0$ 时，$P'(0) = 1/2(P_2 - P_0)$

当 $t=1$ 时，$P'(1) = 1/2(P_3 - P_1)$

这表明三次 B 样条曲线段始点处的切向量 $P'(0)$ 平行于 $\triangle P_0 P_1 P_2$ 的边 $P_0 P_2$，长度为它的二分之一；终点处的切向量 $P'(1)$ 平行于 $\triangle P_1 P_2 P_3$ 的边 $P_1 P_3$，长度为它的二分之一，见图 3.9。

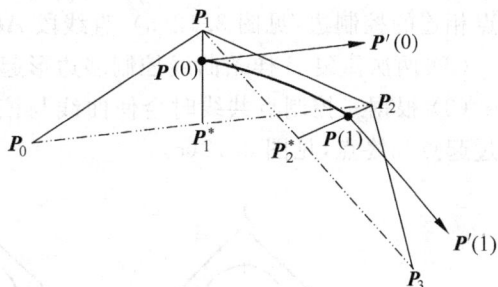

图 3.9　三次 B 样条曲线

2) 2 次 B 样条曲线的生成

由 3 个控制点确定 2 次 B 样条曲线，由式(3-12)可以得到

$$N_{0,2}(t) = \frac{1}{2}(t-1)^2 \quad N_{1,2}(t) = \frac{1}{2}(-2t^2 + 2t + 1) \quad N_{2,2}(t) = \frac{1}{2}t^2$$

代入 B 样条曲线表达式(3-12)得到

$$P(t) = \frac{1}{2}\big[(P_0 - 2P_1 + P_2)t^2 + (-2P_0 + 2P_1)t + (P_0 + P_1)\big] \tag{3-15}$$

$$P(t) = \frac{1}{2}(t^2 \quad t \quad 1)\begin{bmatrix} 1 & -2 & 1 \\ -2 & 2 & 0 \\ 1 & 0 & 0 \end{bmatrix} \tag{3-16}$$

当 $t=0$ 时，

$$P(0) = 1/2(P_0 + P_1) \quad P'(0) = P_1 - P_0$$

当 $t=1$ 时，

$$P(1) = 1/2(P_1 + P_2) \quad P'(1) = P_2 - P_1$$

这表明曲线线段的两端点是二次 B 样条特征二边形两边的中点，曲线段两端点的切向量就是 B 特征二边形的两个边向量，见图 3.10。

如继 P_0，P_1，P_2 之后还有一些点 P_3，P_4，…，那么依次地每取三点，如 P_0，P_1，P_2，P_1，P_2，P_3，…，都可以得到一段二次 B 样条曲线段，合起来就得到二次 B 样条曲线，见图 3.11。

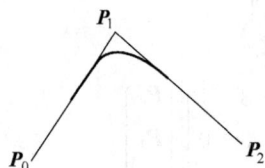

图 3.10   二次 B 样条曲线   图 3.11   二次 B 样条曲线的拼接

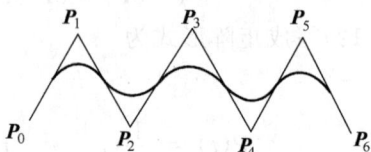

3. B 样条的边界处理

在实际应用中，往往需要所设计的 B 样条曲线通过指定的位置或通过控制多边形的起点和终点，这就需要对曲线进行边界处理，其主要方法是：

（1）重复控制多边形起点和终点，这样会把曲线拉向该控制点并使曲线相切于与该控制点相连的控制边，见图 3.12(a)，直线段 AP_0，BP_4 可视为曲线的一部分；

（2）两次重复 B 样条曲线控制多边形起点和终点，见图 3.12(b)；

（3）根据三控制点共线时会使曲线与该线段相切的原理，可适当增加控制点而使曲线通过起点和终点，见图 3.12(c)。

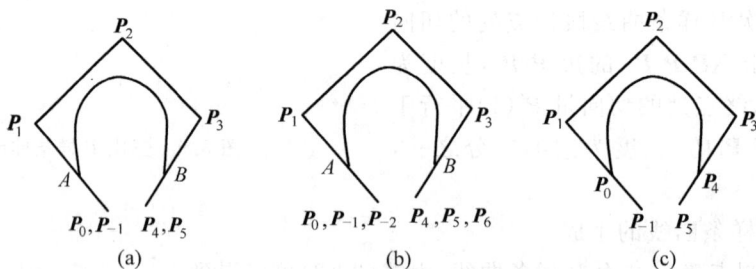

图 3.12   B 样条的边界处理

3.7 曲 面 设 计

曲面设计取决于在给定的边界之间拟合合适的曲线的技术。曲面拟合的主要问题是定义用于设计的可视化准则。因此，选择合理的工程应用方法是从可视化角度更容易接受的设计的基础。

1. 曲面模型的描述方法

进行曲面模型的描述方式有两种：一种是以线框模型为基础的面模型；另外是以曲线、曲面为基础构成的面模型。第一种方法是在线框模型的基础上增加了有关面与边的拓扑信息，给出了顶点的几何信息及边与顶点、面与边之间的二层拓扑信息。这种方法只适合于描述简单形体。对于由自由曲面组成的形体，若采用线框模型则只能以小平面片逼近的方法近似地进行描述。因此，现代航空航天、电子、汽车以及模具等产品中需要精确描述的曲面只能以第二种方法，即通过参数方程进行描述。

采用第二种方法生成曲面的方法有以下几种。

1）扫描曲面（swept surface）

根据扫描方法的不同，又可分为旋转扫描法和轨迹扫描法两类。一般可以形成以下几种曲面形式：

（1）线性拉伸面。由一条曲线（即母线）沿着一定的直线方向移动而形成的曲面。

（2）旋转面。由一条曲线（即母线）绕给定的轴线，按给定的旋转半径旋转一定的角度而扫描成的面。

（3）扫成面。由一条曲线（即母线）沿着另一条（或多条）曲线（轨迹线）扫描而成的面。

2）直纹面（ruled surface）

直纹面也称为放样面，是表面设计的基础。其定义为：给定两条空间参数曲线，所定义的面要以这两条曲线作为面的两条相对边界（然后要在这两条空间参数曲线之间进行插补）。直纹面的特点是以直线为母线，直线的端点在同一方向上沿着两条轨迹曲线移动所生成的曲面，如图 3.13 所示。

3）复杂曲面（complex surface）

复杂曲面的基本生成原理是：先确定曲面上特定的离散点（型值点）的坐标位置，通过拟合使曲面通过或逼近给定的型值点，得到相应的曲面。一般，曲面的参数方程不同，就可以得到不同类型及特性的曲面。常用的复杂曲面有孔斯（Cones）曲面、贝塞尔（Bezier）曲面、B 样条（B-Spline）曲面等。

（1）孔斯曲面。孔斯曲面是由 4 条封闭边界所构成的曲面，如图 3.14 所示。孔斯曲面的几何意义明确，曲面表达式简洁，主要用于构造一些通过给点型值点的曲面，但不适用于曲面的概念性设计。

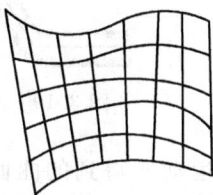

图 3.13　直纹面

图 3.14　孔斯曲面

（2）贝塞尔曲面。贝塞尔曲面是以逼近为基础的曲面设计方法。它先通过控制顶点的网格勾画出曲面的大致形状，再通过修改控制点的位置来修改曲面的形状，如图 3.15 所示。这种方法比较直观，易于为工程设计人员接受，但也存在局部性修改的缺陷，即修改任意一个控制点都会影响整个曲面的形状。

（3）B样条曲面。B样条曲面是B样条曲线和贝塞尔曲面方法在曲面构造上的推广，如图3.16所示。它以B样条基函数来反映控制顶点对曲面形状的影响。该方法不仅保留了贝塞尔曲面设计方法的优点，而且也解决了贝塞尔曲面设计中存在的局部性修改问题。

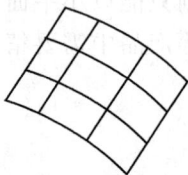

图3.15　贝塞尔曲面　　　　　　　　　　　图3.16　B样条曲面

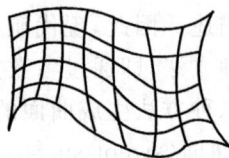

2. 应用软件生成曲面

在应用软件中，生成曲面的方法大致有三类。

1）基本曲面

利用轮廓直接生成的曲面为基本曲面。对一些标准的基本曲面如圆柱面、圆锥面、球面，设计者只需给定相应的参数即可生成。在不提供标准基本曲面的系统中，可以通过基本曲面生成方法获得。在实体造型系统中，生成曲面的方法有多种多样，如拉伸扫描、回转扫描、圆管曲面和扫描曲面。

拉伸曲面是通过一条轮廓线按照指定的方向扫描一定的深度建立的，如图3.17所示。

拉伸曲面与拉伸实体的区别在于它生成曲面的线可以是不封闭的，可以是自交的，也可以是空间曲线，且这些曲线不限于直线、圆弧，也可以是复合线和样条。

旋转曲面是由一条轮廓线绕一条回转中心线扫描而成的曲面。轮廓线可以是直线、圆弧、样条或二维、三维复合线，回转角度可以是整周，也可以为任意角，如图3.18所示。

生成圆管曲面需要先绘制一条曲线作为圆管的中心线，再设定圆管半径，这样就能够生成相应的曲面，如图3.19所示。

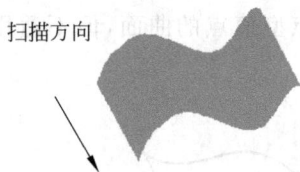

扫描方向

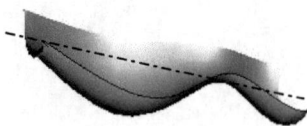

图3.17　拉伸曲面　　　　　图3.18　旋转曲面　　　　　图3.19　圆管曲面

扫描曲面是一条或多条截形线，沿着一条或两条轨迹线运动所得到的曲面。如果生成扫描曲面时使用多条截形线，这些截形线可以是不同的，例如可以是圆、椭圆或矩形等形状。在生成扫描曲面时，软件会自动形成过渡，生成光滑连续的曲面。图3.20是扫描曲面的实例。

2）衍生曲面

衍生曲面是在已知存在的曲面或实体表面派生而成的曲面，具体方法有以下几种。

第一条截形线　第二条截形线

路径

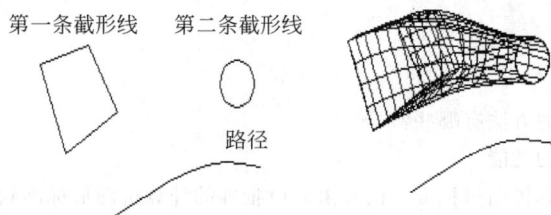

图 3.20　扫描曲面

（1）偏移曲面。偏移（offset）曲面是以选定的曲面为基础，按照设定的偏移距离所生成的曲面。生成的偏移曲面在形状上与基本曲面相同。图 3.21 是一个简单的偏移曲面的实例。

（2）倒圆曲面。倒圆曲面是在两个已有曲面之间按照设定的倒圆半径生成的曲面。倒圆有等半径和变半径两种。图 3.22 为生成的三个倒圆曲面，这三个曲面的交界处需要采用顶角倒圆。

（3）顶点倒圆曲面。顶点倒圆曲面是在三个曲面之间按照设定的倒圆半径生成的曲面，如图 3.23 所示。

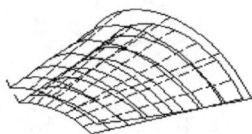

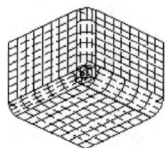

图 3.21　偏移曲面　　　　图 3.22　倒圆曲面　　　　图 3.23　顶点倒圆曲面

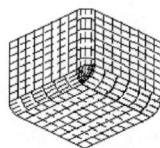

（4）融合曲面。它在 2～4 个面或线之间的空隙处生成一个融合曲面，如图 3.24 所示。

3）蒙皮曲面

蒙皮曲面是在建立好的线框的基础上生成的曲面。可以这样理解这种曲面，先用铁丝搭好一个框架，再把一块布蒙在框架上。这块

图 3.24　融合曲面

布所具有的曲面形状就和铁丝框架的形状一致。蒙皮曲面的生成思想与这样的情况相似。蒙皮曲面有 4 种生成方式：

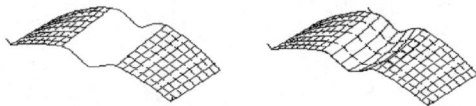

（1）约束曲面。生成约束曲面时，在具有任意三维空间形状的线框之间形成平直的面，构成约束曲面。

（2）二维平面。二维平面生成时，只能把在二维平面上的线框转变为以此线框为边界的二维平面。

（3）单向构造曲面。单向构造曲面是以一组任意数量的曲线为框架，在它们之间过渡而形成的曲面。

（4）双向构造曲面。双向构造曲面是在两组任意数量的曲线框架的基础上形成的曲面。

习题

1. 图形的概念及描述图形的方法有哪些？
2. 指出图形系统应该实现的功能。
3. 为什么要制定和采用计算机图形标准？已经由 ISO 批准的计算机图形标准软件有哪些？
4. 推导 3 次 Bezier 曲线的参数方程，编制 3 次 Bezier 曲线生成与绘图程序。
5. 比较 3 次 B 样条曲线与 3 次 Bezier 曲线的特性。
6. 齐次坐标表示法有什么优越性？
7. 试证明下述几何变换的矩阵运算具有互换性：
    (1) 两个连续的旋转变换；
    (2) 两个连续的平移变换；
    (3) 两个连续的变比例变换；
    (4) 当比例系数相等时的旋转和比例变换。
8. 证明 $T = \begin{bmatrix} \dfrac{1+t^2}{1+t^2} & \dfrac{2t}{1+t^2} \\ \dfrac{-2t}{1+t^2} & \dfrac{1-t^2}{1+t^2} \end{bmatrix}$ 完全表示一个旋转变换。

第 4 章

产品数字化造型技术

教学提示与要求

　　产品数字化造型是研究如何以数学方法在计算机内部用数字方式表达物体的形态、属性、相互关系以及仿真物体特定状态的技术方法,是实现CAD/CAM 系统集成、产品设计制造数字化的关键技术之一。产品数字化造型技术的核心是几何建模技术,几何建模技术已由早期的线框建模、曲面建模、实体建模发展到目前的基于特征的参数化、变量化造型技术。本章从机械产品设计制造环境的要求出发,讨论了几何模型的基本概念,三维几何造型的理论基础、几何造型方法、三维实体的计算机内部表示、参数化特征造型技术等。

4.1　几何模型的基本概念

　　模型是实际或想象中的物体或现象的数学表示,它给出了对象的结构和性能的描述,并能产生相应的图形。产品模型是在三维欧氏空间中建立的实际产品或将要投产的产品的几何模型,是对产品进行计算、分析和模拟的基础。

4.1.1　几何模型的信息组成

　　几何模型描述的是具有几何特征的形体,它能将物体的形状及属性(如颜色、纹理等)存储在计算机内,表示该物体的三维几何模型。这个模型是对原物体的确切的数学描述或是对原物体某种状态的真实模拟,并将为各种不同的后续应用提供信息。例如,由模型产生有限元网格,由模型编制数控加工代码,由模型进行碰撞、干涉检查等。一个完整的几何模型包括两个信息要素:几何信息和拓扑信息。

1. 几何信息

　　几何信息是指形体在欧氏空间中的形状、位置和大小,其具有几何意义,包括点、线、面、体信息,这些信息可以用几何分量表示。例如,三维空间中的点、直线、平面可分别表示为$M(x,y,z)$、$(x-x_0)/A=(y-y_0)/B=(z-z_0)/C$ 和 $Ax+By+Cz+D=0$。对于复杂曲面,可采用 B 样条曲面、Bezier 曲面、NURBS 曲面、Cones 曲面等表示。

但是,仅用几何信息表示形体并不充分,会出现形体表示的"二义性",为了保证形体描述的完整性和数学的严密性,必须同时给出形体的几何信息和拓扑信息。

2. 拓扑信息

拓扑信息是表示形体各基本几何要素(包括点、边、面)之间的连接关系、邻近关系及边界关系。比如,形体的某条边是由哪些顶点构成的,而某个面又是由哪些边构成的,等等。需要指出的是,如果形体的拓扑信息不同,即使几何信息相同,最终构造的几何形体可能完全不同。以平面构成的立方体为例,它的顶点、边和面的拓扑关系共有 9 种:面相邻性、面-顶点包含性、面-边包含性、顶点-面相邻性、顶点相邻性、顶点-边相邻性、边-面相邻性、边-顶点相邻性、边相邻性,如图 4.1 所示。这 9 种关系并不是独立的,可由一种关系导出其他几种关系。这样在表达形体时,可视具体要求选择不同的拓扑描述方法。

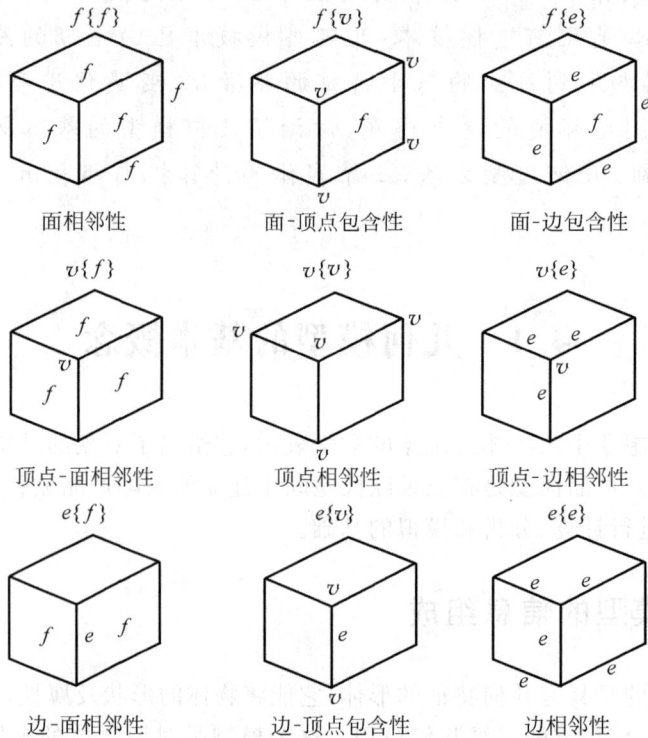

$f\{f\}$	$f\{v\}$	$f\{e\}$
面相邻性	面-顶点包含性	面-边包含性
$v\{f\}$	$v\{v\}$	$v\{e\}$
顶点-面相邻性	顶点相邻性	顶点-边相邻性
$e\{f\}$	$e\{v\}$	$e\{e\}$
边-面相邻性	边-顶点包含性	边相邻性

图 4.1　立方体元素间的拓扑关系

欧拉提出的关于形体描述的几何元素与拓扑关系的检验公式,可作为检验形体描述正确的经验公式,公式如下:

$$f+v-e=2+r-2h$$

式中,f 为面数;e 为边数;v 为顶点数;r 为面中的孔洞数;h 为面中的空穴数。

欧拉经验公式是正确生成几何形体边界表示数据结构的有效工具,也是检验形体描述正确与否的重要依据。

4.1.2　几何造型方法

几何造型技术是一种研究在计算机中如何表达物体模型形状的技术。几何造型技术研究几何外形的数学描述、三维几何形体的计算机表示与建立、几何信息处理与几何数据管理以及几何图形显示的理论、方法和技术。

在几何建模的过程中，设计对象的几何形状可由点、线、面、体等基础几何元素构成，选择不同类型的基础几何元素可以产生不同类型的几何模型。根据描述方法、存储的几何信息和拓扑信息的不同，将几何模型分为线框模型、表面模型和实体模型 3 类。通常可根据工程设计和制造的难易程度选择相应的模型与造型技术。

1. 线框模型

线框模型（wire frame model）是几何造型中最简单的一种方法，它用点、直线和曲线来描述产品的轮廓外形，在计算机内部生成相应的三维映像，并可通过修改点和边来改变形体的形状。图 4.2(a)为法兰的线框模型，图 4.2(b)为消除了隐藏线的显示状态。

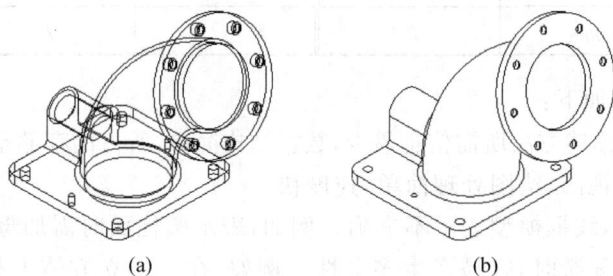

(a)　　　　　　　　　　　(b)

图 4.2　法兰的线框模型

线框模型的数据结构是表结构，它在计算机内部以点表和边表来表达与存储顶点及棱线信息。因此，每个线框模型的数据结构中都包含两个表：一张是顶点表，描述每个顶点的编号和坐标；另一张为棱线表，记录每一棱边起点和终点的编号。图 4.3 记录了线框模型的数据结构，表 4.1 和表 4.2 分别为图 4.3 所示形体的顶点表和棱线表。

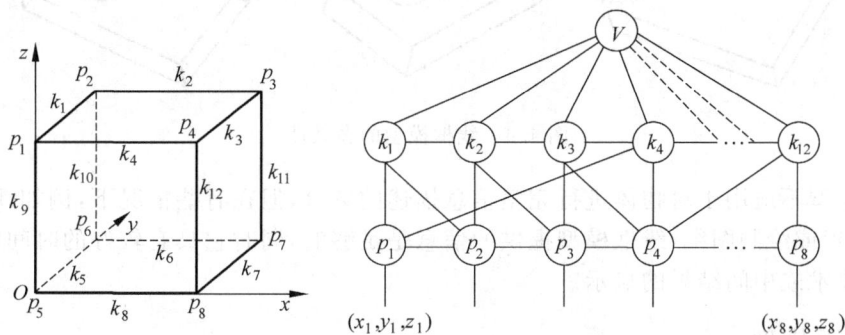

图 4.3　形体的线框模型表示

表 4.1　顶点表

顶点号	x	y	z	顶点号	x	y	z
p_1	0	0	1	p_5	0	0	0
p_2	0	1	1	p_6	0	1	0
p_3	1	1	1	p_7	1	1	0
p_4	1	0	1	p_8	1	0	0

表 4.2　棱线表

棱线号	顶点号		棱线号	顶点号	
k_1	p_1	p_2	k_7	p_7	p_8
k_2	p_2	p_3	k_8	p_8	p_5
k_3	p_3	p_4	k_9	p_1	p_5
k_4	p_4	p_1	k_{10}	p_2	p_6
k_5	p_5	p_6	k_{11}	p_3	p_7
k_6	p_6	p_7	k_{12}	p_4	P_8

线框模型的特点如下：

（1）线框模型的描述方法所需信息最少，数据结构简单，所占的存储空间少，运算速度快。

（2）容易生成三视图，绘图处理简单，速度快。

（3）对于曲面体，线框模型表示不准确。例如，表示圆柱面时需加母线。

（4）当形体比较复杂时，容易产生多义性。例如，在一个立方体上如果存在有孔，则孔是盲孔还是通孔含义就不清楚，如图 4.4 所示。

（5）线框模型不能进行物体几何特性（体积、面积、重量、惯性矩等）计算，不能满足表面特性的组合和存储及多坐标数控加工刀具轨迹的生成等方面的要求。

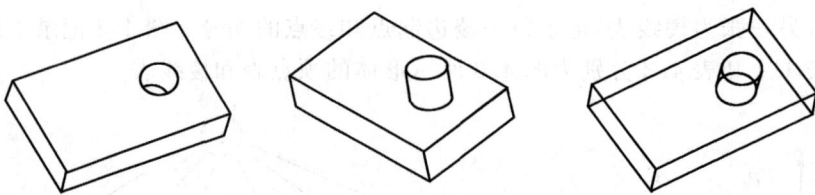

图 4.4　线框模型的多义性

线框模型不适用于对物体进行完整信息描述的场合，但在有些情况下，例如评价物体外部形状、位置或绘制图纸，线框模型提供的信息是足够的，同时它具有较好的时间响应性，适用于仿真技术或中间结果的显示。

2. 表面模型

表面模型（surface model）是以物体的各个表面为单位来表示其形体特征的，如图 4.5 所示。表面模型在线框模型的基础上增加了有关面的信息，以及面与边之间的拓扑信息。

表面模型的数据结构仍是表结构,除给出边线及顶点的信息之外,还提供了构造三维实体各组成面的信息。表 4.3 即为图 4.6 所示物体的表面模型中的面表,表中记录了面号,组成面素的线数及线号等构成几何面的信息。

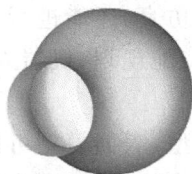

图 4.5　表面模型

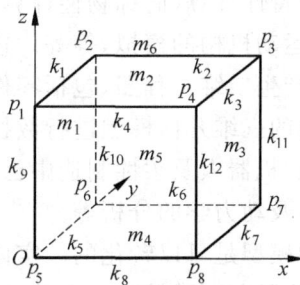

图 4.6　表面模型表示

表 4.3　面表

面号	面上线号	线数	面号	面上线号	线数
m_1	k_1,k_5,k_9,k_{10}	4	m_4	k_5,k_6,k_7,k_8	4
m_2	k_1,k_2,k_3,k_4	4	m_5	k_4,k_8,k_9,k_{12}	4
m_3	k_3,k_7,k_{11},k_{12}	4	m_6	k_2,k_6,k_{10},k_{11}	4

表面模型中的几何形体表面可以由若干块面片组成,这些面片可以是平面、解析曲面(如球面、柱面、锥面等)和参数曲面(Bezier、B 样条曲面片等)。利用表面模型,可以对物体作剖面、消隐、着色等处理,并可进行表面积计算、曲面求交、NC 刀具轨迹生成和获得 NC加工所需要的表面信息等工作。表面模型虽然比线框模型具有较丰富的形体信息,但它并未指出该物体是实心还是空心,哪里是物体的内部和外部。因此,表面模型主要适用于其表面不能用简单数学模型进行描述的物体,如手机、飞机、汽车、船舶等的一些外表面。

表面模型具有如下特点:

(1) 表面模型以表面的信息为基础,能够比较完整地描述三维物体的表面,与线框模型相比,更能表达形体信息的完整性和严密性。利用表面模型可以对表面作剖面、消隐、着色、面积计算等多种操作。

(2) 表面模型所描述的仅是物体的外表面,并没有完整地表示三维实体及其内部结构,也无法表示零件的实体属性,如物体的体积、重心等。

3. 实体模型

实体模型(solid model)是指三维形体几何信息的计算机表示,如图 4.7 所示,这种表示要能区分出三维形体的内部和外部,研究如何方便地定义形状简单的几何形体(即体素)以及如何经过适当的布尔集合运算造出所需的复杂形体,并在图形设备上输出其各种视图的方法。实体模型的数据结构较复杂,其与线框模型和表面模型的根本区别在于不仅记录了全部几何信息,而且记录了全部点、线、面、

图 4.7　实体模型

体的拓扑信息。

实体模型在机械产品的设计和制造中得到了广泛的应用,主要表现在4个方面。首先,设计中能随时显示零件形状,并能利用剖切来检查诸如壁的厚薄、孔是否相交等问题;能进行物体的物理特性计算(简称物性计算),如计算体积、面积、重心、惯性矩等;能检查装配中的干涉;能作运动机构的模拟,等等。这样就使设计者能及时发现问题,修改设计,提高设计质量。其次,产生二维工程图,包括零件图、装配图,还能进行工艺规程设计等。再次,制造中能利用生成的三维几何模型进行数控自动编程及刀具轨迹的仿真,还能进行工艺规程设计等。最后,在机器人及柔性制造中已利用三维几何模型进行装配规划、机器人视觉识别、机器人运动学及动力学的分析等。

上述三种模型是可以转化的。实体模型可以转化为表面模型,表面模型可以转化为线框模型,但转化是不可逆转的。也就是说,表面模型不能转化为实体模型,因为它所包含的信息比实体模型少;线框模型也不可以转化为表面模型。

4.2 三维几何造型的理论基础

1. 形体的定义

几何模型可用来描述产品对象两方面的信息:几何尺寸和拓扑结构。前者是指具有几何意义的点、线、面等,具有确定的位置坐标和长度、面积等度量值;后者反映了形体的空间结构,包括点、边、环、面、实体等形成的层次结构。任一实体可由空间封闭面组成,面由一个或多个封闭环确定,而环又是由一组相邻的边组成,边由两点确定,点是最基本的拓扑信息。几何模型的所有拓扑信息构成其拓扑结构(数据结构),它反映了产品对象几何信息之间的连接关系。图4.8描述了构成三维几何形体的几何元素及其层次结构。

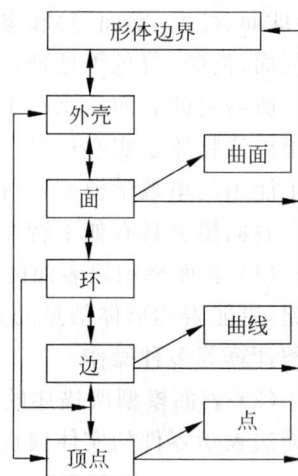

图 4.8 形体层次结构

1) 点

点是几何造型中最基本的元素,任何形体都可用有序的点集表示,计算机处理形体的实质是对点集与连接关系的处理。点通常分为端点、交点、切点和孤立点等。二维坐标系中的点可用(x,y)或$[x(t),y(t)]$表示,三维空间中的点可用(x,y,z)或$[x(t),y(t),z(t)]$来表示,N维空间中的点在各次坐标系下可用$N+1$维表示。

2) 边

边是两邻面(正则形体)或多个邻面(非正则形体)的交线。直线边由两个端点确定;曲线边由一系列型值点或控制点描述,也可用方程表示,但曲线通常通过一系列的型值点或控制点来定义,并以显式或隐式方程式来表示。

3) 环

环是由有序、有向边组成的封闭边界。环中各条边不能自交,相邻两边共享一个端点。环有内外之分,确定面的最大外边界的环称为外环,其边通常按逆时针方向排序。确定面中内孔等边界的环称为内环,内环的方向与外环相反,通常按顺时针方向排序。按这一定义,在面上沿一个环前进,其左侧总是面内,右侧总是面外。

4）面

面是二维几何元素,是形体上一个有限、非零的区域,由一个外环和若干个内环界定其范围(也可以无内环)。面具有方向性,其方向用垂直于面的法矢表示,法矢的方向由外环的方向按右手法则确定,法矢向外的面为正向,反之为反向。区分正、反向在面面求交、交线分类、真实图形显示等应用中是十分重要的。几何造型中常分平面、二次面、三次参数曲面等形式。

5）壳

壳是由一组连续的面围成的封闭边界。实体的边界称为外壳,如果壳所包围的空间是空集,则为内壳。一个体至少由一个壳组成,也可能由多个壳组成。

6）体

体是由封闭表面围成的有效空间,也是三维空间中非空、有界的封闭子集,其边界是有限面的并集。外壳是体的最大边界,是实体拓扑结构中的最高层。为保证几何造型的可靠性和可加工性,要求形体上任意一点的足够小的邻域在拓扑上应是一个等价的封闭圆,即围绕该点的形体邻域在二维空间中可构成一个单连通域,我们把满足这一定义的形体称为正则形体。图 4.9 所示的形体不满足上述要求,这类形体称为非正则形体。

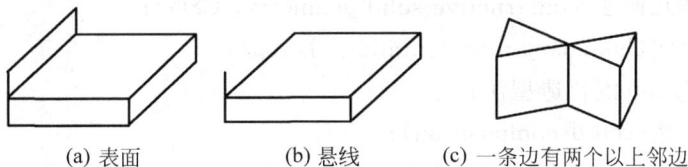

(a) 表面　　　　(b) 悬线　　　　(c) 一条边有两个以上邻边

图 4.9　非正则形体示例

2. 集合运算

几何建模中集合运算的理论依据是集合论中的交(intersection)、并(union)、差(difference)等运算,它是用来把简单形体(体素)组成复杂形体的工具。设有形体 A 和 B,则集合运算定义如下(见图 4.10):

$C=A\cap B=B\cap A$,交集,形体 C 包含所有 A、B 共同点;

$C=A\cup B=B\cup A$,并集,形体 C 包含 A 与 B 的所有点;

$C=A-B$,差集,形体 C 包含从 A 中减去 A 和 B 共同点的其余点;

$C=B-A$,差集,形体 C 包含从 B 中减去 A 和 B 共同点的其余点。

进行集合操作后几何形体应保持边界良好,并应保持初始形状的维数。图 4.11 所示的 $A\cap B$ 是具有良好边界的体素,但经过交运算后,形成了一个没有内部点集的直线,不再是二维实体。尽管这样的集合运算在数学上是正确的,但有时引用在几何上是不适当的。运用正则集和正则集合运算的理论可以有效解决上述问题。总之,集合运算仍是几何建模的基本运算方法,我们可用它去构造较复杂的形体,这也是目前许多几何建模系统采用的基本方法。

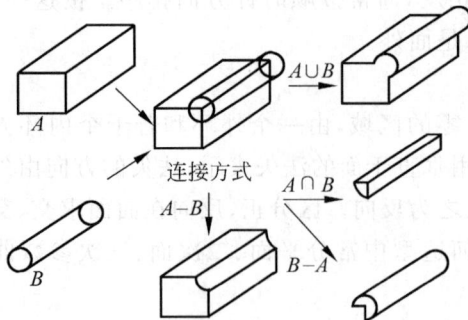

图 4.10　集合运算定义示例

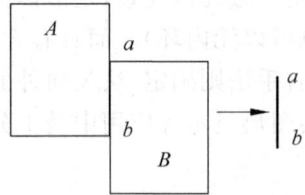

图 4.11　$A \cap B$ 产生退化的结果

4.3　三维几何实体造型方法

几何实体建模研究的重点是用简单几何体构造复杂组合实体,即研究如何方便地定义形状简单的几何体(体素),如何经过适当的布尔集合运算构造出所需的复杂几何体,并最终在图形设备上输出各种视图。常用的三维几何实体造型方法有:

(1) 构造实体几何法(constructive solid geometry,CSG);

(2) 边界表示法(boundary representation,B-rep);

(3) CSG 与 B-rep 混合造型法;

(4) 单元分解法(cell decomposition);

(5) 扫描表示法(sweep representation)。

1. 构造实体几何法

构造实体几何法是一种用简单几何体素构造复杂实体的造型方法,由罗切斯特(Rochester)大学的 Voelcker 和 Bequicha 等人在 1977 年首先提出的。CGS 的基本思想是:一个复杂物体可由一些比较简单、规则的形体(体素)经过布尔运算得到。在 CGS 中,物体形状的定义是以集合论为基础的。首先是集合本身的定义,其次是集合之间的运算,所以,几何体素构造法首先定义有界体素(如立方体、圆柱体、球体、锥体、环状体等),然后是将这些体素施以并、交、差等布尔运算。

采用构造实体几何方法构建三维实体的过程可以用二叉树的数据结构来描述,也称为 CSG 树。CSG 树的叶节点为基本体素或几何变换参数,中间点为集合运算符号或经集合运算生成的中间形体,树根为生成的最终几何形体。例如图 4.12 所示,A、B、C 为三个基本体素,则实体 $D=(A \cup B)-C$。CSG 可看成是物体的单元分解的结果。在模型被分解为单元以后,通过拼合运算(并集)能使其结合为一体,其中,组件只能在匹配的面上进行拼接。CSG 可以有正则布尔运算(并集、交集、差集),从而既可以增加体素,又可以移去体素。

CSG 表示法与机械装配的方式类似。对机械产品来说,先设计制造零件,然后将零件装配成产品。用 CSG 表示构造几何形体时,则是先定义体素,然后通过布尔运算将体素拼合成所需要的几何体。因此,一个几何形体可视为拼合过程中的半成品,其特点是信息简单无冗余,处理方便,并详细记录了构成几何体的原始特征和全部定义参数,必要时还可以附加几何体体素的各种属性。CSG 表示的几何体具有唯一性和明确性,但一个几何体的 CSG 表示和描述方式却不是唯一的,即可以用几种不同的 CSG 树表示,如图 4.13 所示。

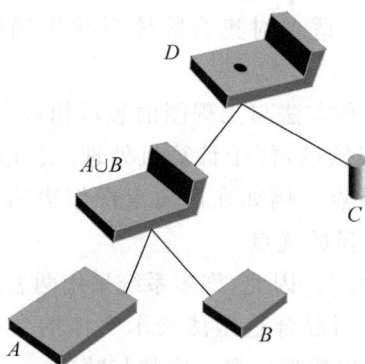

图 4.12　CSG 构造实体的过程　　　　　图 4.13　同一实体的两种 CSG 结构

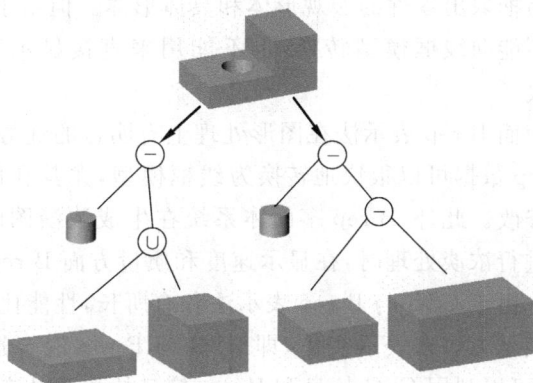

2. 边界表示法

边界表示法是以物体边界表面为基础定义和描述几何形体的方法。这种方法能给出物体完整的、可显示的边界描述。其原理是:物体都由有限个面构成,每个面(平面或曲面)由有限条边围成的有限个封闭域定义。或者说,物体的边界是有限个单元面的并集,而每一个单元面也必须是有界的。用边界法描述实体,实体须满足这样一个条件,即封闭、有向、不自交、有限和相连接,并能区分实体边界内、边界外和边界上的点。

根据边界表示原理,图 4.14 所示实体可用一系列点和边有序地将其边界划分成许多单元面。该实体可以方便地分成 10 个单元平面,各个单元面由有向、有序的边组成,每条边则由两个点定义。圆柱体底和顶面自然也是一个单元面。圆柱面的分割有多种方法,图中划分为前后两个圆柱面,每个柱面则由有向、有序的直线和圆弧线构成,而圆弧线则由三个点定义圆的方法描述。当用边界表示法描述曲面实体时将需要更多条件,如一个 Bezier 曲面就需由其特征多边形顶点网格定义,该曲面上的曲线则用特征多边形顶点定义。

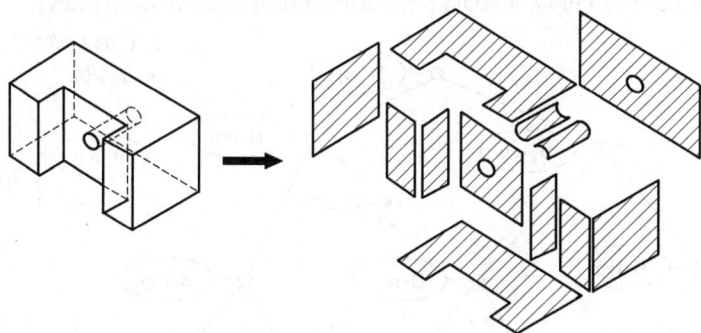

图 4.14　实体的 B-rep 表示法

3. CSG 与 B-rep 混合造型法

CSG 表示法在几何形体定义方面具有精确、严格的优点。其基本定义是体素,因此很容易抽象出零件的宏观形体和具体形体。但由于 CSG 表示法没有建立完整的边界信息,因此不能向线框模型转换,也不能用来直接显示工程图,不适合对集合物体形状作局部的修改。

而 B-rep 表示法在图形处理上有明显的优势,因为这种方法与工程图的表示相近,根据 B-rep 数据可以很快地转换为线框模型,尤其在曲面造型领域,便于计算机处理、交互设计与修改。此外,B-rep 多面体系统在生成浓淡图时也有特点。例如在用像素操作法和填充法进行浓淡处理时,在显示速度和质量方面 B-rep 也有明显的优点。

由于 CSG 与 B-rep 表示法各有所长,性能比较见表 4.4。因此,许多系统采用两者综合的表示方法来表示实体,即 CSG 与 B-rep 混合造型法。用混合造型法表示实体的数据模型,可以利用 CSG 信息和 B-rep 信息的相互补充,确保几何模型信息的完整与精确。

表 4.4　CSG 与 B-rep 性能的比较

项　目	CSG	B-rep
数据结构	简单	复杂
数据数量	小	大
有效性	能保证基本体素的有效性	能保证任何物体的有效性
数据交换	转换成 B-rep 可行	转换成 CGS 难
局部修改	困难	容易
显示速度	慢	快
曲面表示	困难	相对容易

混合造型法有两种不同的数据结构类型,当前应用最多的是在原 CSG 结构树的节点上再扩充一级边界数据结构,以达到快速实现快速图形显示的目的,如图 4.15 所示。因此,混合造型技术可以理解为 CSG 模式基础上的一种逻辑扩展,其中起主导作用的是 CSG 结构,再结合 B-rep 模式的优点,可以完整地表达物体的几何信息和拓扑信息。

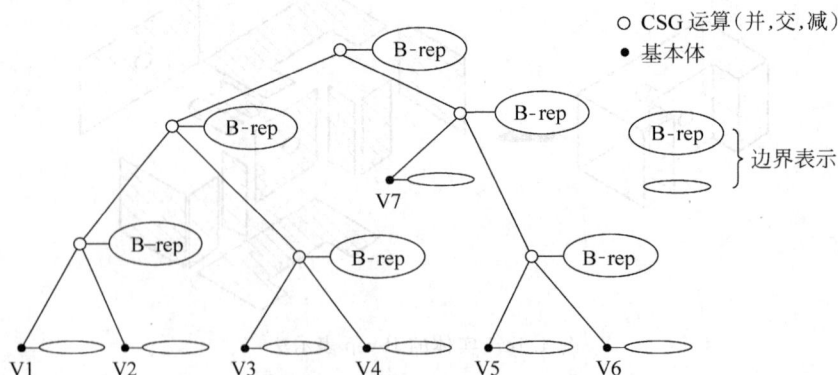

图 4.15　混合造型的数据结构

4. 单元分解法

单元分解法是将一个三维实体有规律地分割成有限单元。每个实体都可表示为这些被分解成的单元的并集。采用单元分解的理由是：整个物体可能无法表示，而它的单元却可以表示。将实体分解成单元的方法很多，但没有一种是唯一的，不过都无二义性。用于结构分析中的单元分解通常是有限元造型的基础。

最简单的完全枚举法将欲表示的实体沿着直角坐标平面的方向分割为大小形状一致的立方块，如图 4.16 所示。完全枚举法的概念比较清晰，对模型的操作简单，但是要求系统有很大的存储量，而且精度不高。为了克服这些缺点，后来出现了更有效、实用的分解方法——空间分解法。

空间分解法在计算机的内部通过定义各单元的位置是否填充来建立整个实体的数据结构。用空间分割表示实体有两个优点：可以较容易地存取一个给定的点；可以保证空间的唯一性。同时也有缺点：在物体的零件之间没有明显的关系，需要大量的存储空间。空间分解法中常用的数据结构表示有四叉树和八叉树。

1) 四叉树

四叉树表示是以方域递归细分成小方域为基础的。每个节点代表平面上的一个小方域。在计算机图像应用中，这个平面是图形显示的屏幕平面。四叉树的每个节点就有 4 个分支。

二维形体四叉树的表示是基于对形体所在的外接正方形递归地等分成 4 个正方形。这种分解一般是在显示屏幕空间进行的。这种分解过程所形成的一棵树的每个节点有 4 个子孙，除非到了叶子节点。图 4.17 表示了任意一个二维形体分解成的四叉树。首先对二维形体的外接正方形一分为四，如子正方形是空（没有形体在其中）、或是满（此子正方形完全充满了形体），则不需要对这类子正方形再作分解；如果一个子正方形部分地被形体占有，则需要对它再进行一分为四的分解。这样递归地分解下去，直到子正方形要么满、要么空，或已达到预先规定的分解精度。

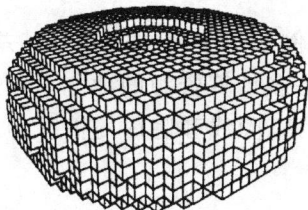

图 4.16 完全枚举法

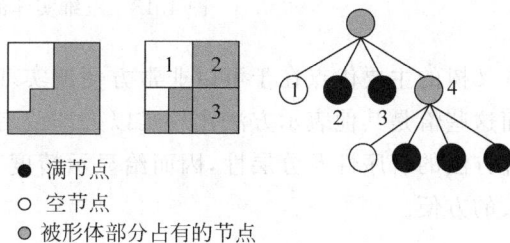

● 满节点
○ 空节点
● 被形体部分占有的节点

图 4.17 二维形体的四叉树表达

四叉树的根节点是表示整个形体所占的正方形区域。其叶子节点表示不需要再分解的区域，这种区域的大小和位置与 2 的方次有关。从给定节点到根节点的递归分解深度取决于该节点在四叉树中的层次，也取决于该节点所代表区域的大小。设该树的高度为 n，子正方形的最大数是 $2^n \times 2^n$ 个。用四叉树表示形体的精度取决于形体的大小、形体特征及其边界曲率。n 的数值越大，精度越高，处理的时间越长，所需的存储空间也越大。将物体的模型简化为四叉树表示的过程也称为四叉树编码。

2）八叉树

八叉树编码是四叉树编码的三维扩充，是一种用于描述三维空间的树状数据结构。其数据结构是将所要表示的三维空间体积按 x、y、z 三个方向从中间进行分割，把体积分割成 8 个立方体，然后根据每个立方体中所含的目标来决定是否对各立方体继续进行八等分的划分，一直划分到每个立方体被一个目标所充满，或没有目标，或其大小已成为预先定义的不可再分的体素为止。例如，如图 4.18 所示的三维物体，其八叉树的逻辑结构可按图(c)表示。

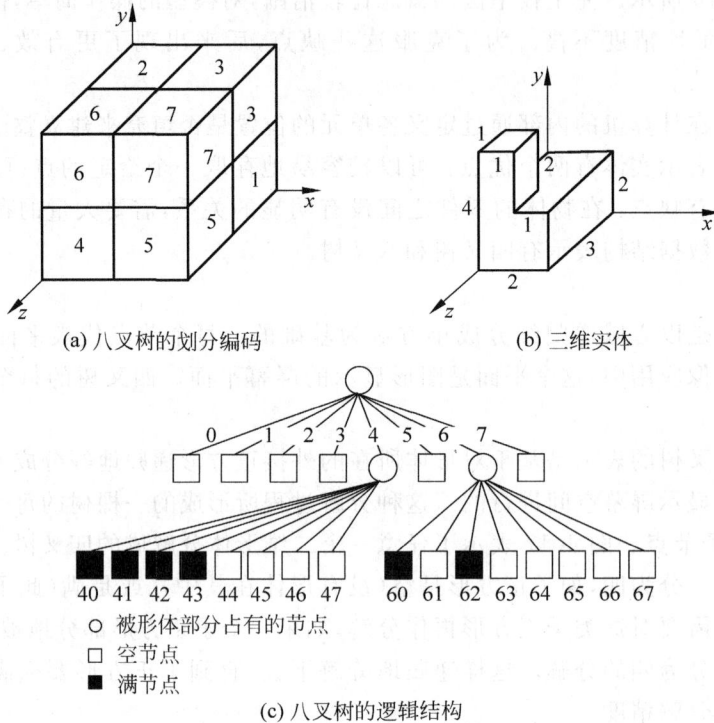

(a) 八叉树的划分编码   (b) 三维实体

○ 被形体部分占有的节点
□ 空节点
■ 满节点

(c) 八叉树的逻辑结构

图 4.18   三维实体的八叉树描述

八叉树的主要优点在于可以非常方便地实现集合运算（例如两个物体的并、交、差等运算），而这些恰是其他表示方法比较难以处理或者需要耗费许多计算资源的地方。此外，由于这种方法的有序性及分层性，因而给显示精度和速度的平衡、隐线和隐面的消除等，带来了很大的方便。

5. 扫描表示法

扫描表示法是实体造型系统中生成实体的最基本的方法，其基本原理是：用曲线、曲面或形体沿某一路径运动后生成二维(2D)或三维(3D)的物体。这种表示方法的实施需要两个条件：一是给出一个称为轮廓的形体，轮廓可以是草图、曲线，轮廓可以是闭环，也可以是开环；二是指定形体运动的轨迹。

扫描表示法被广泛应用于许多造型系统中，是实体造型的一种实用而有效的方法，它可用来检测机械部件之间的潜在冲突，还可以用来模拟和分析加工过程中挖去物体上某些部件的操作。扫描表示法按其扫描方式不同分为平移扫描、旋转扫描、路径扫描等。

1) 平移扫描

平移扫描是将一个二维形体平面沿着某个指定的方向平移一段距离后,得到相应的三维实体,因此这种方法实际上只要指定相应截面形状的平移方向和平移距离就可以了。如图 4.19(a)所示,先定义一个 2D 截面形体,再沿垂直于截面形状的方向移动一段距离后,就得到图 4.19(b)的实体。

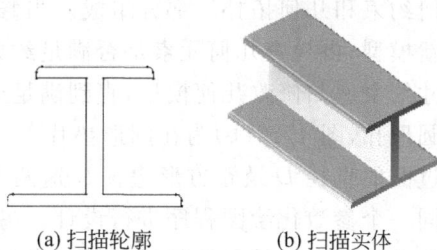

(a) 扫描轮廓　　　　　　(b) 扫描实体

图 4.19　平移扫描

2) 旋转扫描

旋转扫描是将一个二维图形绕某一轴线旋转得到的实体。旋转扫描是以轴与平面的交点为圆心,以该点到圆心距离为半径确定的圆上运动。用这种方法得到形体的表面是旋转面。当被旋转的不是一条曲线而是一个二维封闭曲线时,旋转扫描后的结果是一个三维的实体。图 4.20(a)先定义一个 2D 截面形体,然后绕轴线旋转扫描,就可以构造出一种回转体,如图 4.20(b)所示。

3) 路径扫描

路径扫描是将二维图形按照一定的路径轨迹运动而形成的三维实体。扫描路径也可以是草图、空间曲线或模型的边线。图 4.21 为路径扫描的应用实例。

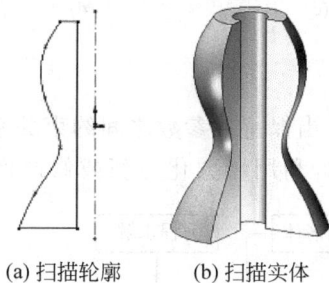

(a) 扫描轮廓　　　　　(b) 扫描实体

图 4.20　旋转扫描

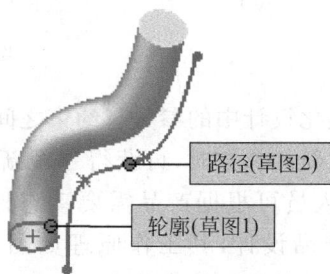

路径(草图2)

轮廓(草图1)

图 4.21　路径扫描

4.4　参数化与变量化设计技术

采用传统造型方法建立的几何模型具有确定的形状及大小。模型建立后,零件的形状和尺寸的编辑、修改过程烦琐,难以满足产品变异设计和系列化开发的需求,而在新产品的概念设计阶段,不可避免地要反复修改,以达到零件形状和尺寸的综合协调、优化。因此,要求 CAD/CAM 系统具有参数化设计和变量设计功能,从而使得产品设计图可随着结构尺寸的修改而自动生成和修改相关的图形。

1. 参数化设计

参数化设计是指先用一组参数来定义几何图形(体素)尺寸数值并约定尺寸关系,然后提供给设计者进行几何造型使用。参数的求解较简单,参数与设计对象的控制尺寸有显式的对应关系,设计结果的修改受到尺寸驱动,有时也把它称为尺寸驱动的系统。

参数化设计的主要思想是:如果给轮廓加上尺寸,同时明确线段之间的约束,计算机就可以根据这些尺寸和约束控制轮廓的位置、形状和大小。尺寸驱动的几何模型由几何元素、几何约束和几何拓扑三部分组成。当修改某一尺寸时,系统自动检索该尺寸值进行调整,得到新模型;再检查几何元素是否满足约束。如果不满足,在拓扑关系保持不变的前提下,按尺寸约束递归修改几何模型,直到满足全部约束为止。例如,图 4.22(a)为在正方形垫片上开圆形孔,图 4.22(b)为在圆形垫片上开方形孔。这两个零件虽然看上去结构差异很大,但通过圆的直径 D 及正方形边长 L 这两个变量的变化可以使这两种结构相互转化,即可以采用同一个参数化绘图程序进行设计。另外如图 4.22(c)和图 4.22(d)所示,通过设置参数可以改变法兰盘上的孔的数目和排列类型,甚至用圆周均匀分布的其他形素替代孔,并且孔或其他形素是否在同一圆周上、是否均匀分布,都可以通过参数来设置。

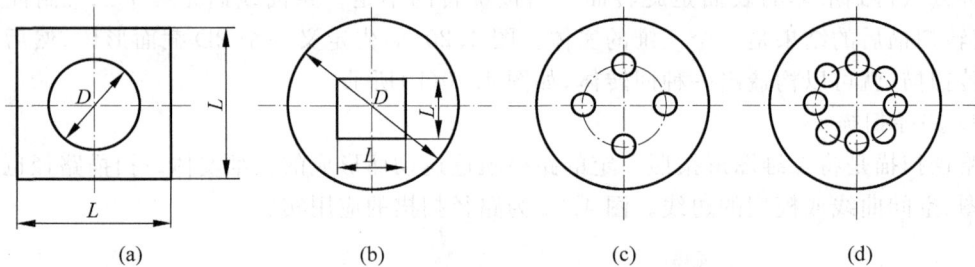

图 4.22 尺寸驱动实例

参数化设计中的参数与约束之间应具有一定关系。当保持各参数之间约束关系不变而输入一组新的参数时,可获得一个新的几何模型。因此,利用参数化更新或修改产品模型时,设计人员可根据产品需要动态地、创造性地进行新产品设计,其工作原理如图 4.23 所示。参数化设计的主要技术特点有以下几点。

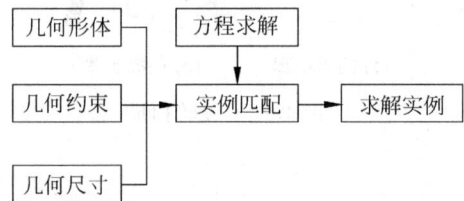

图 4.23 参数设计系统原理框图

1) 轮廓

参数化设计系统引入了轮廓的概念,轮廓由若干首尾相接的直线或曲线组成,用来表达实体模型的截面形状或扫描路径。轮廓上的线段(直线或曲线)不能断开、错位或者交叉。整个轮廓可以是封闭的,也可以不封闭。虽然轮廓与生成轮廓的原始线条看上去几乎一模一样,但是它们有本质的区别。轮廓上的线段不能随便被移到别处。而生成轮廓的原始线条可以随便地被拆散和移走。这些原始线条与通常的二维绘图系统中的线条本质上是一样的。

2) 约束

约束是指利用一些法则或限制条件来规定构成实体的元素之间的关系。约束可分为尺寸约束和几何拓扑约束。尺寸约束一般指对大小、角度、直径、半径、坐标位置等这些可以具体测量的数值量进行限制。几何拓扑约束一般指对平行、垂直、共线、相切等这些非数值的几何关系方面的限制,也可以形成一个简单的关系式约束,如一条边与另一条边的长度相等,某圆心的坐标分别等于另一矩形的长、宽,等等。全尺寸约束是将形状和尺寸联合起来考虑,通过尺寸约束来实现对几何形状的控制。造型必须以完整的尺寸参数为出发点(全约束),既不能漏注尺寸(欠约束),又不能多注尺寸(过约束)。

3) 数据相关

对形体某一模块尺寸参数的修改导致其他相关模块中的相关尺寸得以全部更新。采用这种方式彻底克服了自由建模的无约束状态。几何形状均以尺寸的形式而牢牢地被控制住,如当需修改零件形状时,只需编辑一下尺寸的数值即可实现形状上的改变。

4) 相互制约

所有的零件在装配中都不是孤立存在的,在参数化设计系统中,一个零件的尺寸可以用其他零件的尺寸和位置参数来确定,这样做可以保证这些零件装配后自动具有相吻合的尺寸,从而减少人为的疏忽。如齿轮的轴孔直径和键槽宽度可以根据轴上的相应尺寸参数来确定。

参数化设计只考虑物体的几何约束,而不考虑工程约束,因此,常用于设计对象的结构形状确定的产品,如生产中常见的系列化标准件,如模具、夹具、液压缸、组合机床、阀门等。

2. 变量化设计

变量化设计不仅考虑几何约束,而且考虑与工程应用有关的约束,对设计对象的修改具有较大的自由度,通过求解一组约束方程来确定产品的尺寸和形状。约束方程是几何关系,也可以是工程计算条件。约束结果的修改受约束方程驱动。变量化设计可以应用于公差分析、运动机构协调、优化设计、初步方案设计选型等公差设计领域。

变量设计的原理如图 4.24 所示。图中,几何形体指构成物体的直线、圆等几何图素;几何约束包括尺寸约束及拓扑约束;几何尺寸指每次赋给系统的一组具体尺寸值;工程约束表达设计对象的原理、性能等;约束管理用来确定约束状态,识别约束不足或过约束等问题;约束分解可将约束划分为较小方程组,通过联立求解得到每个几何元素特定点(如直线上的两端点)的坐标,从而得到一个具体的几何模型。除了采用代数联立方程求解外,尚可采用推理方法逐步求解。变量化造型技术的主要技术特点如下。

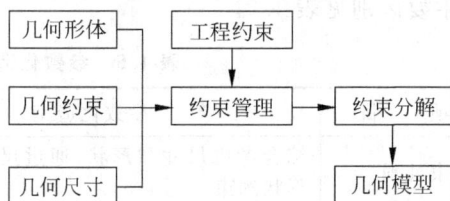

图 4.24　变量设计系统流程

1) 几何约束

变量化技术是在尺寸驱动基础上进一步改进后提出的设计思想。变量化技术将参数化技术中所需定义的尺寸"参数"进一步区分为形状约束和尺寸约束,而不是像尺寸驱动那样只用尺寸来约束全部几何。采用这种技术的理由在于:在大量的新产品开发的概念设计阶段,设计者首先考虑的是设计思想及概念,并将其体现于某些几何形状之中。这些几何形状的准确尺寸和各形状之间的严格的尺寸定位关系在设计的初始阶段还很难完全确定,所以自然希望在设计的初始阶段允许尺寸约束的存在。此外在设计的初始阶段,整个零件的尺寸基准及参数控制方式还很难决定,只有当获得更多具体概念后,再一步步借助已知条件逐步确定怎样处理才是最佳方案。

2) 工程关系

工程关系中,如重量、载荷、力、可靠性等关键设计参数,在参数化系统中不能作为约束条件直接与几何方程建立联立求解,需另外的手段处理,而变量设计则可将工程关系作为约束条件与几何方程联立求解,无须另建模型处理。

3) 约束模型的求解方法

变量几何法是一种约束模型的代数求解方法,它将几何模型定义成一系列特征点,并以特征点坐标为变量形成一个非线性约束方程组。当约束发生变化时,利用迭代方法求解方程组,就可求出一系列新的特征点,从而生成新的几何模型。故该法常用于较简单的平面模型。

约束和自由度是变量几何法的两个重要概念。约束是对几何元素大小、位置和方向的限制,分为尺寸约束和几何约束两类。尺寸约束限制元素的大小,如对长度、半径和相交角度的限制;几何约束限制元素的方位或相对位置关系。自由度是用来衡量模型的约束是否充分的。如果自由度大于零,则表明约束不足,这时几何模型存在多种形式。

3. 参数化与变量化设计的比较

两种技术的共同点在于它们都是属于基于约束的实体造型系统,都强调基于特征的设计和全数据相关,并可实现尺寸驱动设计修改,也都提供方法与手段来解决设计时所必须考虑的几何约束和动词关系等问题,但它们在约束的管理和处理机制上存在许多不同之处。其主要区别见表4.5。

表 4.5　参数化造型与变量化造型技术的区别

项　　目	参数化造型	变量化造型
约束处理	综合考虑尺寸和形状,通过尺寸约束实现形状约束	尺寸和形状约束单独考虑
约束类型	不考虑工程关系约束	工程关系作为约束与几何关系耦合
约束方式	要求全约束,方程为显函数并顺序求解	不一定为全约束,方程求解无顺序
造型过程	严格按照CAD系统运行机制和规则限制,不允许尺寸欠约束,不可逆序求解	可先形状后尺寸设计,允许不完全尺寸约束,不考虑CAD系统运行机制和规则限制
特征管理	特征具有先后顺序并有依附关系,特征的前后顺序操作不当易引起数据库混乱	各特征与全局坐标系建立联系,保持全过程相关
动态导航技术	不具备	采用动态导航技术
主模型技术	不具备	采用主模型技术
拖放造型技术	不具备	采用拖放造型技术

4.5　特征造型技术

特征造型技术是CAD建模技术的新的里程碑,特征造型的应用有助于加强产品设计、分析、工艺准备、加工检验各个部门间的联系,更好地将产品意图贯彻到各个后续环节,为开发新一代基于统一产品信息模型的CAD/CAPP/CAM集成系统创造了条件。

1．特征造型的基本概念

1）特征的定义

特征(Feature)是设计者对设计对象的功能、形状、结构、制造、装配、检验、管理与使用信息及其关系等具有确切的工程含义的高层次抽象描述。特征模型是用逻辑上相互关联、互为影响的语义网络对特征事例及其关系进行的描述和表达。它与以低层次的几何元素(面、边、点)来表示几何实体的方法的区别在于仅用于表达高层次的具有功能意义的实体,如孔、槽等,其操作对象不是原始的几何元素,而是产品的功能要素、产品的技术信息和管理信息,体现了设计者的意图。

2）特征的分类

特征是产品描述信息的集合。针对不同的应用领域和不同的对象,特征的抽象和分类方法有所不同。通过分析机械产品大量的零件图纸信息和加工工艺信息,可将构成零件的特征分为 6 大类:①管理特征,即与零件管理有关的信息集合,包括标题栏信息(如零件名、图号、设计者、设计日期等)、零件材料和未注粗糙度等信息;②技术特征,即描述零件的性能和技术要求的信息集合;③材料热处理特征,即与零件材料和热处理有关的信息集合,如材料性能、热处理方式、硬度值等;④精度特征,即描述零件几何形状、尺寸的许可变动量的信息集合,包括公差(尺寸公差和形位公差)和表面粗糙度;⑤形状特征,即与描述零件几何形状、尺寸相关的信息集合,包括功能形状、加工工艺形状和装配辅助形状;⑥装配特征,即零件的相关方向、相互作用面和配合关系。

上述特征中,形状特征是描述零件或产品的最重要特征,它又可分为主特征和辅特征,前者用来描述构造物体的基本几何形状,后者是对物体局部形状进行表示的特征。一个零件可由一个主特征和若干个辅特征来描述,主特征和辅特征还可进一步细分,如图 4.25 所示。

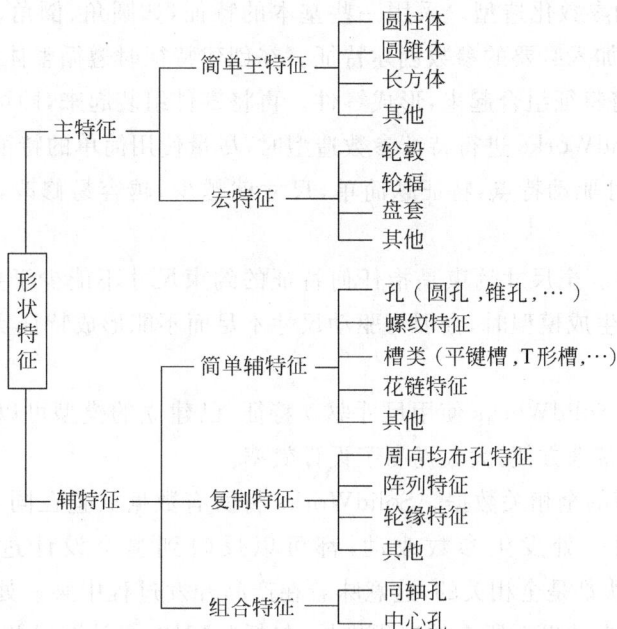

图 4.25　零件形状特征分类

2. 特征造型的特点

与传统造型方法相比,特征造型具有如下特点:

(1) 传统造型技术,都是着眼于完善产品的几何描述能力。特征造型则着眼于如何更好地表达产品完整的技术及生产管理信息,以便为建立产品的集成信息模型服务。

(2) 特征造型使产品设计在更高的层次上进行,设计人员的操作对象不再是原始的线条和体素,而是产品的功能要素,如螺纹孔、定位孔、键槽等。特征的引用直接体现了设计意图,使得所建立的产品模型更容易为别人理解,所设计的图样更容易修改,也有利于组织生成,从而使设计人员可以有更多精力进行创造性构思。

(3) 特征造型有助于加强产品设计、分析、工艺准备、加工、装配、检测等各部门之间的联系,更好地将产品的设计意图贯彻到后续环节,并及时地得到后续的反馈信息。

(4) 特征造型有助于推动行业内产品设计和工艺方法的规范化、标准化和系列化,在产品设计中及早考虑制造要求,保证产品结构具有良好的工艺性。

(5) 特征造型有利于推动行业及专业产品设计,有利于从产品设计中提炼出规律性知识及规则,促进产品智能设计和制造的实现。

4.6 基于 SolidWorks 的参数化特征造型技术

SolidWorks 已成为当今三维 CAD 软件的主流产品,是参数化技术和特征建模技术互相渗透的结晶,其主要特点如下:

(1) 基于特征的参数化造型。采用一些基本的特征,如圆角、倒角、壳体等作为产品的几何构造要素,通过加入必要的参数创建特征。在创建特征时遵循整体的设计意图,然后采用"搭积木"的方式将特征组合起来,形成零件。再将零件组装起来,即可实现产品完整的设计意图。在使用 SolidWorks 进行特征参数造型时,尽量使用简单的特征来组合模型。由于 SolidWorks 具有尺寸驱动特点,特征越简单,尺寸就越少,越容易修改,这就使得设计意图更有弹性。

(2) 全尺寸约束。全尺寸约束是指任何特征的约束尺寸不能少于要求的约束尺寸数,否则形成欠约束,在生成模型时,会因为驱动尺寸不足而不能形成特征实体;约束过多,会形成过约束。

(3) 尺寸驱动。SolidWorks 使用尺寸驱动特征,已建立的模型可以随尺寸的改变而改变,这就为修改设计带来方便,大大提高了设计效率。

(4) 单一数据库的全相关数据。SolidWorks 将所有数据放置在同一数据库上,即在整个设计过程中任何一处发生参数改动,都可以反映到整个设计过程的相关环节上。SolidWorks 所有模块都是全相关的,这意味着在产品开发过程中某一处进行的修改能扩展到整个设计中,同时自动更新所有的工程文档,包括装配体、设计图以及制造数据,大大提高了设计效率。

4.6.1　SolidWorks 工作界面及特征管理树

SolidWorks 具有：①独特的窗口界面。图 4.26 所示为 SolidWorks 零件模块的工作界面，窗口上方为主菜单和常用工具栏，窗口左侧为隐藏/显示切换的导航栏。单击导航栏右侧边缘的符号，将显示"特征管理器"、"属性管理器"、"配置管理器"等面板。窗口右侧为常用特征命令的快捷工具栏。窗口底部是信息、状态显示区。②动态调整模型尺寸或特征生成方向。在特征建立过程中，可使用光标即时拖动尺寸手柄，动态调整相关尺寸或者动态改变特征生成方向，即时观看模型效果。③多窗口化交互式零件设计，如图 4.27 所示。

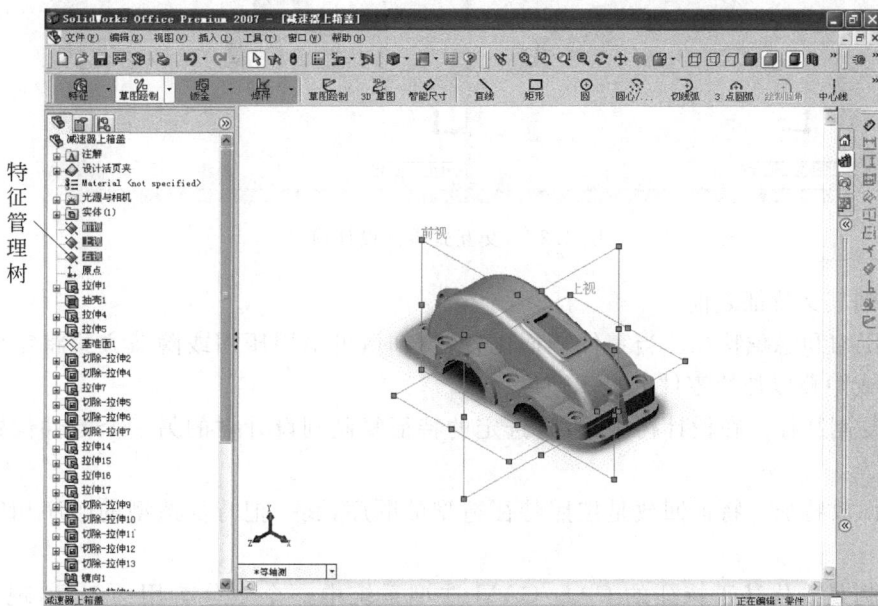

图 4.26　SolidWorks 工作界面

SolidWorks 采用特征树对模型进行管理。特征树包含活动文件中所有特征或零件的列表，并以树的形式显示模型结构，如图 4.26 左侧窗口所示。特征树中存在两种基本关系：相邻关系和父子关系。相邻关系表示两个特征是并列的，它们依附于共同的父特征。父子关系便是两特征之间存在依附关系，一个特征依附在另一特征之上，被依附的特征称为父特征，修改父特征会对子特征产生影响。

在特征树中用户可以进行如下操作：

（1）选择特征。利用特征管理设计树可以很方便地选择特征，尤其在复杂造型中更为有用，可在设计树中一次选择多个特征。

（2）编辑特征。在造型过程的任何时候都可通过编辑特征操作来修改特征的尺寸。

（3）删除特征。选择特征后，可删除该特征，同时该特征的子特征也跟着被删除。

（4）重新命名。为了便于设计人员之间的交流，可对特征进行重新命名以便识别。

（5）移动特征。在设计树中直接拖动特征可改变其在设计树中的位置，从而改变特征建立的先后次序。需要注意的是，特征次序的变化可能会引起零件结构的改变，同时子特征

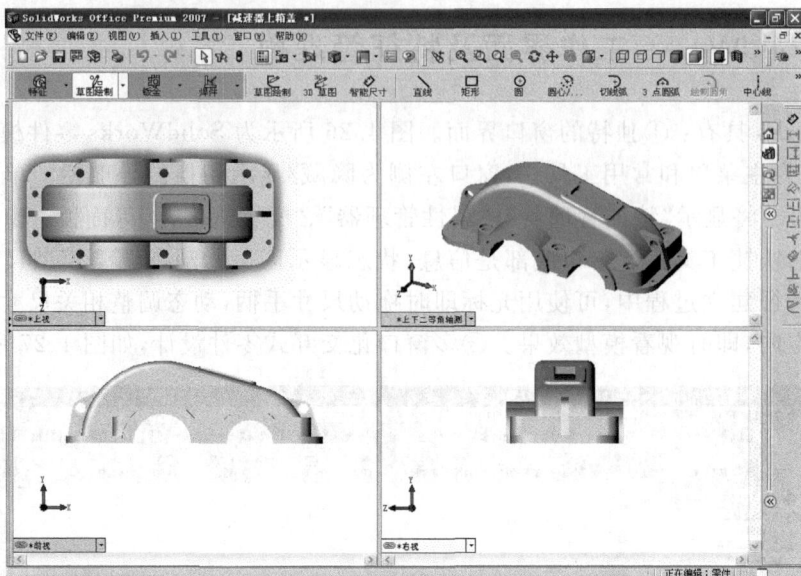

图 4.27　交互式零件设计窗口

不能移动到其父特征之前。

（6）压缩和隐藏特征。当零件特征比较复杂时，可采用压缩或隐藏方式将零件的某些特征压缩或隐藏以加快零件的显示速度。

（7）复制特征。在设计树中，可将选定的特征复制到设计树的另一个零件位置以简化设计步骤。

（8）回放特征。特征回放是按照特征造型的顺序，逐一把特征造型的顺序相继地显示出来。

特征树是现代基于特征的 CAD/CAM 造型系统中一个十分有用的工具，现代 CAD/CAM 系统均提供了特征树管理，在特征树管理窗口中可以清晰地显示零件的特征构成及其各特征之间的关系，供设计者分析和参考。同时，设计者也可以通过特征树对特征进行管理和操作。

4.6.2　SolidWorks 实体造型

SolidWorks 实体模型是由实体特征通过布尔运算得到的，实体特征是构成零件实体的基本要素。在 SolidWorks 系统中，实体特征包括基础特征、基准特征、细节特征等。基础特征是建模时作为零件的基础结构要素，其他特征的创建往往依赖于基础特征。基础特征主要包括拉伸（extrude）特征、旋转（revolve）特征、扫描（sweep）特征、放样（loft）特征、加厚（thichen）特征 5 种。

1. 基础特征

在 SolidWorks 中，创建基础特征是从草图开始的，草图是建立实体特征的基础，因此有时又把它们称为基于草图的特征。SolidWorks 为用户提供了众多的草图绘制和修改工具，如图 4.28 所示。

图 4.28　SolidWorks 中的草图绘制工具栏

1) 草图绘制

草绘时必须选取合适的草绘平面,草绘平面通常选取基准平面或零件表面。草绘平面选择后就可绘制草图轮廓。草图轮廓一般分为开口和闭口两类,闭口轮廓是由首尾相接的一系列的线段组成的曲线环,而开口轮廓的首尾不相接。通常情况下无论是开口还是闭口,轮廓线都不允许在中间相交。根据轮廓在实体造型中的作用,轮廓主要分为以下两种:截面形状和路径。闭口轮廓可用来定义实体的截面或副面的形状;开口轮廓通常不仅与相邻的实体轮廓线共同形成截面,而且也能定义均匀壁厚零件截面的中线,或者用来定义空间的曲面。路径主要用来描述扫描实体中截面所扫过的轨迹。

2) 草图标注

草图标注是用来注明轮廓中元素的长度、距离、半径、直径、角度等。在草图轮廓上每标注一个有效尺寸,将减少轮廓的一个自由度,足够多的尺寸将完全确定整个轮廓。所以尺寸的作用就是限定组成轮廓的各个图形元素的位置和形状。一个确定的轮廓需要若干尺寸,多一个尺寸将引起矛盾,少一个尺寸则轮廓无法确定,所以要在轮廓上标注正好所需要数目的尺寸。当用户更改尺寸时,零件的大小和形状将随之发生改变。能否保持设计意图,取决于用户如何为零件标注尺寸。

3) 草图约束

草图约束则限定各个元素之间的特殊关系,如平行、垂直、水平、竖直、相切、共线、同心、固定等。用户可用"添加几何关系"工具在草图实体之间建立几何关系,构成图形的各个元素之间的特殊关系。约束保证了图形元素尺寸改变后图形能大致保持原来的形状,以保证尺寸链的完整件,约束是重要的参数类型之一。

4) 草图的定义

草图定义有完全定义、欠定义和过定义三种状态。

(1) 完全定义是指完整而正确地描述了尺寸和几何关系,一般情况下,用黑色表示草图完全定义。如图 4.29 所示是一个完全定义的草图。

对于完全定义的草图,可以在改变任意草图元素形体的同时保持草图的设计意图。例如:我们将直线 3 的尺寸由 70 改变为 60 后,会看到直线 1 的长度随之而改变。

(2) 欠定义是指几何关系未完全定义,直线可能意外地移动或改变尺寸,一般情况下,用蓝色表示草图欠定义。也就是说,改变草图中的某一几何形体的尺寸时,其他本该关联的尺寸却没有改变。

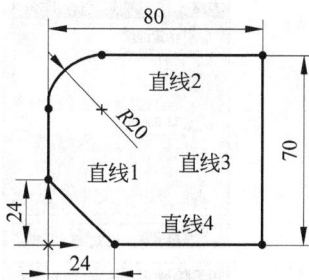

图 4.29　完全定义草图

例如,取消直线 1 的端点与草图原点的关系,然后使用指针直接拖动草图,就会发现草图形体随着指针的移动而改变了位置。

(3) 过定义是指此几何体被过多的尺寸和(或)几何关系,或上述两者互相约束,当草图处于过定义状态时,一般系统将会给出提示。

5) 生成基础特征

建立草图实体后,就可通过相应的特征命令生成基础特征。下面介绍 SolidWorks 中常见的几种基础特征的生成过程。

(1) 拉伸特征

将绘制的二维截面形状沿给定方向和给定深度生成的三维特征称为拉伸特征。一般的三维 CAD 系统中都支持这种方法,它适于构造等截面的实体特征。单击拉伸图标,弹出的拉伸属性管理器如图 4.30 所示。在属性对话框中,可设置特征拉伸开始条件、终止条件、拉伸方向等。

① 拉伸开始条件是指拉伸的起始位置,有 4 种:草图基准面、曲面/面/基准面、顶点、等距。

② 拉伸终止条件决定拉伸的距离,有 6 种方式:给定深度、形成到下一面、形成到一顶点、到指定面指定的距离、形成到实体、两侧对称。

③ 拉伸方向表示拉伸形成的特征与草图轮廓平面之间的关系,默认情况是垂直,也可以通过参考设置一定的角度,或通过设置拔模角度形成一定的斜角。图 4.31 中的(a)和(b)分别为普通拉伸特征和带有拔模角度的拉伸特征的实例。

(2) 旋转特征

旋转特征是将草绘截面按指定的旋转方向,以某一旋转角度绕中心线旋转而成的一类特征,适合创建回转体,如减速箱的轴、端盖、齿轮等的创建,都要以旋转特征为基础。

旋转特征需要指定的深度和拉伸基本是一样的,只是深度方向的定义有所区别,旋转的深度方向是沿着轴线的。旋转特征还需要指定旋转的角度。

旋转特征中必须有一条线作为旋转轴,旋转截面在中心线一侧,截面必须是封闭几何曲线。以减速器中速轴为例,绘制好草图实体后,选择旋转按钮,在旋转特征属性对话框中选择旋转轴后,修改旋转角度,默认 360°,确认即可,如图 4.32 所示。

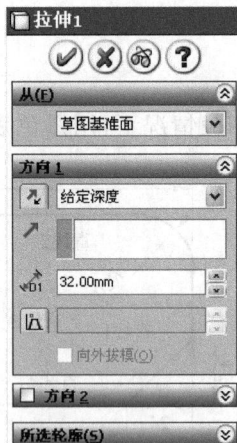

图 4.30 拉伸属性管理器

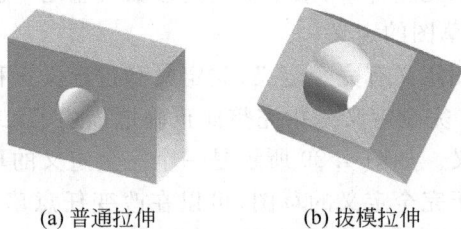

(a) 普通拉伸   (b) 拔模拉伸

图 4.31 拉伸特征

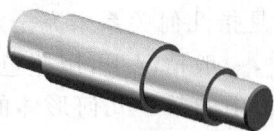

图 4.32 旋转特征

(3) 扫描特征和放样特征

扫描特征是由一组草图轮廓或横断面,沿某一路径扫掠所形成的特征。建立扫描特征,必须同时具备扫描路径和扫描轮廓,当扫描特征的中间截面要求变化时,应定义扫描特征的引导线。放样特征是一组空间轮廓按一定的顺序,在轮廓之间进行过渡生成的特征。建立放样特征必须同时存在两个或两个以上的轮廓,轮廓可以是草图,也可以是其他特征的面,甚至是一个点。

2. 基准特征

基准特征是用于辅助建立几何特征的特征,此外,在零件的装配或者工程图中也有重要作用。在 SolidWorks 特征造型系统中,基准特征主要包括基准点、基准轴、基准面、坐标系,使用这些基准特征可以很方便地进行特征设计,这里重点介绍基准面和基准轴。

1) 基准面

基准面是草图绘制、特征设计的基础。基准面好比纸或黑板,没有它,设计者不知将草图和特征建在哪。基准面不是几何实体的一部分,只起参考作用,基准平面的作用是:

(1) 用于特征的草绘平面、草绘时的方向参考面、标注的参考面;

(2) 在视图改变时用作视图的参照;

(3) 可以作为镜像特征的参考面;

(4) 在装配模式下,可作为对齐、匹配和定向等装配约束条件的参考面;

(5) 在工程图模式下,可作为建立剖面图的参考面。

SolidWorks 中提供了许多建立基准面的方法,图 4.33 为 SolidWorks 中基准面的属性管理器。从该对话框可知道,基准面的定义类型分为以下几种:

(1) 等距平面:按指定的距离生成一个平行于某基准面或表面的基准面。

(2) 两面夹角:以通过一条已有的边线或轴线并与一个已有的平面、基准面成指定角度生成新的基准面。

(3) 点和平行面:通过一点来生成一个平行于已存在的基准面或平面的基准面。

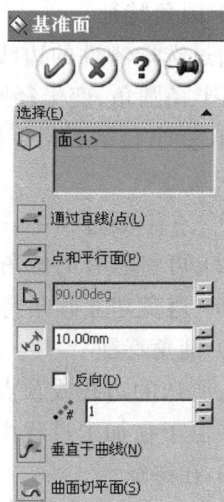

图 4.33　基准面属性管理器

(4) 点和直线:通过一条直线(边线、轴线)和一点(端点、中点)所确定的平面为新的基准面。

(5) 点和曲线:通过曲线上一点(端点、中点、型值点)并和该点切线方向垂直的平面成为基准面。

(6) 曲面切平面:选取一个曲面和曲面上的一个边线或指定的一点(由草图投影到曲面的点或草图点、曲线或实体的端点)来产生一个与曲面相切或相交成一定角度的基准面。

2) 基准轴

基准轴实际上就是直线,SolidWorks 中有临时轴和基准轴两个概念。所谓临时轴是由模型中的圆锥和圆柱隐含生成的,因为每一个圆柱和圆锥面都有一条轴线。因此临时轴是不需要生成的,是系统自动产生的。所有临时轴可以设置为显示,也可以设置为隐藏。图 4.34 所示的基准轴是可以根据需要生成的,而生成基准轴的方法和原理与生成直线相同。生成基准轴的方法有:

（1）一条直线/边线/轴：通过存在的一条直线、模型的边线或临时轴生成基准轴。

（2）"两平面"：利用两个平面（可以是基准面）的交线来生成基准轴。

（3）两点/顶点：通过两个点（顶点、点或中点）生成基准轴。

（4）圆柱/圆锥面：通过单击圆柱或圆锥面，系统将抓取其临时轴生成基准轴。

（5）点和曲面：通过一点并垂直于某一曲面或基准面而生成基准轴。

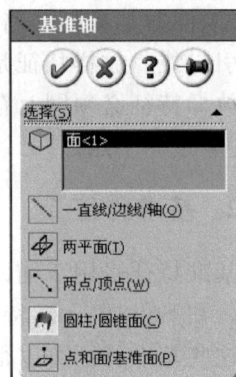

图 4.34　基准轴属性管理器

3. 细节特征

细节特征（设计特征）是指在设计过程中对基础特征所添加的各种特征，包括圆角特征、倒角特征、拔模特征、抽壳特征、筋特征、孔特征、圆顶特征、包覆特征等。

1）圆角特征

通过选取零件的边线或面在零件上产生一个光滑的圆弧过渡面。它包括下列几种类型：等半径圆角、变半径圆角、面圆角、完整圆角。等半径倒圆指整个倒圆特征只有一个固定的值，变半径倒圆指可以有不同的倒圆半径值，如图 4.35 所示。在建立倒圆特征时应注意以下几点：

（1）在造型过程中，一般添加圆角特征的操作越靠后越好。

（2）可将所有的圆角放在一个层上面，在以后的操作中将这一层禁止以提高显示速度。

（3）避免建立圆角特征的子特征。

2）倒角特征

在所选的边线或顶点上生成一个斜面。倒角与倒圆的区别在于倒角使用平面来代替圆弧面。由于在加工过程中的倒角是针对凸出的边和角，所以倒角只能是负特征。

3）孔特征

在零件上产生各种类型的形孔，根据孔的形状可分为简单直孔和异形孔两种。孔的定位分两步进行。首先确定孔所在的平面，然后选择孔的标注参考。孔的标注如图 4.36 所示。

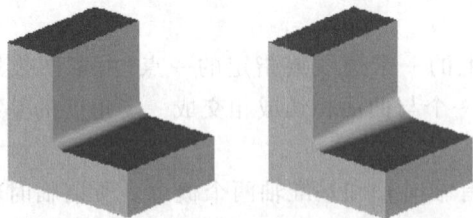

图 4.35　等半径倒圆和变半径倒圆

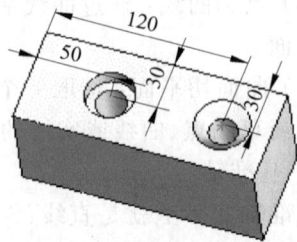

图 4.36　孔的标注实例

4）拔模特征

选取一些模型面按指定的方向生成一定角度的斜面，拔模特征多用于模具设计中以利于零件顺利地脱出模具。按拔模的生成方式和选择参考不同可分为以下 3 种。

（1）中性面拔模：选一个平面或基准面为中性面，拔模角度以垂直于中性面来计算。

（2）分型线拔模：选取一条分割线为分型线，指定拔模方向和角度生成拔模特征；也可以根据需要生成阶梯拔模。

（3）阶梯拔模：选取一个基准面和一条分割线为参考面和分型线，指定拔模方向和角度生成拔模特征。

5）抽壳特征

壳体特征是从实体上去除一个或多个表面，然后挖空实体的内部，只留下一个指定壁厚壳体。当建立一个壳体时，在此之前添加在实体上的所有特征都将被掏空。因此，在使用壳体特征时要特别注意特征的建立顺序。图 4.37 为抽壳特征的实例。

建立壳体特征有很多限制，如一个零件建立一个壳体特征后，再加上其他的特征，这个零件将不能再增加壳体特征。

6）筋特征

筋特征是利用一个或多个开环或闭环的轮廓线草图在零件上产生一个指定拉伸厚度和材料添加方向的实体特征，如图 4.38 所示。

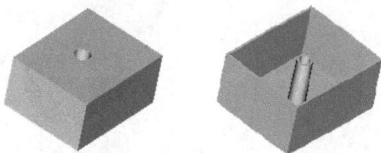

图 4.37　壳体特征　　　　　　　图 4.38　筋特征

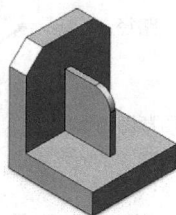

4.6.3　SolidWorks 曲面造型

曲面造型是三维 CAD 系统的重要模块，主要用于建立表面模型。在 SolidWorks 造型系统中，曲面特征生成的方法与基础特征中的操作方法相似，所不同的是，曲面操作的草图对象可以是不封闭的，生成的是曲面而非实体。曲面特征主要包括基本曲面、派生曲面、填充曲面三类。

1. 基本曲面

利用轮廓直接生成的曲面为基本曲面，其中包括：拉伸曲面，旋转曲面，扫描曲面，放样曲面。

（1）拉伸曲面是通过一条轮廓线按照指定的方向拉伸一定的深度建立的，如图 4.39 所示。拉伸曲面与拉伸实体的区别在于它生成曲面的线可以是不封闭的，可以是自交的，也可以是空间曲线，且这些曲线不限于直线、圆弧，也可以是复合线和样条。

（2）旋转曲面是由一条轮廓线绕一条回转中心线扫描而成的曲面。轮廓线可以是直线，圆弧，样条或二维、三维复合线，回转角度可以整周，也可以为任意角，如图 4.40 所示。

（3）扫描曲面分为简单扫描和引导线扫描。简单扫描是一条轮廓线沿着一条轨迹线

(扫描路径)运动所得到的曲面。扫描路径可以是草图,也可以是空间曲线或模型的边线,如图 4.41 所示。引导线扫描与简单扫描不同,截面沿路径扫描的形态受到引导线的控制,如图 4.42 所示。

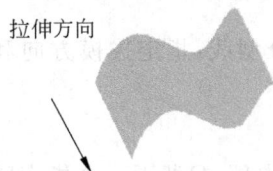

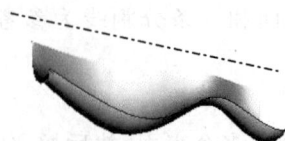

图 4.39　拉伸曲面　　　　　　图 4.40　旋转曲面　　　　　　图 4.41　简单扫描曲面

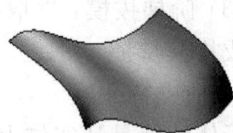

（4）放样曲面是通过多个轮廓连续过渡生成曲面的,放样时必须使用两个或两个以上草图轮廓,这些轮廓可以是不同的,如可以是圆、椭圆和矩形等形状。在生成放样曲面时,软件会自动形成过渡,生成光滑连续的曲面。放样曲面有引导线放样和中心线放样,图 4.43 是引导线放样曲面的实例。

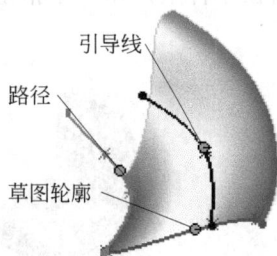

图 4.42　引导线扫描曲面　　　　　　　　　　图 4.43　放样曲面

2. 派生曲面

派生曲面是在已知存在的曲面或实体表面派生而成的曲面,具体方法有等距曲面和中面两种。

（1）等距曲面是以选定的曲面为基础,按照设定的偏移距离所生成的曲面。生成的偏移曲面在形状上与基本曲面相同。图 4.44 是一个简单的偏移曲面的实例。

（2）中面是在两个已有平行曲面或模型表面之间生成的曲面。如图 4.45 所示。

3. 填充曲面

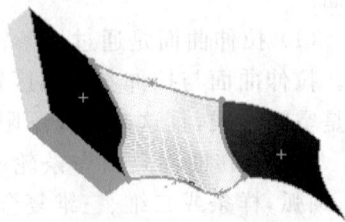

填充曲面用于填补模型当中或者曲面之间的缝隙将封闭的空间轮廓填实为空间曲面,填充曲面不仅灵活,而且功能强大,图 4.46 所示为填充曲面的实例。

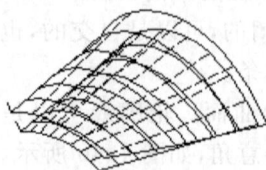

图 4.44　等距曲面　　　　　　图 4.45　中面　　　　　　图 4.46　填充曲面

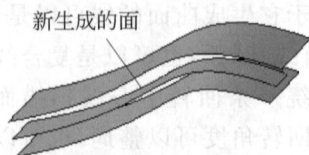

4.6.4　特征修改及编辑

SolidWorks 特征造型系统不仅为用户提供了大量的特征建模命令,还提供了许多特征变换、修改、编辑命令。如基础特征中的移动、复制、缩放、镜像、阵列、变形等以及曲面特征中的延展曲面、延伸曲面、缝合曲面、剪裁曲面等。图 4.47 和图 4.48 分别为特征变换中的阵列及曲面编辑中的剪裁曲面。

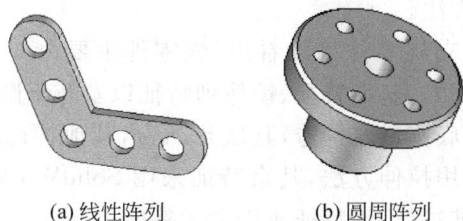

(a) 线性阵列　　　(b) 圆周阵列

图 4.47　特征阵列

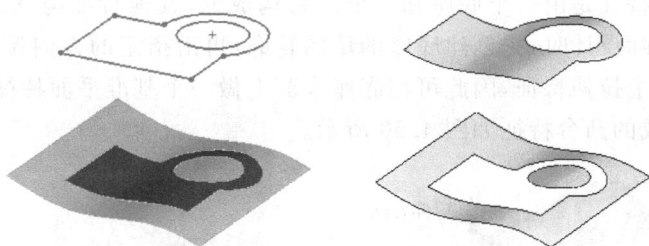

图 4.48　剪裁曲面的两种结果

4.6.5　参数化特征造型的应用

1. 参数化特征造型的一般过程

在基于特征的造型系统中,零件是由特征构成的,因此,零件的造型过程就是不断生成特征的过程,其大致可以分为以下几个步骤。

（1）规划零件。分析零件的特征组成和零件特征之间的相互关系,分析特征的构造顺序以及特征的构造方法。

（2）创建基体特征。完成基体特征的创建后,再根据零件的规划结果将其他辅助特征添上。

（3）编辑和修改特征。在特征造型中可以对特征进行实时修改,包括修改特征的形状。尺寸、位置和特征的从属关系,也可以删除已经建好的特征。

2. 参数化特征造型的实例

下面以 SolidWorks 参数化特征造型系统为平台,通过如图 4.49 所示的零件说明特征造型的过程。

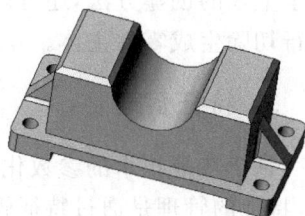

图 4.49　支架零件

1) 特征分析

特征分析主要包括以下内容：

(1) 特征分解。分析零件是由哪些特征组成，需要创建哪些特征。对同一零件可有不同的分解方法。

(2) 特征的构造顺序。分析按什么样的顺序创建这些特征以及如何修改它们，分析的原则仍然是能反映设计思路，并方便设计分析和修改。

(3) 特征的构造方法。不同的特征有不同的构造方法，同一特征也有不同的构造方法。造型时应确定特征的造型方法。

观察如图 4.49 所示的支架零件可以看出，该零件主要由 6 个特征组合而成：拉伸特征、筋特征、孔特征(含螺纹孔)、基准特征、镜像列特征以及若干圆角(倒角)特征。各特征的构造顺序也比较清楚，其中底座最先构造，其次是凸台，其他特征无特殊要求。从特征构造的方法考虑，底座和凸台采用拉伸方法，其余特征采用 SolidWorks 提供的细节特征进行创建。创建特征时需采用基准特征，该特征属于参考特征。

2) 创建基础特征

该零件的基础特征是由一个底座和一个凸台构成的，其他特征与其是从属关系。故先创建两个特征。实际设计时，先创建底座的草图轮廓，再沿指定的方向拉伸即可，如图 4.50 所示。凸台也是一个拉伸特征，因此可在底座表面上做一个基准平面特征，在该基准平面上创建草图轮廓，生成的凸台特征如图 4.50 所示。

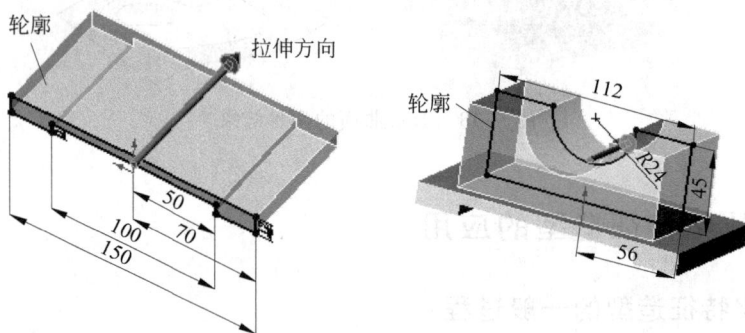

图 4.50　零件基础特征的创建过程

3) 创建其他辅助特征

先创建筋特征，再创建 1 个孔特征，然后利用镜像命令完成其他孔特征的建立，如图 4.51 所示。最后完成底座和凸台的圆角与倒角特征，即可完成整个零件造型设计。

需要注意的是，对于上述零件，可选择不同的方法来创建其特征。如底座和凸台特征，除了上述的创建方法，还可以创建矩形轮廓进行拉伸后，然后分别创建一个矩形和半圆轮廓进行切除生成零件主体。

3. 特征管理

基于特征技术的参数化造型系统中，需对大量的特征进行管理和操作。在 SolidWorks中，特征的管理是通过特征管理树来操作的。特征管理设计树不仅能表达特征的构成及其相互关系，而且还会记录特征的构造顺序及构造过程。因此，通过特征管理树可对零件进行

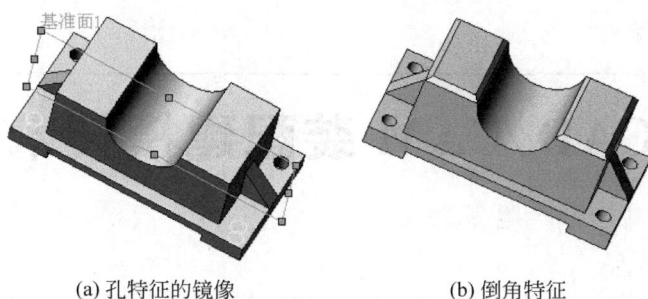

(a) 孔特征的镜像　　　　　　(b) 倒角特征

图 4.51　辅助特征的生成过程

方便灵活的管理和编辑，具体操作方法参考 4.6.1 小节。

习题

1. 分析线框模型、表面模型与实体模型在表示形体上的不同特点。
2. CSG 与 B-rep 实体造型方法各有什么优缺点？
3. 用 CSG 表示一个几何形体是否具有唯一性？其描述方式是否具有唯一性？
4. 选择一个机械零件，用 CSG 法分析它由哪些体素构成，画出 CSG 树。
5. 简述三维形体在计算机内部的表示方法及各自的特点。
6. 特征的工程意义与作用是什么？特征分为哪几类？
7. 简述特征建模与实体建模的关系和区别。
8. 特征造型的主要技术特点是什么？
9. 简述尺寸驱动系统与变量驱动系统的主要区别。
10. 举例说明参数化特征造型的主要步骤。

第5章

CAD/CAM 装配建模技术

▲ 教学提示与要求

　　产品的设计过程是一个复杂的创造性活动,产品设计不仅要求设计零件的几何形状和结构,而且还要求设计零件之间的相互连接和装配关系。因此,新一代的 CAD/CAM 系统要求必须具备装配层次上的产品建模功能,即装配建模。装配建模和装配模型的研究是 CAD/CAM 建模技术发展的趋势。本章从装配建模的基本概念出发,介绍了装配模型、装配建模中的约束技术以及装配建模的两种方法。通过本章,使学生掌握 CAD/CAM 系统中装配建模的基本原理,初步掌握装配建模的基本方法和过程。

5.1　装配建模概述

1. 装配建模的定义及作用

　　传统的产品装配设计过程中不仅要求设计产品的各个组成零件,而且要建立装配结构中各零件间的连接关系和配合关系。在 CAD/CAM 系统中,完成零件造型的同时,同样采用装配设计的原理和方法在计算机中形成一个完整的数字化装配方案,建立产品装配模型,实现数字化预装配。该过程一边进行虚拟装配,一边不断对产品进行修改、编辑,直至满意为止。这种在计算机上将产品的零部件装配在一起形成一个完整装配体的过程叫装配建模或装配设计。

　　装配设计是产品设计过程中至关重要的一环,是一项涉及零部件构型与布局、材料选择、装配工艺规划、公差分析与综合等众多内容的复杂性、综合性工作,在产品设计中具有重要的意义,主要表现在以下几个方面:

　　(1) 优化装配结构。装配设计的基本任务是从原理方案出发,在各种因素制约下寻求装配结构的最优解,由此拟定装配方案。

　　(2) 改进装配性能,降低装配成本。装配的基本要求是确保产品的零部件能够装配正确,同时确保产品装配过程简单,从而尽可能降低装配的成本。

　　(3) 产品可制造性的基础和依据。制造的最终目的是能够形成满足用户要求的产品,考虑可装配性必须先于可制造性。一旦离开了产品可装配性这一前提,谈论可制造性便是毫无意义的,因而装配设计是产品可制造性的出发点。

（4）产品并行设计的技术支持和保障。产品并行设计是一种对产品及其相关过程（包括设计制造过程和相关的支持过程）进行并行和集成设计的系统化工作模式。并行设计强调在产品开发的初期阶段，就要考虑产品整个生命周期（从产品的工艺规划、制造、装配、检验、销售、使用、维修到产品的报废为止）的所有环节，建立产品寿命周期中各个阶段性能的继承和约束关系及产品各个方面属性间的关系，以追求产品在寿命周期全过程中其性能最优，从而更好地满足客户对产品综合性能的要求，并减少开发过程中产品的反复修改，进而提高产品的质量、缩短开发周期并大大地降低产品的成本。产品并行设计过程中是通过DFA、DFM 等设计技术来实现和保证的，装配在生产过程中的支持地位确定了装配设计的主导作用。

2. 装配设计的内容

装配设计是产品方案设计和详细设计之间的重要阶段，其内容主要包括如下几个方面。

（1）概念设计到结构设计的映射。装配设计的基本内容是从方案设计阶段抽象的概念出发，进行技术上的具体化，包括关键零部件的结构设计、材料选择以及尺寸、数量和空间相互位置关系的确定等，从而实现产品从概念设计到结构设计的映射。必须指出的是，这种映射往往是"一对多"的关系，也就是说，能够实现某一原理的装配结构方案很可能会有多个，这就需要对不同的结构方案进行分析、评价和优选。

（2）数字化预装配。运用装配设计的原理和方法在计算机中进行产品数字化模拟预装配，建立产品的数字化装配模型，并可对该模型进行不断的修改、编辑和完善，直到完成满意的产品装配结构。

（3）可装配性分析与评价。可装配性指产品装配元件（零件或子装配体）容易装配的能力和特性，是衡量装配结构优劣的根本指标。可装配性分析与评价是产品装配设计的重要内容之一，这种评价应该兼顾技术特性、经济特性和社会特性。

5.2　装配模型

装配模型是装配建模的基础，建立产品装配模型的目的在于建立完整的产品装配信息表达。装配模型的作用是：一方面使系统对产品设计能进行全方面支持；另一方面可以为新型 CAD 系统中的装配自动化和装配工艺规划提供信息源，并对设计进行分析和评价。

5.2.1　装配模型的特点与结构

1. 装配模型的特点

产品装配模型是一个支持产品从概念设计到零件设计，并能完整、正确地传递不同装配体设计参数、装配层次和装配信息的产品模型。它是产品设计过程中数据管理的核心，是产品开发和支持设计灵活变动的强有力工具，装配模型具有以下特点：

（1）能完整地表达产品装配信息。装配模型不仅描述了零部件本身的信息，而且还描述了零部件之间的装配关系及拓扑结构。

（2）支持并行设计。装配模型描述了产品设计参数的继承关系和其变化约束机制，保证了设计参数的一致性，从而支持产品的并行设计。

2. 装配模型的结构

产品中零部件的装配设计往往是通过相互之间的装配关系表现出来，因此装配模型的结构应能有效地描述产品零部件之间的装配关系，装配模型之间的关系主要有以下几种。

1) 层次关系

产品是由具有层次关系的零部件组成的系统，表现在装配次序上，就是先由零件组装成装配体(部件)，再参与整机的装配。产品零部件之间的层次关系可以表示成如图 5.1 所示的树结构。

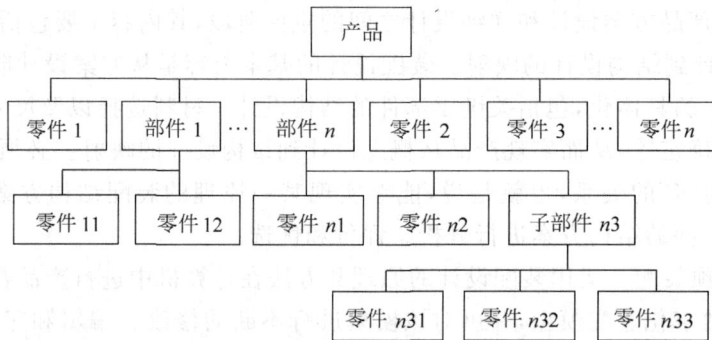

图 5.1　产品装配的层次关系

2) 装配关系

装配关系是零部件之间的相对位置和配合关系的描述，它反映了零件之间的相互约束关系。装配关系的描述是建立产品装配模型的基础和关键。根据产品的特点，可以将产品的装配关系分为 3 类：几何关系、连接关系和运动关系，如图 5.2 所示。几何关系主要描

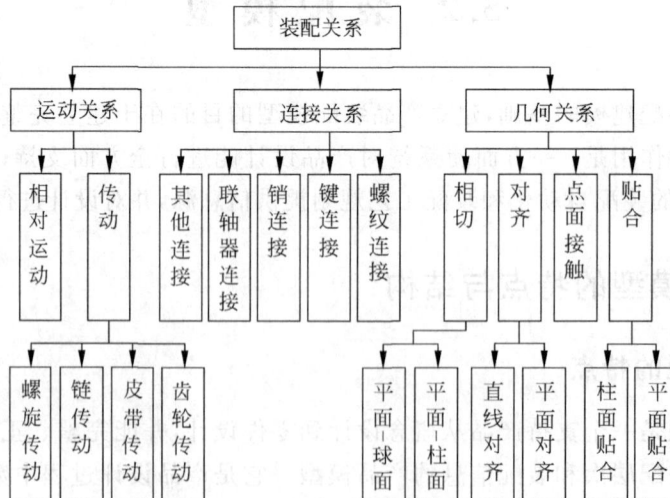

图 5.2　装配关系

述实体模型的几何元素(点、线、面)之间的相互位置和约束关系。几何关系分为 4 类:贴合、对齐、相切和点面接触。连接关系是描述零部件之间的位置和约束的关系,主要包括螺纹连接、键连接、销连接、联轴器连接、焊接、粘接等。运动关系是描述零部件之间的相对运动的一种关系,主要包括相对运动关系和传动关系。

3) 参数约束关系

设计过程中有两类参数:其中一类称为继承参数,这类参数是由上层传递下来的,本层设计部门无权直接修改;另一类称为生成参数,该类参数既可以是继承参数中导出的,也可以是根据当前的设计需要制定的。当继承参数有所改变时,相关的生成参数也要随之改变。产品的装配模型中需要记录参数之间的这种约束关系和参数的制定依据。根据这些信息,当参数变化时,其传播过程能够显示出或由特定的推理机制完成。

5.2.2 装配模型的信息组成

建立产品装配的目的是为面向装配的产品设计提供信息来源和存取机制。装配模型不仅要处理设计系统的输入信息,还应能处理设计过程的中间信息和结果信息。装配模型的信息主要包括 6 个方面,如图 5.3 所示。

1. 几何信息

几何信息是指与产品的几何实体构造相关的信息。它决定装配单元和整个装配体的几何形状与尺寸以及装配单元在装配体内的位置和姿态。目前 CAD/CAM 系统如 SolidWorks 等已具备较完善的几何建模功能,产品装配模型所需的几何构造信息可直接从相关的内部数据库提取。

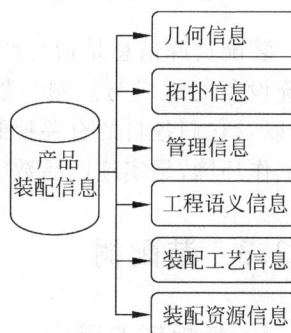

图 5.3 装配模型的信息组成

2. 拓扑信息

拓扑信息包括两类信息。一类为产品装配的层次结构关系信息。这类信息往往因"视图"的不同而有所差别。例如,对于同一个产品来说,如分别从功能角度、装/拆操作、机构运动等角度分析,其层次关系可能不同。另一类为产品装配单元之间的几何约束关系信息,CAD 系统中常见的关系有贴合、对齐、相切、距离、平行等。

3. 管理信息

管理信息是指与产品及其零部件管理相关的信息。如 BOM 信息,它包括产品各构成元件的名称、代号、材料、件数、技术规范或标准、技术要求等信息。其主要作用是为产品设计过程以及产品生命周期后续过程的管理提供参考和基本依据。

4. 工程语义信息

工程语义信息是指与产品工程应用相关的语义信息,主要包括以下几类:

(1) 装配元件的角色类别,如螺栓螺钉、垫圈垫片、销钉、轴承、弹簧和一般结构件等及其相关信息。

(2) 装配元件的聚类分组,如一般簇(含螺钉、销钉、卡紧件等的元件簇)、特殊簇(具有过盈配合、胶接、焊接等关系的元件簇)以及簇的嵌套等。

(3) 装配单元装/拆的强制有限关系,包括基体定义、强制领先、强制滞后关系。

(4) 装配单元之间的设计参数约束和传递关系。

(5) 装配单元之间的工艺约束和运动约束关系。

前 3 类信息可用于建立装/拆优先关系,第 4 类信息则确保设计参数在设计过程中的协调一致,第 5 类信息可用于构造产品与相关应用领域的结构层次关系。

5. 装配工艺信息

装配工艺信息是指与产品装/拆工艺过程及其具体操作相关的信息,包括各装配元件的装配顺序、装配路径,以及装配工位的安排与调整、装配夹具的利用、装配工具的介入等信息。它们主要为装配工艺规划和装配过程仿真服务,包括相关活动和子过程的信息输入、中间结构的存储与利用、最终结果的形成等。

6. 装配资源信息

装配资源信息是指与产品装配工艺过程具体实施相关的装配资源的总和,主要指装配系统设备的组成与控制参数,包括装配工作台与设备的选择、装配夹具与工具的类别和型号,以及它们各自的有关控制参数如形状、尺寸、比例大小等等。这些信息用于构造虚拟装配工作环境,是实施产品数字化预装配必不可少的内容。

5.2.3　装配树

1. 装配树的概念

装配树表示装配中各构件间的逻辑关系(也叫层次结构),即一方面表示了零件之间的层次关系;另一方面表示了构件在装配中的前后秩序,称为构件的排序。构件之间的这种逻辑关系直观地以一个树状的结构表示,叫做装配树。用户可以从装配树中选取装配部件或者改变部件之间的关系。装配树记录了零部件之间的全部结构关系,以及零部件之间的装配约束关系。如图 5.4 所示为回转-直线运动机构的装配模型。如图 5.5 所示为回转-直线运动机构的装配层次结构,其中第 2 层次的三个装配体均为子装配体,第 3 层为零件。如图 5.6 所示是回转-直线运动机构装配体在 SolidWorks 装配管理器中的装配特征树。

2. 装配树的基本组成

1) 根部件

根部件是装配模型的最顶层结构,也是装配模型的图形文件名或称为主目录(根目录)。当创建一个新装配模型文件时,根部件就自动产生,此后引入该图形文件的任何零件都会跟在

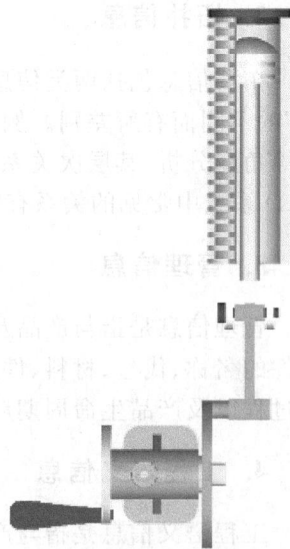

图 5.4　回转-直线运动机构
装配模型

该根部件之后。值得注意的是,根部件不是一个具体零部件,而是一个装配体的总称。

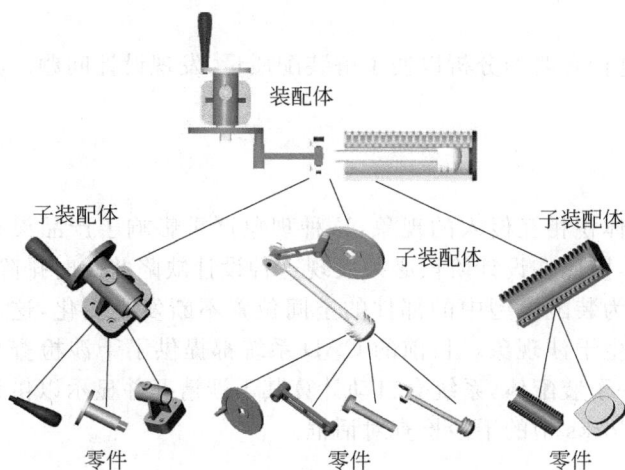

图 5.5　回转-直线运动机构的装配层次结构

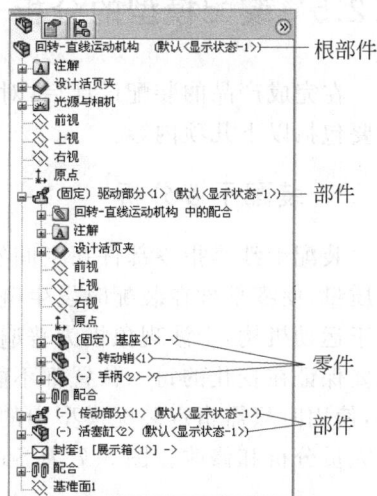

图 5.6　SolidWorks 中的装配树

2) 部件

组成装配的单元称为部件。一个装配体是由一系列部件按照一定的约束关系组合在一起的。部件有内、外之分,其中,在装配文件中生成的零件或从零件文件中调入的零件称为内部装配部件(简称内部件)。内部装配部件可以外部化,即可以把部分或全部的内部装配部件保存为专门的文件,供其他文件调用。外部装配部件(简称外部件)是存放在外部文件中的装配模型中的部件,外部装配部件可以引入到当前装配文件中,并参与当前的装配建模。装配部件可以嵌套,即部件中还可含有部件,嵌套在装配部件中的部件称为子装配。

第一个被放到装配中的部件称为基部件。在装配模型中,它是默认固定的,即自由度为零,无须增加约束。基部件不能被删除或者禁止,不能被阵列,也不能变成附加部件。

5.2.4　装配模型的管理

在装配过程中,常常需要对装配的模型进行相应的管理操作。大多数 CAD 系统都提供了装配模型管理功能。以 SolidWorks 系统为例,装配模型的管理通过装配树和装配图形窗口进行,如图 5.6 所示。在装配树中可以完成以下操作:

(1) 浏览装配体各零部件的层次关系、装配结构和状态;

(2) 对装配体中的零部件进行选择、删除和编辑,如复制、移动、删除和特征编辑等;

(3) 查看、编辑和删除零部件的装配关系;

(4) 显示或隐藏零部件;

(5) 设置零部件的属性,如颜色;

(6) 压缩或轻化零部件以加快显示速度。

需要注意的是,在修改装配体中的零部件时,零部件之间的约束关系并不会改变,因此,当零部件的尺寸或位置发生变化时,装配模型会自动更新并保证严格的装配关系,无须人工操作。

5.2.5　装配模型的分析

在完成产品的装配设计后,对其进行必要的分析以便了解装配质量,发现设计问题。其主要包括以下几项内容。

1. 装配干涉分析

装配干涉是指零部件在空间发生体积相互侵入的现象,这种现象严重影响了产品设计的质量,使零部件在装配时发生碰撞。因此在设计阶段必须发现这种设计缺陷并及时排除。对于运动机构,干涉现象极为普遍,因为装配模型中的部件的空间位置不断发生变化,这就需要保证在变化的每一位置都不能发生干涉现象。目前的 CAD 系统都提供了干涉检查功能,使用时只需指定装配模型中的某一子装配体,系统会自动计算其干涉情况并显示以供设计人员分析和修改。图 5.7 为 SolidWorks 中的干涉检查对话框。

2. 质量特性分析

质量特性分析是指部件或装配体的体积、质量、重心、惯性矩等,有时也称为物体属性。这些属性对设计具有较高的参考价值,一般情况下依靠人工计算非常困难。如图 5.8 所示为 SolidWorks 中的质量特性对话框。

3. 爆炸视图

为了更加直观、清晰地表达整个装配体各部件之间的相互位置关系,可将装配模型生成爆炸场景视图。在爆炸视图中,各零部件以一定的距离分隔显示。一个装配模型可以生成若干爆炸场景视图。图 5.9 为 SolidWorks 系统中的爆炸属性对话框,在此对话框中可以进行如下操作:

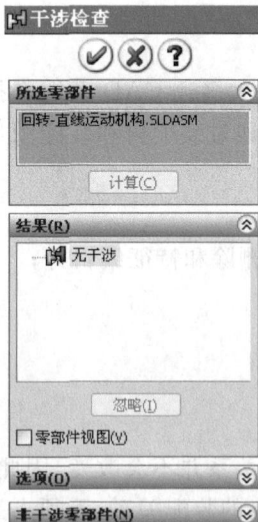

图 5.7　干涉检查对话框　　　　图 5.8　质量特性对话框　　　　图 5.9　爆炸属性对话框

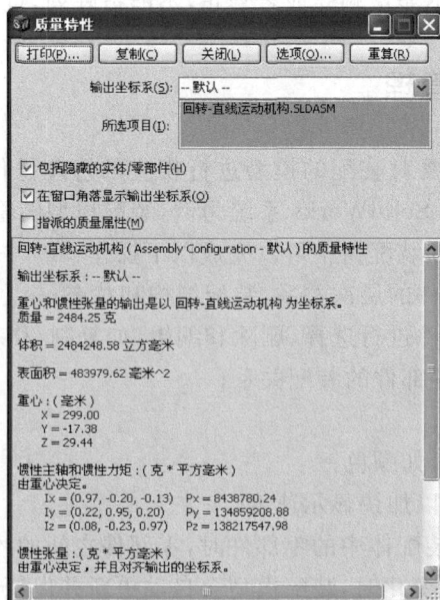

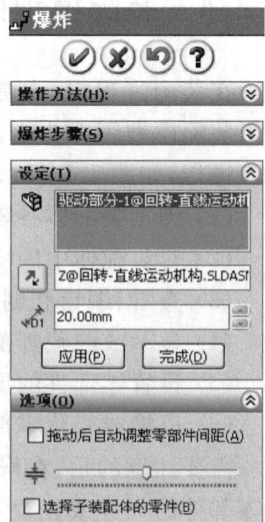

（1）选择爆炸步骤的零部件并显示当前爆炸步骤所选的零部件。

（2）设置爆炸方向。显示当前爆炸步骤所选的方向，如果必要请单击反向。

（3）设置爆炸距离。显示当前爆炸步骤零部件移动的距离。

爆炸视图可以在装配模型的任何层次上进行操作，既可以生成整个装配模型的爆炸视图，也可以生成某一子装配的爆炸视图。

5.3　装配约束技术

5.3.1　装配约束分析

装配建模过程中不同零部件之间的相对位置关系一般通过装配约束、装配尺寸和装配关系式 3 种方式将各零部件装配在一起。其中装配约束和自由度是最重要的装配参数，有的系统把约束和尺寸共同参与装配的操作也归入装配约束。

1. 自由度

自由度是指零部件具有的独立的运动规律。零件的自由度描述了零件运动的灵活性，自由度越大，则零部件运动越灵活。对于空间任意一自由的物体都有 6 个自由度，即绕 3 个坐标轴转动和沿 3 个坐标轴的移动。如图 5.10（a）所示。当施加限制条件后，其自由度就会减少，如图 5.10（b）所示，要保证零件的下表面始终在 XOY 平面，此时零件只能沿 X、Y 方向移动和绕 Z 轴转动，即减少了 3 个自由度。同理，如果再同时限制左平面和后平面分别在 XOZ 和 YOZ 平面，此时零件的自由度为 0，即位置完全确定，如图 5.10（c）所示。

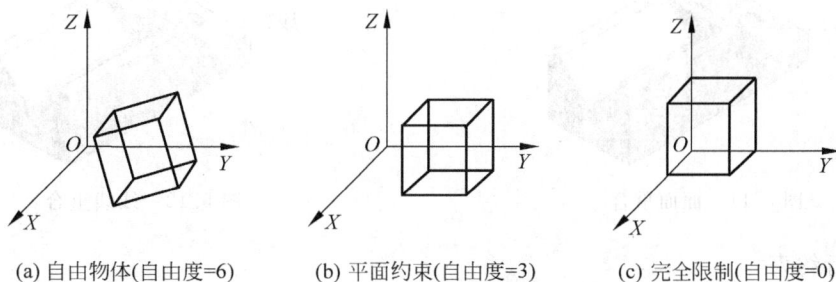

(a) 自由物体(自由度=6)　　(b) 平面约束(自由度=3)　　(c) 完全限制(自由度=0)

图 5.10　零件的自由度

限制零件自由度的主要手段是对零件施加各种约束，通过约束来确定两个零件或多个零件之间的相对位置关系以及它们的相对几何关系。

2. 装配约束

装配建模的过程可以看成是对零件的自由度进行限制的过程。在装配建模中，对于不同的造型软件，其装配约束类型各有不同，最常见的有面约束、线约束和点约束等几大类，每种约束限制的自由度不同。当设定的约束刚好抵消了零件所有的自由度，称为完全约束；如果还有部分自由度没有限制，那么零件还有活动的余地，称为欠约束；如果约束限制超过了自由度的数量,称为过约束。在过约束的情况下,约束之间可能存在冲突,需加以消除。以 SolidWorks 为例,其最常见的约束(在 SolidWorks 中称为配合关系)主要包括重合、平行、距离、角度、相切、同轴或同心等。表 5.1 列举了不同几何特征之间可能具有的约束类型。

表 5.1　特征之间的约束类型

	点	直　　线	圆　弧	平　　面	圆柱与圆锥
点	重合、距离	重合、距离	×	重合、距离	重合、同轴心、距离
直线	重合、距离	重合、平行、垂直、距离、角度	同轴心	重合、平行、垂直、距离	重合、平行、垂直、距离、角度、同轴心、相切
圆弧	×	同轴心	重合、同轴心	重合	同轴心
平面	*	*	*	重合、平行、垂直、距离、角度	相切、距离
圆柱与圆锥	*	*	*	*	重合、平行、垂直、距离、角度、同轴心、相切

注: × 表示两种几何实体之间无法建立配合关系。
　　* 表示不同几何实体之间的装配无先后次序。

1) 重合约束

重合约束是一种最常用的装配约束,它可以对所有类型的物体进行定位安装。使用重合约束可以使一个零件上的点、线、面与另一个零件的点、线、面重合在一起。

实际装配过程中零件大多采用面进行约束,所以面的重合应用最为普遍。两个面重合时,它们的法线方向相同或相反,如图 5.11 所示面 1 和面 2。图 5.12 为线线重合的实例。

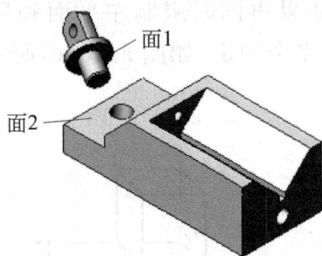

图 5.11　面面重合

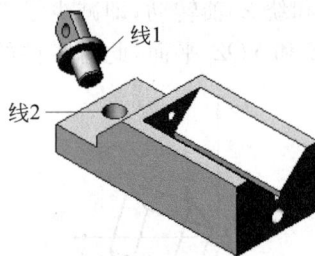

图 5.12　线线重合

2) 平行约束

平行约束定位所选项目使其保持通向、等距。平行约束规定了平面的方向,但并不规定平面在其垂直方向上的位置。平行约束主要包括面-面、面-线、线-线配合约束,如图 5.13 所示为面-面平行的应用实例。

3) 距离约束

距离约束是指将所选项目(点、线、面)以彼此间指定的距离定位。当距离为 0 时,该约束与重合约束相同,也就是说,距离约束可以转化重合约束,但重合约束不能转化为距离约束。如图 5.14 所示为面面之间的距离配合约束。

4) 相切约束

相切约束是指两个面(其中必有一个是圆柱面、圆锥面或球面)以相切的方式进行配合,如图 5.15 所示。

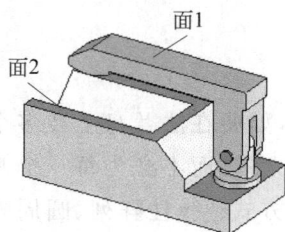

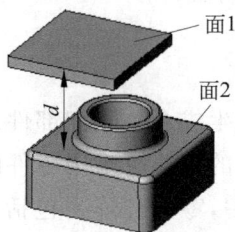

图 5.13　平行约束　　　　图 5.14　距离约束　　　　图 5.15　相切约束

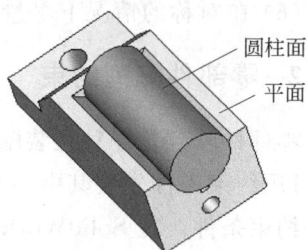

5）垂直约束

垂直约束是指所选对象相互垂直,图 5.16 为面-面之间的垂直配合约束。

6）角度约束

角度约束是指在两个零件的相应对象之间定义角度约束,使相配合零件具有一个正确的方位。角度是两个对象的方向矢量的夹角,如图 5.17 所示。

7）同轴心约束

同轴心约束是指所选对象(圆弧或圆柱面等)定位于同一点或同一轴线。图 5.18 为同轴心约束的应用实例。

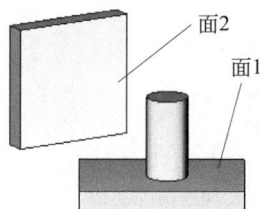

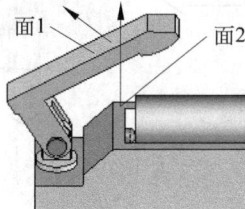

图 5.16　垂直约束　　　　图 5.17　角度约束　　　　图 5.18　同轴心约束

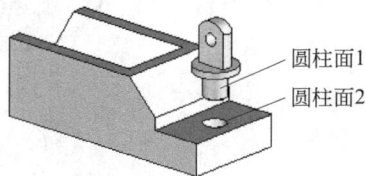

通过添加配合约束,零件的自由度会减少,如重合约束中面的重合约束去除了 1 个移动和 2 个旋转自由度;而点的重合约束去除 3 个移动自由度,线的贴合约束去除了 2 个移动和 2 个转动自由度。

5.3.2　装配约束规划

1. 装配约束运用

一般情况下,如果零件之间不存在相对的运动,需将零件进行完全约束装配,以便当对该装配模型进行修改后,整个装配模型将彻底更新,更能体现设计思想。在施加装配约束时应注意以下几点:

(1) 根据零件在机器中的物理装配关系建立零件之间的装配顺序;

(2) 对于运动机构,按照运动的传递顺序建立装配关系;

(3) 对于没有相对运动的零件,最好实现完全约束;

(4) 按照零件之间的实际装配关系建立约束模型;

(5) 优先使用实体平面约束及实体表面的约束;

（6）在对称的情况下尽量参考对称面。

2. 零部件阵列约束

零部件阵列是一种在装配中快速生成多个装配部件的方法，如要在法兰盘上装多个螺栓，可用约束条件先装其中一个，其他的螺栓可采用零件阵列的方式，而不必为每一个螺栓定义约束条件。在 SolidWorks 系统中，零部件阵列包括有 3 种方式：线性阵列、圆周阵列和特征驱动的阵列。前两种为尺寸驱动阵列，由装配约束尺寸驱动，其操作方法和零件造型中的特征阵列相类似。

特征驱动的阵列是以一个零件上的已有阵列为参照，对零部件实施阵列操作的方法。基于特征驱动的阵列是关联的，原始阵列中的实例（如孔）个数决定了零部件阵列中装配零件的个数。当改变底座的阵列实例数目时，旋钮的阵列数目同时发生改变，如图 5.19 所示。同样如果修改了原始特征阵列的位置、距离等参数，装配部件阵列的位置、距离也会发生改变。

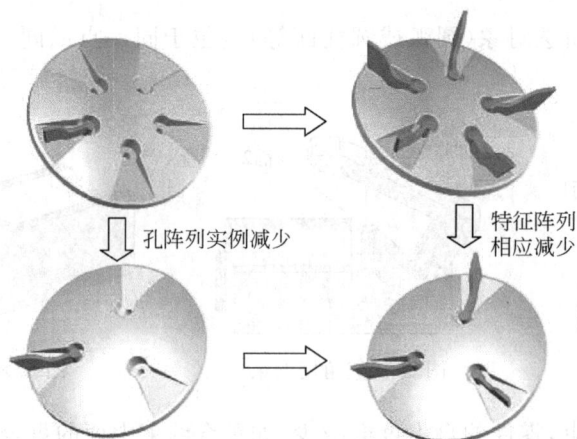

图 5.19　特征驱动的阵列

5.4　装配设计的两种方法

在产品装配设计中，有两种典型的设计方法：自底向上（Bottom-Up）设计方法和自顶向下（Top-Down）设计方法。两种装配设计方法各有优势，可根据具体情况进行选用。例如在产品系列化设计中，由于产品的零部件结构相对稳定，大部分零部件已经具备，只需添加部分设计或修改部分零部件模型，这时采用自底向上的设计方法比较合理。但对于创新性设计而言，设计时需从抽象的模型开始，边设计、边细化、边修改，逐步到位，这时常采用自顶向下的设计方法。自顶向下的设计方法更能反映真实的设计过程，并能及时发现、调整和灵活地进行设计中的修改，节省不必要的重复设计，提高设计效率。

5.4.1　自底向上的装配设计

1. 自底向上的装配设计的特点

自底向上设计方法是传统的 CAD/CAM 软件中通常使用的一种装配设计方法。该方法是由最底层的零件开始装配,然后逐级逐层向上进行装配,直到完成产品的总装配。如果在装配时发现某些零件不符合要求,诸如:零件与零件之间产生干涉、某一零件根本无法进行安装等,就要对零件进行重新设计、重新装配,再发现问题,再进行修改。

自底向上的装配设计方法思路简单,操作快捷、方便,容易被大多数设计人员所理解和接受,其特点如下:

(1) 零部件文件独立于装配体文件存在;

(2) 零部件的相互关系及重建行为更为简单;

(3) 可以专注于单个零部件的设计工作;

(4) 可以使用以前生成的不在线的零部件设计装配体;

(5) 当不需要建立控制零件大小和尺寸的参考关系时,该方法较为适用。

由于自底向上设计方法事先缺少良好的规划和对产品设计全局的考虑,设计阶段的重复工作较多,会造成时间和人力资源的浪费,工作效率较低。同时这种设计方法是从零件设计到总体装配设计,不支持产品从概念设计到详细设计的过程,零部件之间内在联系和约束不完整,产品的设计意图、功能要求以及许多装配语义信息都得不到必要的描述。

2. 自底向上的装配设计的步骤

(1) 零件设计:逐一构造装配体中所有零件的特征模型。

(2) 装配规划:对产品装配进行预规划。进行装配规划时,应注意装配方案的选用。对于复杂产品,应采用部件划分多层次的装配方案,进行装配数据的组织。特别是对一些通用零部件,应设计成独立的子装配文件以便在装配时进行引用。同时,应考虑产品的装配顺序以便确定零件的引入顺序和配合约束方法。

(3) 装配操作:采用系统提供的装配命令,把逐一调入的零部件装配成产品模型。

(4) 装配管理和修改:可随时对装配体及其零部件构成镜像管理和各项修改操作。

(5) 装配分析:完成装配后,需对装配模型进行分析,如干涉检测及零部件物理特性分析等,以便及时对装配模型进行修改。

(6) 为了便于观察及后续的加工,可将装配模型生成爆炸视图或工程图。

5.4.2　自顶向下的装配设计

1. 自顶向下的装配设计的特点

自顶向下的装配设计是模仿实际产品的开发过程,其由产品装配开始,然后逐级逐层向下进行设计。其过程为:首先进行功能分解,即通过设计计算将总功能分解成一系列的子功能,确定每个子功能参数;其次进行结构设计,即根据总的功能及各个子功能要求,确定出总体结构及确定各个子部件(子装配体)之间的位置关系、连接关系、配合关系,而各种关系及其他参数通过几何约束或功能参数约束求解确定。在对各个子部件的功能进行功能分析,对结构进行装配性、工艺性等分析之后,返回修改不满意之处,直到得到全局综合指标最优;然后分别对每个部件进行功能分解和结构设计,直到分解至零件。当完成零件设计时,由于装配模型约束求解机制作用,整个装配体的设计也就基本完成。

自顶向下装配设计的特点如下:

(1)可以首先确定各个子装配或零件的空间位置和体积、全局性的关键参数,这些参数将被装配中的子装配和零件所引用。这样,当总体参数在随后的设计中逐渐确定并发生改变时,各个零件和子装配将随之改变,更能发挥参数化设计的优越性。

(2)使各个装配部件之间的关系变得更加密切。像轴与孔的配合,装配后配钻的孔,如果各自分别设计,既费时,又容易发生错误。通过自上而下的设计,一个零件上的尺寸发生变化,对应的零件也将自动更新。

(3)有利于不同的设计人员共同设计。在设计方案确定以后,所有承担设计任务的小组和个人可以依据总装设计迅速开展工作,可以大大加快设计进程,做到高效、快捷和方便。

2. 自顶向下装配设计的步骤

(1)确定设计要求和任务。确定诸如产品的设计目的、功能要求、设计任务等方面的内容。

(2)装配规划。这是造型的关键步骤,主要是设计装配树的结构。这一过程主要包括三方面的内容:

① 装配体层次结构的划分,并为每一个子装配或部件命名。

② 全局参数化方案设计。由于该种设计方法更注重零部件之间的关联性,设计过程中修改比较频繁,因此应设计一个灵活、易于修改的全局参数化方案。

③ 规划零部件的装配约束方法。

(3)设计骨架模型。骨架模型是装配造型中的核心内容,它包括整个装配的重要设计参数,这些参数可以被各个部件引用,以便将设计意图融入到整个装配中。

(4)部件设计及装配。当获得所需要的设计信息以后,就可以着手具体的部件设计。部件设计可以在装配中直接进行,也可以装配已经预先完成的部件造型。

(5)零件级设计。采用参数化或变量化的造型方法进行零件结构的设计,并补充和完善零部件之间的装配约束。

(6)设计条件的传递。自上而下的设计中,相关的设计信息可在不同的装配部件之间传递。

5.5　装配建模技术的应用

装配建模技术的应用随着系统的不同而略有不同,但其基本原理和方法大致相似。本节以 SolidWorks 系统为平台,介绍装配建模技术的应用。

5.5.1　SolidWorks 装配功能简介

SolidWorks 为用户提供了一个功能强大、高效、易用的装配设计环境,如图 5.20 所示。除上述装配过程中所用的基本约束外,SolidWorks 还为用户提供了几种高级配合约束,如对称、凸轮、齿轮、限制等,以便进行齿轮、凸轮等的装配。如图 5.21 所示,采用凸轮约束后,当拖动凸轮使其绕轴心旋转,可以发现推杆组件受凸轮推动或牵引,产生来回摆动。

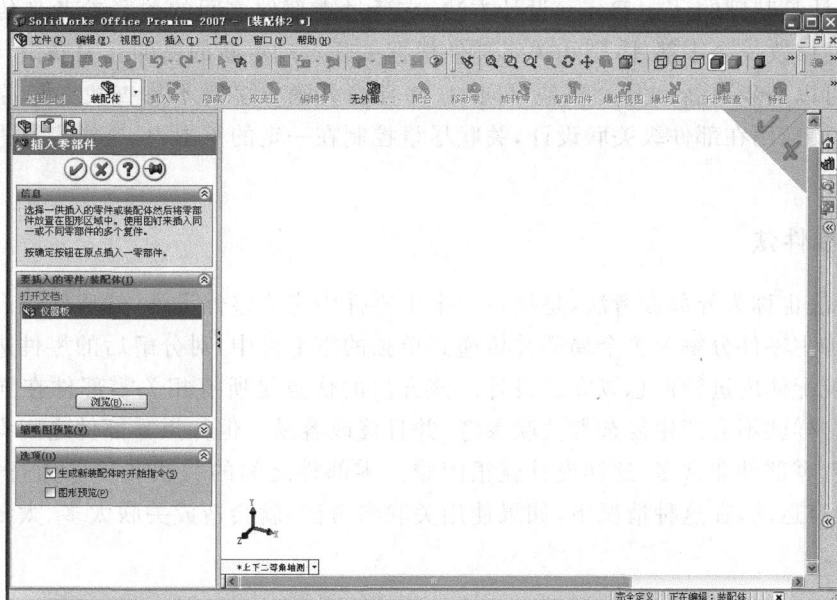

图 5.20　SolidWorks 装配体界面

与此同时,SolidWorks 还提供用户设计库管理面板,将标准件库、用户现存的设计数据以及 Internet 上的共享资源放置到同一个环境中供用户随时调用,并配以无处不在的搜索功能随时检索这些数据,大大提高了产品设计的效率,如图 5.22 所示。

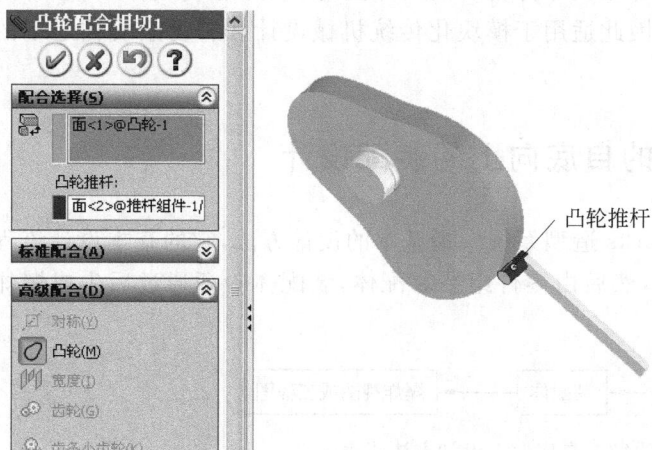

图 5.21　凸轮约束实例

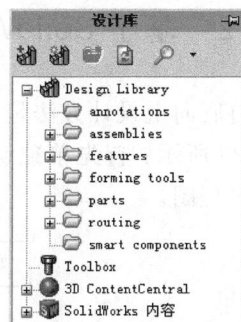

图 5.22　设计库管理面板

与其他 CAD/CAM 系统一样，SolidWorks 同样为用户提供了两种装配设计方法。在装配环境中，用户既可以通过自底向上的方式将单个的零件装配为低级的子装配，进而由低级的子装配组装为更高一级的子装配，最后完成整个装配；也可以通过自顶向下的装配方式直接在装配环境中派生设计零件，SolidWorks 系统为用户提供了 3 种自顶向下的设计应用方法：关联设计、主零件法及基于草图布局的装配体设计。

1. 关联设计

关联设计是基础的 Top-Down 设计方法，它通过零部件之间的关联参考来传递设计关联，从而达到修改一个零部件，则相关零部件根据关联自动更新的目的。关联设计的优点是方便快捷，可以同步更新。但关联是单向的，并且当关联很多时不易查找参考源和修改错误。因此主要应用在部件级关联设计，关联尽量控制在一定的范围内，这样容易进行控制和修改。

2. 主零件法

主零件法也称为外部参考法，是指在一个主零件中完成整体设计，然后使用多实体或分割的方法，将主零件分解为多个局部并传递到单独的零部件中，对分解后的零件进行详细设计，最后在装配体内进行汇总以完成设计。该方法的优点是所有相关零部件在同一个主零件中完成，这样就不会产生复杂的关联参考，并且修改容易。但如果零部件之间有复杂的相互运动，或者零部件非常多，这样设计就很困难。零部件之间的关联非常多而且复杂、部件之间相互没有运动，在这种情况下，如果使用关联参考法，就会造成关联太多、太复杂而无法管理的情况。

3. 基于布局草图的装配设计

该方法符合传统产品开发流程。首先，根据初始参数，在装配体内绘制布局草图，然后参照布局草图完成零部件的安装，从而在零部件和草图之间形成参照关系。当需要修改设计时，通过修改布局草图，能够快速地调整装配体形态。该设计方法符合传统产品开发流程，设计具有全局观，总图修改，所有相关零件自动更新。但由于关联参考复杂，对设计团队整体实力和图档管理能力要求高，因此适用于模块化传统机械设计和有复杂机构运动的机械设计。

5.5.2 基于 SolidWorks 的自底向上的装配设计

自底向上设计方法是 SolidWorks 造型系统中最基本的设计方法，它的基本设计流程如图 5.23 所示：首先单独设计零件，然后由零件组装装配体，装配体验证通过后生成爆炸视图或工程图。

零件 → 装配体 → 爆炸视图或工程图

图 5.23　自底向上设计方法流程

下面以检具为例说明自底向上的装配设计方法的应用,该装配体的结构如图 5.24 所示。

1. 零件设计

构造装配体中所有零件的特征模型,一般情况下可将这些零件单独保存为零件文件,这样有利于在不同场合下以外部文件的方式引用它,每个零件可以引用多次。对于标准件,如螺钉、螺母等,设计者可从 SolidWorks 提供的标准件库(Toolbox)中直接调用,大大缩短了设计的时间,提高了设计效率。通过造型设计或调用完成的检具的所用零件,如图 5.25 所示。

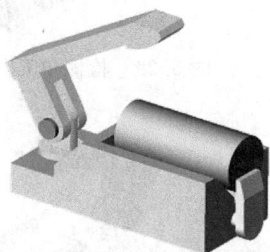

图 5.24　检具装配结构　　　　图 5.25　检具全部零件结构

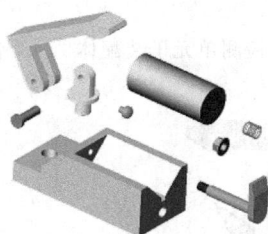

2. 装配规划

装配规划是装配设计中的核心内容,装配时主要考虑以下几个问题:
(1) 合理的划分和确定装配层次关系;
(2) 确定部件的装配顺序及约束方法;
(3) 确定模型的参数化方案。

本例中,通过对检具的分析可知,将检具分为两个子装配体,再由其他零件和子装配体完成整台检具的装配,检具的装配层次如图 5.26 所示。

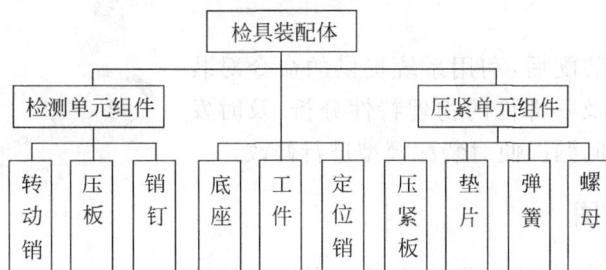

图 5.26　检具装配层次

3. 装配操作

完成上述的准备工作后,利用系统提供的配合命令,逐一把零部件装配成装配模型。
(1) 构造检测单元子装配体。检测单元组件由转动销、压紧板、销钉组成,通过重合、同心约束操作,完成的检测单元子装配体如图 5.27 所示。

（2）构造压紧单元子装配体。压紧单元组件包括压紧板、垫片、螺母、弹簧，通过同轴心、重合约束操作完成的子装配体如图 5.28 所示。

（3）构造组合装配体。以底座作为总装配体的"地基"（固定件），根据装配规划，将上述构造的子装配体或零件分别引入总装配环境中进行相应的装配，结果如图 5.29～图 5.32 所示。

图 5.27   检测单元子装配体   图 5.28   压紧单元子装配体   图 5.29   检测单元与底座配合

图 5.30   定位销与底座的配合   图 5.31   工件与底座的配合   图 5.32   压紧单元与底座的配合

4. 装配管理和修改

利用 SolidWorks 装配体的特征管理器（见图 5.6）可对装配体各要素进行管理和修改，如调整特征树显示方式、零件的存在状态（隐藏、还原、轻化、压缩）以及观察和调整零部件之间的配合关系。

5. 装配分析

完成模型的总体装配后，利用系统提供的命令对装配模型进行干涉分析及零部件的物理特性分析，及时发现装配过程中出现的问题以便对装配模型进行修改。

6. 生成爆炸视图

当装配分析正确后（如无干涉），为了能更加清楚地表达装配体的安装顺序，可将装配体生成爆炸视图，如图 5.33 所示。

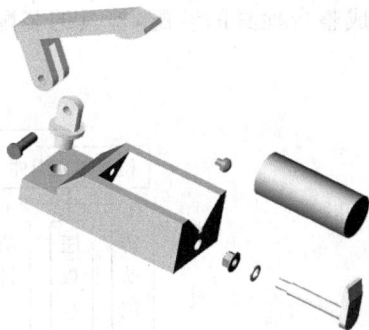

图 5.33   检具爆炸视图

5.5.3   基于 SolidWorks 的自顶向下的装配设计

由 5.4 节可知，自顶向下的装配设计是将产品根据其功能要求进行分解，确定其主要的结构及各零部件之间的装配约束关系,完成装配模型的概念设计和草图的绘制。其次根据装配关系把产品分解成若干零部件,在装配关系的约束下,进行零部件的概念设计和详细设计。

在装配设计中,装配约束是设计的核心。上层装配体中确定的装配约束可作为下一层装配的设计约束,并被最终模型记录以保证后续的设计。即在设计过程,自顶向下的装配设计属于 SollidWorks 的高级设计方法。本节以仪器板为例说明布局草图与关联设计在产品设计中的综合应用。图 5.34 为仪器板的装配模型。

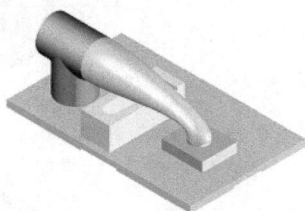

图 5.34　仪器板装配模型

1. 布局草图

按照该产品的最基本的功能和要求,在设计顶层构筑布局草图,布局草图相当于产品的顶层骨架。随后的设计过程基本上都是在基本骨架的基础上进行复制、修改、细化和完善,最终完成整个设计的过程。

从产品的空间结构上来看,布局草图能够代表产品模型的主要空间位置和空间形状,能够反映构成产品的各个子模块之间的拓扑关系,以及其主要运动功能;从其自身的不断发展以及它与后续设计的继承和相关关系上来看,它是整个产品自顶向下设计展开过程中的核心,是各个子装配之间相互联系的中间桥梁和纽带。因此,在建立布局草图时,更注重在最初的产品总体布局中捕获和抽取各子装配与零件间的相互关联性及依赖性。根据各零件的形状和相互之间的位置关系,作出的布局草图如图 5.35 所示。

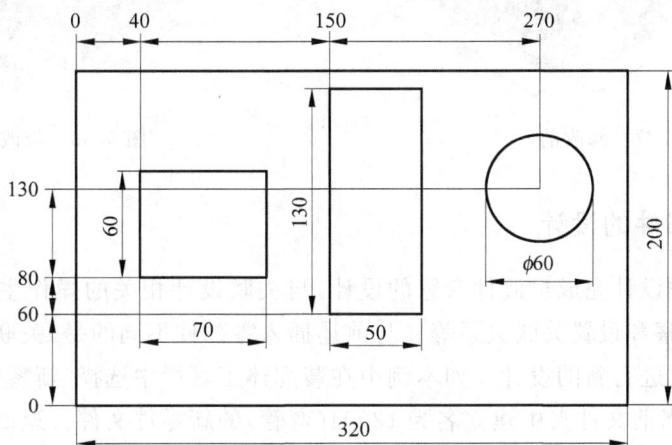

图 5.35　布局草图

2. 在装配体中插入新零件

布局草图建立之后,就可以将其插入到装配的环境下,作为自顶向下设计的骨架,然后将已有零件调入装配环境,完成零部件的设计。按照布局草图分别将零件进行装配得到的结果如图 5.36 所示。

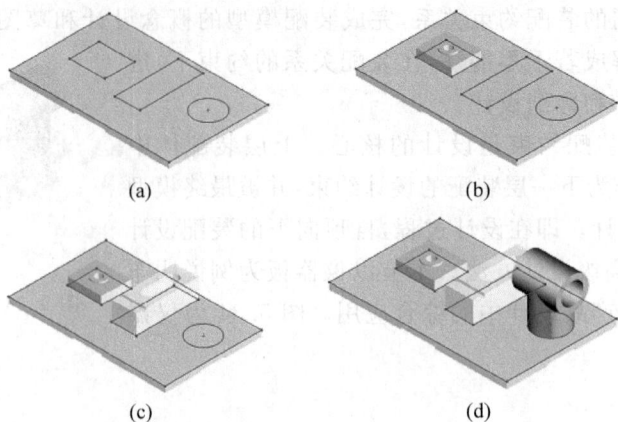

(a) (b)

(c) (d)

图 5.36 零件的调用与配合

若对布局草图进行修改，就可调整装配体整体的布局状况。这是布局草图应用的一个主要优点。如图 5.37 所示，在特征树中双击布局草图的节点，将尺寸 40 调整为 60，此时零件的位置也将相应改变，如图 5.38 所示。

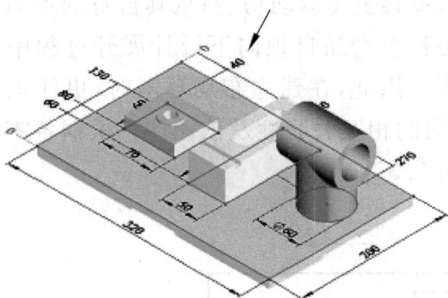

图 5.37 修改前

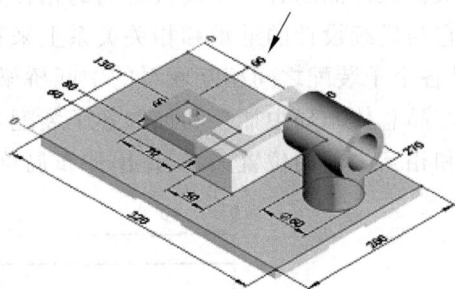

图 5.38 修改后

3. 相关零部件的设计

本例采用关联设计完成过渡件弯管的设计，与关联设计相关的操作主要包括在装配体中建立新零件、观察和设置关联关系等。与前述插入零部件不同的是，关联设计是在参考现有零部件的基础上进行新的设计。如本例中在装配体工具栏中选择"新零件"按钮，弹出"另存为"对话框，在当前文件夹中建立名为 12004(弯管)的新零件文件。返回装配环境后选择"等距曲面"按钮分别复制下图所示的两个零件表面，如图 5.39(a)所示。并以复制曲面的外轮廓线作为外管放样的轮廓完成放样操作，如图 5.39(b)所示。此时观察特征管理树(见图 5.40)，新增零件名称的后面跟着标记—>，说明该零件有外部参照。在配合列表中出现"在位"约束，在特征树的尾部出现两个更新节点，对应行新零件的两个参照关系。

4. 关联零部件的修改与编辑

完成关联零部件设计后，选择"列举外部参考引用"命令可显示所建零部件创建过程中引用其他零件上的几何要素(也称外部参考引用)，其对话框如图 5.41 所示。

(a) 复制面

(b) 放样

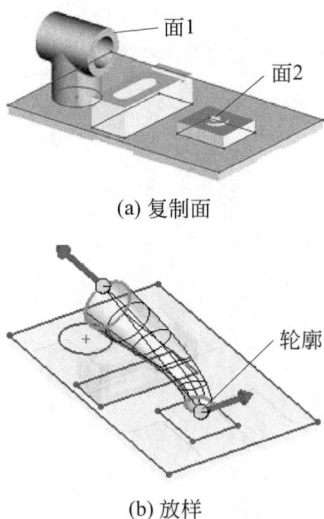

图 5.39　弯管的关联设计

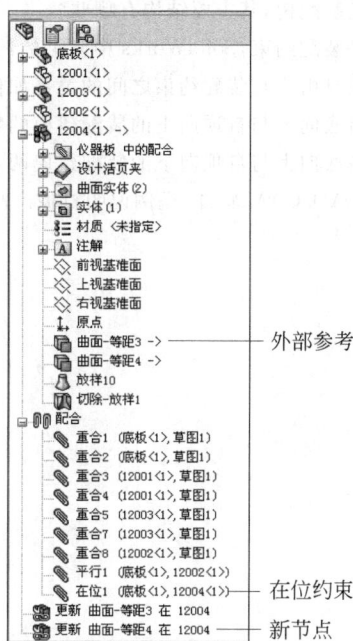

图 5.40　仪器板特征管理树

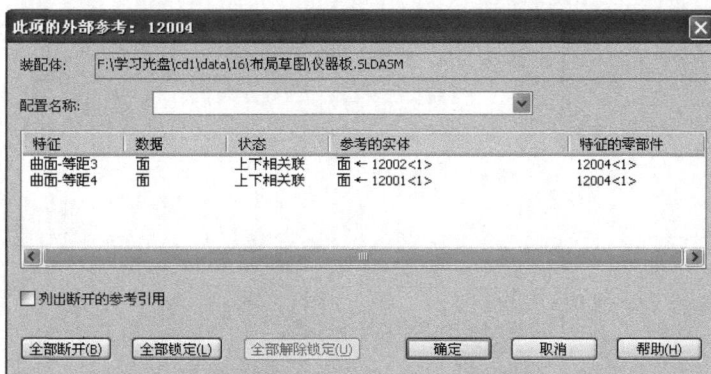

图 5.41　外部参考引用对话框

外部参考(零件)的改变会导致受控零件相应的变化,例如改变图 5.39 所示零件中面 1、2 的轮廓尺寸,弯管的尺寸也会发生相应的变化。同时,利用图 5.41 所示对话框中的"断开"、"锁定"等命令可断开或锁定外部参考引用,从而使新零件不受外部参考的控制,达到方便修改的目的。完成编辑和修改后也可对装配体进行装配分析和生成爆炸视图等。

习题

1. 简述装配建模的定义及意义。
2. 简述装配模型的特点及结构。
3. 简述装配模型的信息组成。

4. 什么是装配树,其主要结构有哪些?

5. 什么是装配约束,SolidWorks 中常见的约束类型有哪些?

6. 零件的自由度与装配约束之间的关系如何?

7. 简述自底向上与自顶向下的装配建模的特点。

8. 简述自底向上与自顶向下的装配建模两者的区别。

9. 运用 CAD/CAM 软件,举例说明机械产品装配设计的过程。

第 6 章

计算机辅助分析技术与应用

教学提示与要求

    计算机辅助工程(computer aided engineering,CAE)技术是综合应用计算力学、计算数学、相关的工程学科和现代计算机技术相结合合而形成的一种数值模拟分析技术,可以对产品结构强度、刚度、屈曲稳定性、动力响应、热传导、弹塑性等力学性能进行分析计算,并可以对结构性能进行优化设计。本章在介绍 CAE 技术的基本概念、技术构成之后,重点介绍了有限元分析思想和有限元分析步骤,通过本章的教学使学生从整体上了解 CAE 的技术内涵和特点,了解 MSC. Patran 等有限元软件解题的三个过程:前置处理、求解、后置处理。

6.1 CAE 技术构成、现状与发展趋势

1. CAE 技术的基本概念

    科学研究与解决工程问题的基础在于物理实验与实物观测,例如求解汽车车体等复杂结构的应力、应变。采用实物模型进行物理实验的研究周期长、投入大,有时甚至无法在实物上进行。然而,在数学模型上进行的数值模拟研究具有研究周期短、安全、投入少的优点,已经成为产品开发不可或缺的工具。

    计算机辅助工程(computer aided engineering,CAE) 是指用计算机辅助求解分析复杂工程和产品的结构力学性能,以及优化结构性能等。作为一项跨学科的数值模拟分析技术,是计算力学、计算数学、相关的工程学科和现代计算机技术相结合而形成的一种综合性、知识密集型的学科。在机械设计与制造领域,CAE 是一种有效的近似数值分析方法,可以对产品结构强度、刚度、屈曲稳定性、动力响应、热传导、弹塑性等力学性能进行分析计算,并可以对结构性能进行优化设计。

    CAE 系统的核心思想是结构的离散化,即将实际结构离散为有限数目的规则单元组合体,实际结构的物理性能可以通过对离散体进行分析,得出满足工程精度的近似结果来替代对实际结构的分析,这样可以解决很多实际工程需要解决而理论分析又无法解决的复杂问题。其基本过程是将一个形状复杂的连续体的求解区域分解为有限个形状简单的子区域,即将一个连续体简化为由有限个单元组合的等效组合体;通过将连续体离散化,把求解连续体的场变量(应力、位移、压力和温度等)问题简化为求解有限个单元节点上的场变量值。此

时得到的基本方程是一个代数方程组,而不是原来描述真实连续体场变量的微分方程组。求解后得到近似的数值解,其近似程度取决于所采用的单元类型、数量以及用来表示单元内场变量取值的插值函数。

例如:图 6.1(a)所示为一维两端固定支撑的圆棒,假设其弹性模量 $E=1$,截面积 $A=1$,长度为 2,在其长度中间作用外力 $F=2$,当采用多项式插值函数:

$$u = a_1 + a_2 x + a_3 x^2 \tag{6-1}$$

则可以得到位移和应力的力学精确解与有限元法近似解,如图 6.1(b)和图 6.1(c)所示。实际上随着节点和单元的个数增加,近似解就愈逼近精确解。

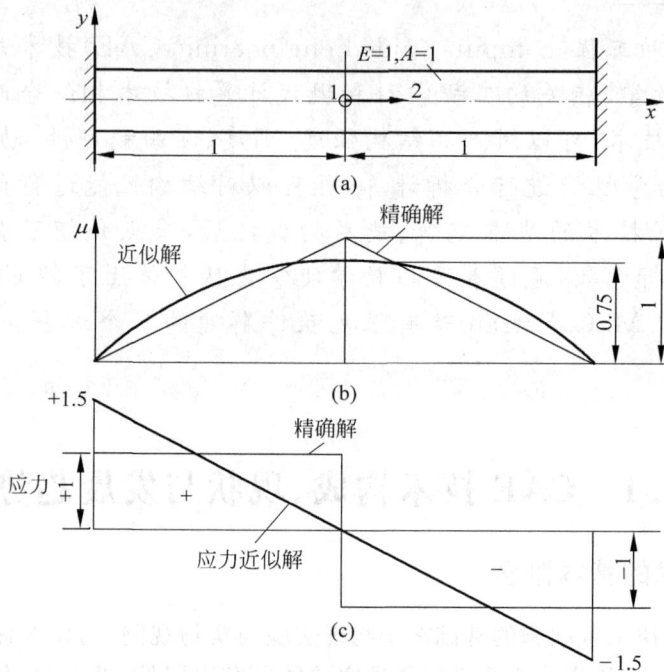

图 6.1   两端固定圆棒的位移和应力分析图

根据目前商业化 CAE 软件的使用经验,CAE 各阶段所用的时间为:40%～45%用于模型的建立和数据输入,50%～55%用于分析结果的判读和评定,而真正的分析计算时间只占 5%左右。

CAE 是一种迅速发展的计算技术,是实现重大工程和工业产品设计分析、模拟仿真与优化的核心技术,是支持工程师与科学家进行理论研究、产品创新设计最重要的工具和手段。经过几十年的发展,CAE 技术已在航空、航天、核工业、兵器、造船、汽车、机械、电子、土木工程、材料等领域获得了成功的应用,正在逐步成为制造企业深化应用的关键技术。

针对不同的应用,也可用 CAE 仿真模拟零件、部件、装置(整机)乃至生产线、工厂的运动或运行状态。

通常,数值模拟方法的应用对象分为 3 个层次:

(1) 宏观层次,指常见的制造设备、零件等;

(2) 介观层次,指材料的微观组织与性能,如金属材料的晶粒度影响其屈服强度;

（3）微观层次，指基本物理现象与机理，如金属材料凝固时的结晶与晶粒生长过程。

其中，宏观与介观层次的数值模拟方法包括：有限差分方法（finite difference method，FDM），微分方程的直接离散方法；有限元方法（finite element method，FEM），用有限尺度的单元的集合来代替连续体；边界单元方法（boundary element method，BEM），一种半解析方法；有限体积方法（finite volume method，FVM），把空间划分成有限尺度的体积单元，连续体通过这些在空间上固定的体积单元，单元的空间位置不变；无网格方法（meshless method），只布置节点，不需要划分单元网格。

有限元方法是关于制造设备和零件设计过程数值模拟的主要方法之一。

2．CAE 技术构成

事实上，已有许多应用于应力分析、干涉检验和运动学分析的软件包，这些软件包都可以归类为 CAE。

从应用角度看，CAE 技术构成应该包括如下方面。

（1）用户友善的交互界面，能够高效方便地实现 CAE 软件与设计师交换信息，这涉及计算机图形学、数据库等表达与显示技术，需要完成目前 CAE 软件前处理部分和后处理部分的功能。其中前处理是指生成分析所需要的几何形状，设置材料及载荷条件、边界条件等，并生成计算文件供求解器使用。后处理是指显示求解器的计算结果，并导出相关的数据。

（2）分析求解器：把前处理生成的计算文件，利用各种语言和算法进行程序化计算，此阶段基本不需要人工参与，由计算机自动运行，计算时间跟计算规模和硬件系统有关。

从市场上流行的 CAE 软件来看，具有以下 3 种类型：

（1）具有前、后处理两方面功能的专用软件，如 Patran，Marc. Mentent，HyperWorks 等；

（2）只具备求解功能的软件，如 Marc，Ls-Dyna，Nastran 等；

（3）前、后处理和求解器连为一体的软件，如 Deform，Cosmos，Abaqus，Ansys 等。

3．CAE 技术现状与发展趋势

CAE 从 20 世纪 60 年代初在工程上开始应用到今天，已经历了 50 多年的发展历史，其理论和算法都经历了从蓬勃发展到日趋成熟的过程，现已成为工程和产品结构分析中（如航空、航天、机械、土木结构等领域）必不可少的数值计算工具，同时也是分析连续力学各类问题的一种重要手段。计算机辅助工程（CAE）使用计算机系统来分析 CAD 几何模型，允许设计者模拟并研究产品的行为，以便进行改进和优化产品设计。

中国 CAE 年会创办于 2005 年，是我国 CAE 领域一年一届、规模最大、层次最高、影响深远的专业技术会议。会议的研讨及展览内容涵盖仿真、分析、高性能计算、数据模拟与仿真、流体计算等多个领域。5 年来，已经成功举办 5 届年会，来自航空、航天、汽车、机械、船舶、兵器、电子、土木工程、教育等行业累计超过 2000 多位专业人士进行深入研讨和交流。

"第六届中国 CAE 工程分析技术年会"于 2010 年 7 月在哈尔滨召开，会议讨论认为：CAE 当前研究热点与未来发展趋势集中在以下方面：

（1）计算流体力学、结构力学、材料力学、仿生力学、爆破力学等新进展；

（2）新材料与新工艺、生物材料、微纳米、复合材料的 CAE 应用技术；

（3）高性能计算（HPC）与 CAE；

（4）智能化 CAD/CAE 集成；

（5）多学科、多尺度 CAE 仿真技术；

（6）可靠性分析与 CAE 工程稳健设计；

（7）非线性有限元进展及应用；

（8）有限元网格自动生成技术。

6.2　有限元分析原理

1. 有限元分析思想

FEA（finite element analysis），即有限元分析，是一种用较简单的问题代替复杂问题后再求解的哲学思想。在这里引用 O. C. Zienkiewicz 的一段话来说明有限元分析的一般原理："The limitations of the human mind are such that it cannot grasp the behaviour of its complex surroundings and creations in one operation. Thus the process of subdividing all systems into their individual components or 'elements', whose behaviour is readily understood，and then rebuilding the original system from such components to study its behaviour is a natural way in which the engineer，the scientist，or even the economist proceeds."FEA 将求解域看成是由许多称为有限元的小的互连子域组成，对每一单元假定一个合适的（较简单的）近似解，然后推导求解这个域总的满足条件（如结构的平衡条件），从而得到问题的解。因为实际问题被较简单的问题所代替，所以这个解不是准确解，而是近似解。由于大多数实际问题难以得到准确解，而有限元分析不仅计算精度高，还能适应各种复杂形状，因而成为行之有效的工程分析手段。

所谓有限元，是指那些集合在一起能够表示实际连续域的离散单元。有限元的概念早在几个世纪前就已产生并得到了应用，例如用多边形（有限个直线段单元）逼近圆来求得圆的周长，但作为一种方法而被提出，则是最近的事。经过短短数十年的努力，随着计算机技术的快速发展和普及，有限元方法迅速从结构工程强度分析计算扩展到几乎所有的科学技术领域，成为一种丰富多彩、应用广泛并且实用高效的数值分析方法。

有限元方法与其他求解边值问题近似方法的根本区别在于它的近似性仅限于相对小的子域中。20 世纪 60 年代初首次提出结构力学计算有限元概念的克拉夫（Clough）教授形象地将其描绘为："有限元法＝Rayleigh Ritz 法＋分片函数"，即有限元法是 Rayleigh Ritz 法的一种局部化情况。不同于求解（往往是困难的）满足整个定义域边界条件的允许函数的 Rayleigh Ritz 法，有限元法将函数定义在简单几何形状（如二维问题中的三角形或任意四边形）的单元域上（分片函数），且不考虑整个定义域的复杂边界条件，这是有限元法优于其他近似方法的原因之一。

2. 有限元分析步骤

对于不同物理性质和数学模型的问题，有限元求解法的基本步骤是相同的，只是具体公式推导和运算不同。通常有限元求解问题的基本步骤如下所述。

（1）问题及求解域定义：根据实际问题近似确定求解域的物理性质和几何区域。

（2）求解域离散化：将求解域近似为具有不同有限大小和形状且彼此相连的有限个单元组成的离散域，习惯上称为有限元网络划分。显然单元越小（网络越细），则离散域的近似程度越好，计算结果也越精确，但同时计算量及计算误差都将增大，因此求解域的离散化是有限元法的核心技术之一。

（3）确定状态变量及控制方法：一个具体的物理问题通常可以用一组包含问题状态变量边界条件的微分方程式表示，为适合有限元求解，通常将微分方程化为等价的泛函形式。

（4）单元推导：对单元构造一个适合的近似解，即推导有限单元的列式，其中包括选择合理的单元坐标系，建立单元试函数，以某种方法给出单元各状态变量的离散关系，从而形成单元矩阵（结构力学中称刚度矩阵）。为保证问题求解的收敛性，单元推导有许多原则要遵循。对工程应用而言，重要的是应注意每一种单元的解题性能与约束。例如，单元形状应以规则为好，畸形时不仅精度低，而且有缺秩的危险，将导致无法求解。

（5）总装求解：将单元矩阵总装形成离散域的总矩阵方程（联合方程组），反映对近似求解域的离散域的要求，即单元函数的连续性要满足一定的连续条件。总装是在相邻单元节点进行，状态变量及其导数（可能的话）连续性建立在节点处。

（6）联立方程组求解和结果解释：有限元法最终导致求解联立方程组。联立方程组的求解可用直接法、迭代法和随机法。求解结果是单元节点处状态变量的近似值。对于计算结果的质量，将通过与设计准则提供的允许值比较来评价并确定是否需要重复计算。

简言之，有限元分析可分成三个阶段：前处理、处理和后处理。前处理是建立有限元模型，完成单元网格划分；后处理则是采集处理分析结果，使用户能简便提取信息，了解计算结果。

6.3　CAE 的应用

6.3.1　CAE 的主要应用领域

从 20 世纪 60 年代中期以来，有限单元法得到了巨大的发展。从最初用于解决结构分析问题、连续介质力学问题，到现在，有限单元法已经成功地应用在以下一些科学和工程领域。

（1）固体力学领域，包括强度、稳定性、振动和瞬态问题的分析。

（2）材料加工领域，包括金属体积成形、板料成形、焊接变形与残余应力、热处理过程组织转变与应力、凝固过程。

（3）多物理场分析领域，包括传热分析、磁场分析、电磁耦合、声场分析。

（4）流体力学领域，包括空气动力学、流固耦合。

（5）生物力学。

有限单元法为工程设计和优化提供了有力的分析工具。有限元方法应用于机械设计中，可以提高产品质量、降低产品成本，是一种具有重要经济意义和巨大潜力的先进设计技术。

6.3.2　CAE 求解的两类问题

在科学研究或解决工程技术问题的时候,通常会根据观测和实验的结果来研究基本元素的性质、规律,建立基本元素的数学模型。把基本元素组合成实际研究对象,建立实际研究对象的数学模型,再求解这个数学模型。在科学研究和工程技术领域内,经常会遇到两类典型的问题。

1. 离散问题

这类问题可以归结为有限个已知基本元素的组合。例如,材料力学中的连续梁、建筑结构框架和桁架结构。如图 6.2 所示平面桁架结构,是由 5 根只承受轴向力的直杆组成,其中每根直杆的受力性质相同,桁架结构的基本元素自然是直杆。再例如图 6.3 所示的鸟巢体育场也是由离散的杆件组合而成。

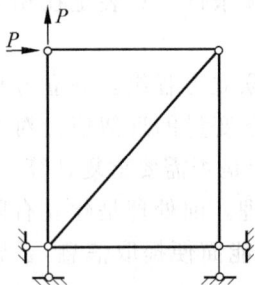

图 6.2　平面桁架系统　　　　　　　图 6.3　鸟巢体育场外观

这类离散问题的特点是:①可以把整个对象分解为有限个相同或相似的基本元素;②用相同的方法分析每个组成元素;③不管规模有多大,离散问题是可解的。特别是随着计算机技术的发展,已经能够求解图 6.3 中这样结构复杂、规模巨大的离散问题。

2. 连续问题

这类问题针对连续介质,通常可以建立这些问题应遵循的基本方程,即微分方程和相应的边界条件。与离散问题不同,在建立基本方程时所研究的对象通常是无限小的单元,所以这类问题称为连续问题,例如注塑过程中的热传导问题、弹性力学问题、电磁场问题等。

6.3.3　CAE 中的有限元方法

有限元方法,即 FEM (finite element method),是 FEA 思想实现工程化的数学基础,是 CAE 中应用最广泛的数值计算方法。有限元方法最早应用于结构力学,后来随着计算机的发展慢慢用于流体力学、土力学的数值模拟。有限元方法的理论基础是变分原理和加权余量法。在有限元方法中,把计算域离散剖分为有限个互不重叠且相互连接的单元,在每个单元内选择基函数,用单元基函数的线性组合(依靠不同的权函数作为系数)来逼近单元中的真解,整个计算域上总体的基函数可以看成由每个单元基函数组成的,则整个计算域内的解可以看做是由所有单元上的近似解构成。

根据所采用的权函数和插值函数的不同,有限元方法也分为多种计算形式:

(1) 从权函数的选择来说,有配置法、矩量法、最小二乘法和伽辽金法;

(2) 从计算单元网格的形状来划分,有三角形网格、四边形网格和多边形网格;

(3) 从插值函数的精度来划分,又分为线性插值函数和高次插值函数等。

FEM 是有效的 CAE 方法之一,其数值模拟的主要工作内容包括:①建立研究对象的数学模型;②选择可靠的数值算法;③分析计算结果。

对于有限元方法,其基本思路和解题步骤可归纳为:

(1) 建立积分方程。根据变分原理或权函数正交化原理,建立与微分方程边值问题等价的积分表达式,这是有限元法的出发点。

(2) 区域单元剖分。根据求解区域的形状及实际问题的物理特点,将区域剖分为若干相互连接、不重叠的单元。区域单元划分是采用有限元方法的前期准备工作,这部分工作量比较大,除了给计算单元和节点进行编号与确定相互之间的关系之外,还要表示节点的位置坐标,同时还需要列出自然边界和本质边界的节点序号与相应的边界值。

(3) 确定单元基函数。根据单元中节点数目及对近似解精度的要求,选择满足一定插值条件的插值函数作为单元基函数。有限元方法中的基函数是在单元中选取的,由于各单元具有规则的几何形状,在选取基函数时可遵循一定的法则。

(4) 单元分析。将各个单元中的求解函数用单元基函数的线性组合表达式进行逼近;再将近似函数代入积分方程,并对单元区域进行积分,可获得含有待定系数(即单元中各节点的参数值)的代数方程组,称为单元有限元方程。

(5) 总体合成。在得出单元有限元方程之后,将区域中所有单元有限元方程按一定法则进行累加,形成总体有限元方程。

(6) 边界条件的处理。一般边界条件有三种形式,分为本质边界条件(狄里克雷边界条件)、自然边界条件(黎曼边界条件)和混合边界条件(柯西边界条件)。对于自然边界条件,一般在积分表达式中可自动得到满足。对于本质边界条件和混合边界条件,需按一定法则对总体有限元方程进行修正满足。

(7) 解有限元方程。根据边界条件修正的总体有限元方程组,是含所有待定未知量的封闭方程组,采用适当的数值计算方法求解,可求得各节点的函数值。

如前面所述,有限元方法需要一个适当简化的抽象模型,而不是产品几何模型本身。这个抽象模型不同于产品几何模型,是通过消除几何模型中一些不必要的细节或通过减少维数而得到的。例如,当一个厚度很薄的三维实体转换为分析模型时,它就变成了一个二维的壳体模型。

在产品设计早期使用 CAE 分析进行改进和优化,可以大大减少整个产品开发过程的时间和费用。

6.3.4　有限元法的解题流程

可以简单理解 FEA 软件就是基于 FEA 思想,借助于 FEM 数学工具和计算机语言而程序化的结果。不论我们使用哪种有限元分析软件,建模与分析主要包括前处理、求解和后处理三个阶段,如图 6.4 所示。在前处理阶段,主要工作是提供分析对象的信息,如有限单元的节点与单元数据、材料参数、约束条件和外载荷等。在求解阶段,主要工作是根据问题的特点选择计算方法。在后处理阶段,主要工作是显示与分析计算结果。

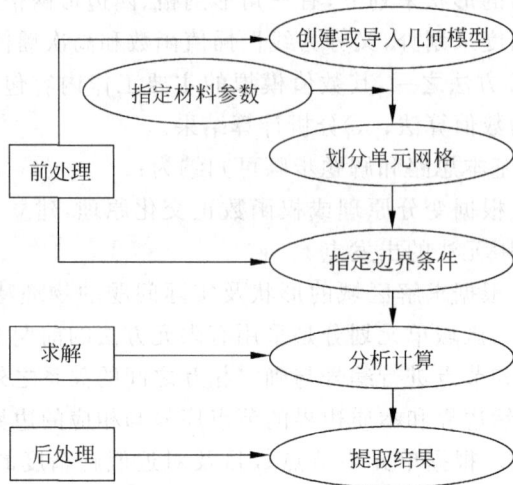

图 6.4　有限元软件的建模与分析过程

作为 CAE 工程师其工作重点在于前、后置处理,而有限元分析的求解过程依靠 CAE 软件自动完成。

6.3.5　有限元分析的前处理

有限元分析应用于结构设计,其前处理的主要工作内容包括:建立几何模型、单元划分与网格控制、简化约束和载荷,最后形成可以求解的等效**有限元求解模型**。

1. 环境参量设置

在多数有限元软件中,不能指定参数的物理单位。用户在建模时,要确定力、长度、质量及派生量的物理单位。在建立有限元模型时,最好使用统一的物理单位,这样做不容易弄错计算结果的物理单位。建议选用 kg,N,m,s;也可以采用 kg,N,mm,s,此时应力单位为 MPa。

2. 建立几何模型

采用成熟的 CAD/CAM 技术及其软件建立 CAE 分析对象的几何模型相对容易和方便。但是,实际的工程问题往往很复杂,需要通过简化模型在计算精度和计算规模之间取得平衡。常用的方法包括利用几何或载荷的对称性简化模型。其结果是对于概念设计得到的几何模型,消除一些不必要的细节(如相对尺度较小的功能要素诸如螺孔、工艺台等)或者通过减少维数来获得。消除信息或减少维数的程度依赖于分析的类型和所期望的精度。因此,自动地进行这一抽象过程是困难的,通常情况是单独建立分析模型,然后通过使用计算机辅助绘图系统或几何建模系统,有时也使用嵌入在分析软件包中的建模功能来交互实现模型的简化工作。例如目前所说的平面应力问题、平面应变问题、轴对称问题、薄板问题等都是对复杂问题简化的思路。

3. 单元划分与网格控制

目前大多数 FEA 分析软件包具有网络自动划分功能,则我们只需要通过简化**几何模型**创建抽象边界形状,然后依靠软件自动生成网格划分。否则,用户就必须通过交互的方式生成网格,或通过使用适当的软件自动生成网格。

在单元划分时,除了划分方法不同,单元形状也是要选择的内容,每一种单元都有其特点和适应范围,单元中节点数的多少直接影响计算精度和效率。在 MSC. Patran 中提供了4 种划分网格的方法:IsoMesh (mapped mesher)、Paver (free mesher)、TetMesh 和 Sweep mesh。为了提高综合解算效益,网格划分有不同的控制模式。例如控制高度和弦长的比值,就可以控制不同曲率表面的单元多少。

生成网格的活动被称为有限元建模,有限元建模也包括确定边界条件和外部载荷以及指定单元的**材料参数**。

6.3.6　有限元分析的后处理

CAE 的结果用可视化方法(等值线、等值面或彩色云图)显示,有时也需要用 CAD 技术生成形象的图形输出,如生成位移图、应力、温度、压力分布的等值线图,表示应力、温度、压力分布的彩色明暗图,以及随机械载荷和温度载荷变化生成位移、应力、温度、压力等分布的动态显示图。我们称这一过程为 CAE 的后处理,后处理的目的在于确定计算模型是否合理、计算结果是否合理,提取计算结果,确定计算结果的最大最小值,分析特殊部位的应力、应变或温度。

CAE 的后处理结果最终应达到指导产品设计和改进设计的目的。

6.3.7　有限元分析软件

目前市场流行的有限元分析软件众多,适应场合及优缺点各有千秋。本节仅介绍后面例子使用的软件平台 MSC. Patran 与 MSC. Nastran。

1. MSC. Patran 与 MSC. Nastran 简介

MSC. Patran 最早由美国宇航局(NASA)倡导开发,是工业领域最著名的并行框架有限元前后处理及分析系统。作为一个优秀的前后置处理器,具有高度的集成能力和良好的适用性,包括:模型处理智能化;自动有限元建模和分析的集成;用户可自主开发新的功能和分析结果的可视化处理。

MSC. Nastran 具有很高的软件可靠性,品质优秀,得到有限元业界的肯定。MSC. Nastran 具有开放式的结构。全模块化的组织结构使其不但拥有很强的分析功能还保证了很好的灵活性,使用者可根据自己的工程问题和系统需求通过模块选择,组合获取最佳的应用系统。此外,MSC. Nastran 还为用户提供了强大的开发工具 DMAP 语言。MSC. Nastran 能有效地求解大模型,其稀疏矩阵算法速度快而且占用存储空间少,可以进行线性静力、正则模态分析、模态及直接频率响应分析的分布式并行计算,极大地提高分析速度。

总之,MSC. Nastran 是一个非常有效的有限元分析软件,它为 MSC. Patran 提供了有力的支持。

2. 整个分析过程的文件转换流程图(见图 6.5)

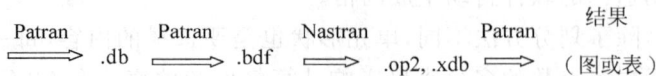

图 6.5　文件转换流程

3. 分析过程的文件说明

在 Patran 和 Nastran 运行时,会生成许多文件,用以帮助用户记录操作过程、计算结果等,其扩展名包括:. db,. bdf,. op2,. xdb,. f04,. f06,patran. ses. ∗∗和. jou 等。

(1). db 文件:MSC. Patran 的数据库文件,用于保存各种几何信息和有限元模型的信息,它是 MSC. Patran 中最基本的文件。

(2). op2,. xdb 文件:MSC. Nastran 计算结果输出文件,由 MSC. Patran 来读取并进行后置处理。. op2 或. xdb 文件的内容以图形、动画等形式将结果显示出来。

(3). bdf 文件:由 MSC. Patran 生成的,供 MSC. Nastran 读取的文件,其中保存着在 MSC. Patran 中所建立的有限元模型的所有信息,MSC. Nastran 就是根据. bdf 文件进行运算的。这种文件可以用 Windows 写字板或者记事本打开和编辑。

(4). f04 文件:系统信息统计文件,可以用文本编辑器打开,其中记录了本次分析中的系统信息,比如占用系统内存、硬盘、CPU 时间情况,以及创建了哪些文件,每项工作的时间等情况。

(5). f06 文件:分析运算过程记录文件,其中记录了许多非常有用的信息,包括:有限元单元的各种信息,如单元类型、节点坐标、载荷情况、约束情况;计算结果信息,如最大应力、最大位移;警告、出错信息等。用户可以查阅有关的电子文档,从而找出出现错误的原因,加以改正。

(6) Patran. ses. ∗∗文件:对话文件,其记录了本次从 Patran 打开到退出期间所有的对话过程。∗∗表示两位数字,由系统自动赋予。

(7). jou 文件:日志文件,记录了用户在数据库中的所有操作。

6.3.8　CAE 的应用实例

本小节选用 MSC. Patran 2005 平台,完成下面实际例子的有限元分析。

1. 悬臂梁的工程要求

建立自由端受静力载荷的箱形悬臂梁模型。载荷施加在箱形梁的自由端的一个角上,分析受载后的变形情况。采用单位 kg,N,mm,s,已知各参数如下所述。

截面尺寸:宽度 10,高度 14,壁厚 1;

长度尺寸:50;

材料弹性模量:$E=68e6MPa$;

柏松比:0.32;

载荷:45

2. 设置工作路径,启动程序界面,生成新数据库文件 cantilever_beam. db

在正确安装软件 MSC. Patran 2005 和 MSC. Nastran 求解器之后,启动许可证 msc_flexlm,并设置工作路径,如 e:\msctemp,如图 6.6 所示,则可以将未来中间文件和结果文件都存储在给定目录下,便于检查和调用。

双击 MSC. Flds 2005 图标,启动软件平台。执行命令:File>New,如图 6.7 所示,然后继续下面步骤:

(1) 在文件菜单或者快捷按钮中选择创建新工程数据库;

(2) 输入我们自己定义的工程文件名(悬臂板),cantilever_beam,默认的文件类型.db;

(3) 选择建模、分析过程的公差大小,取系统默认值;

(4) 确认求解器选项为 Nastrtan,结构,分析类型为 Structural,之后单击"OK",继续下一步。

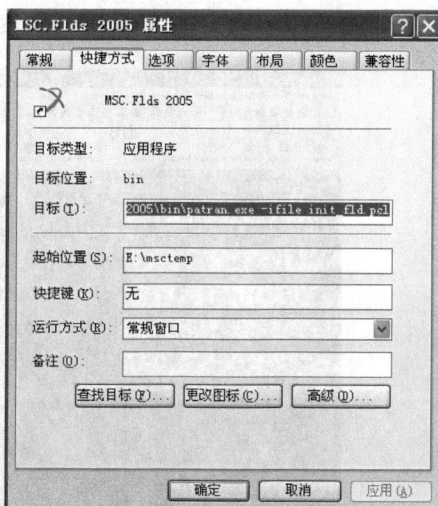

图 6.6　工作路径设置

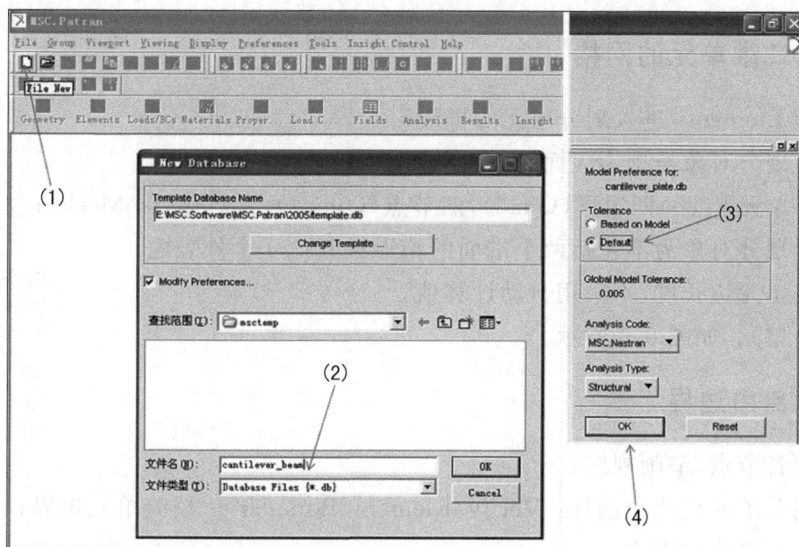

图 6.7　创建新文件

3. 创建梁的几何模型

箱形梁建模可以有多种方法：一维建模，然后赋予截面形状和尺寸；或者建立具有给定厚度的壳形零件；本例采用后者建模。执行步骤：

（1）进入几何创建模块 Geometry；

（2）建立箱形梁外表面包容的长方形实体；

（3）指定箱形梁长、宽和高；

（4）绘制箱形梁外形，其外表面将作为划分二维面单元的载体；

（5）选择显示 Iso 3 view，便于观察；

（6）调整显示区大小，fit view，观察整个实体，如图 6.8 所示。

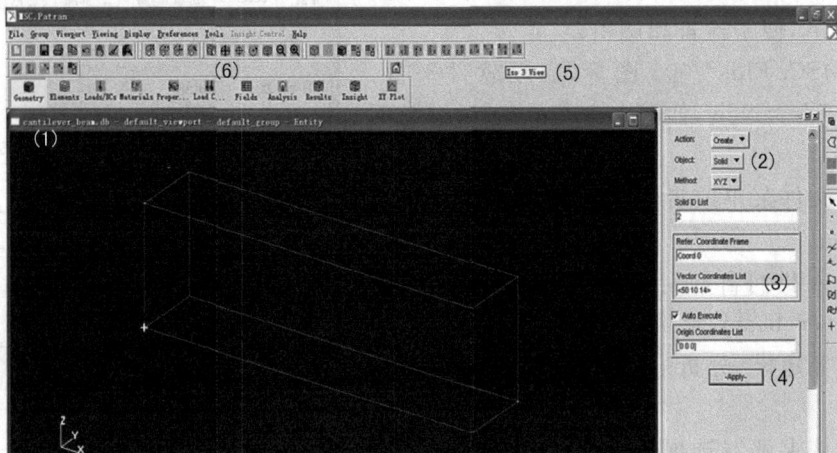

图 6.8　创建几何模型

4. 创建二维单元的网格

（1）选择 Elements 进入划分单元的模块；

（2）选择划分对象类型为表面，准备创建网格；

（3）选择单元类型：四边形（Quad），四节点（Quad4），参数化（IsoMesh）；

（4）选择划分对象为不包括两个端面的箱形梁其他 4 个外表面；

（5）设定单元边长度，不采用自动计算值；

（6）划分单元，如图 6.9 所示。

5. 显示自由边界

（1）隐藏各节点，清晰视图；

（2）在划分单元模块中选择：Verify/Element/Boundaries 校验单元边界；

（3）显示类型为自由边；

（4）校验并显示，如图 6.10 所示。

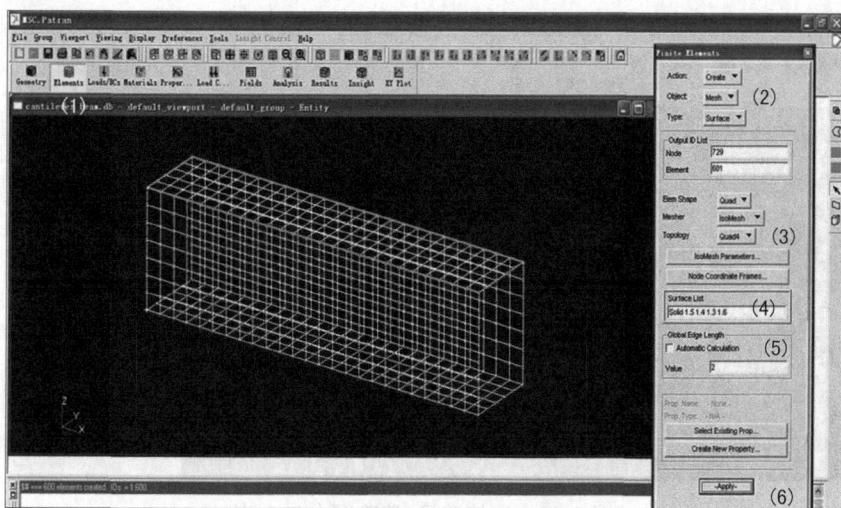

图 6.9　划分单元

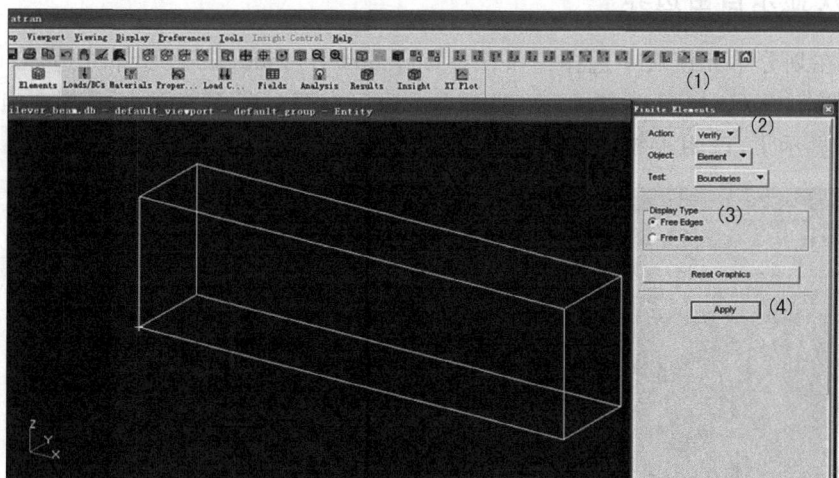

图 6.10　检验自由边

6. 将各单元连接在一起

对于在各个表面独立划分的网格，其相邻节点必须连续，即按照设置的公差要求，对相邻节点归一化，保证面片连续性。

（1）仍然在划分单元模块中；

（2）选择等效合并 Equivalence；

（3）不排除任何节点的所有对象进行操作；

（4）公差选择默认设置；

（5）校验，显示如图 6.11 所示，其中的红色标记节点均为操作合并后的节点。

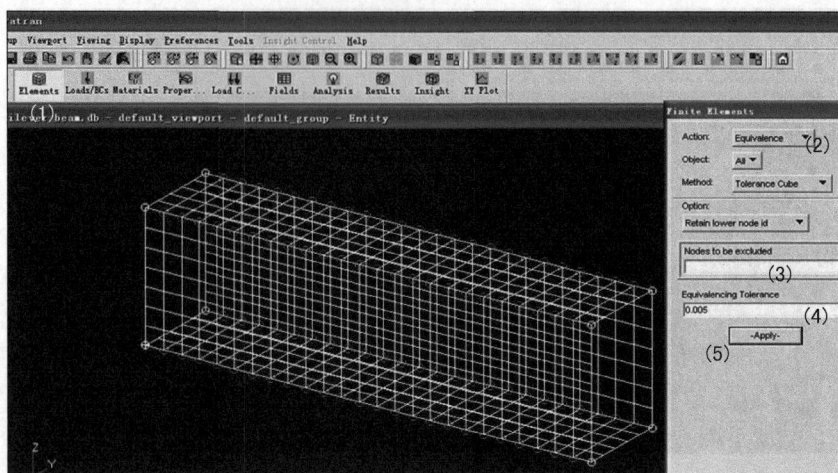

图 6.11　连接单元,消除冗余自由边

7. 再次显示自由边界

（1）仍在划分单元模块中选择：Verify/Element/Boundaries 校验单元边界；

（2）校验并显示，如图 6.12 所示，此时自由边只有两个断面的周边，而其他 4 个面上的共有边不再显示了,说明相邻单元已经连接了。

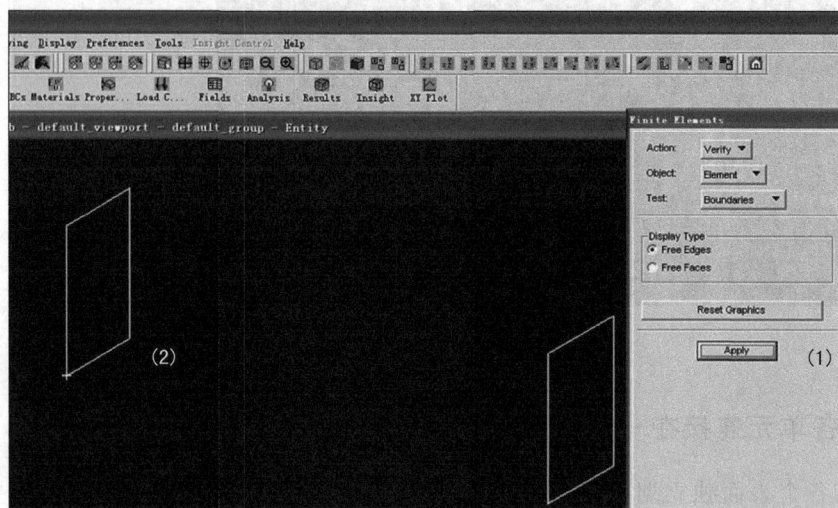

图 6.12　显示自由边

8. 施加载荷,确定载荷大小

（1）选择 Loads/BCs 进入加载和约束模块,如图 6.13 所示；

（2）选择加载类型为集中力；

（3）命名载荷为：z_force；

（4）进入载荷数据定义窗口；

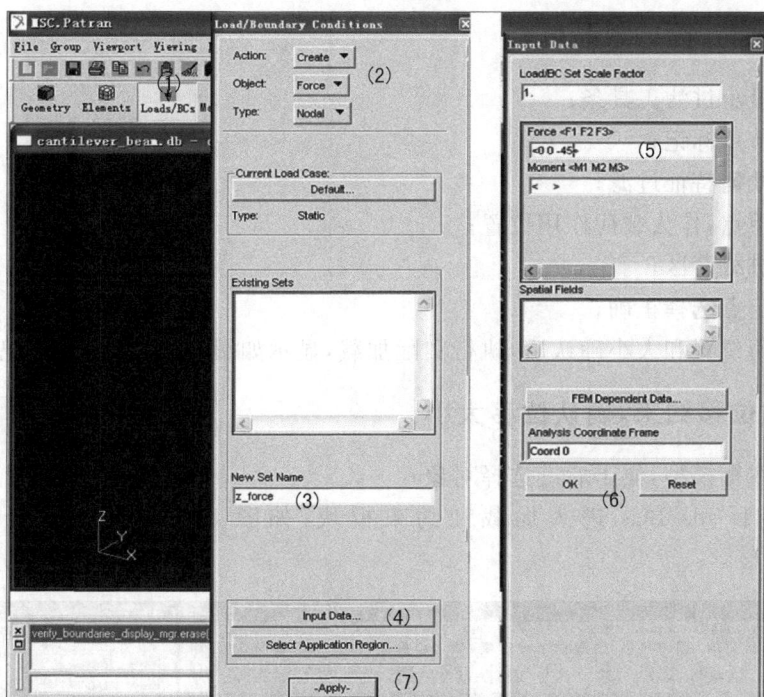

图 6.13　确定载荷大小

（5）输入载荷，z 轴负方向的集中载荷 45N，其他两个方向无载荷分量；

（6）确认；

（7）进入载荷位置确定窗口，如图 6.14 所示。

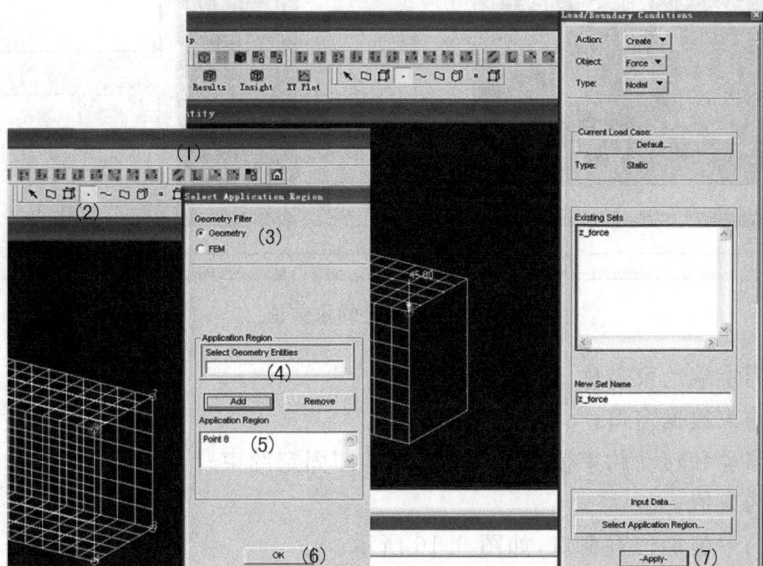

图 6.14　确定载荷位置

9. 施加载荷,确定载荷位置

(1) 开启显示过滤工具条;
(2) 显示节点标记;
(3) 选择几何特征过滤;
(4) 选择顶点,作为载荷作用位置;
(5) 添加进载荷区;
(6) 确认定点选择正确;
(7) 对载荷位置和大小确认后,执行实际加载,显示如图6.14中箭头标记。

10. 创建位移约束,确认位移大小

(1) 显示线框模型,便于后续选择对象;
(2) 选择 Loads/BCs 进入加载和约束模块,如图6.15所示,选择约束类型为 Displacement;

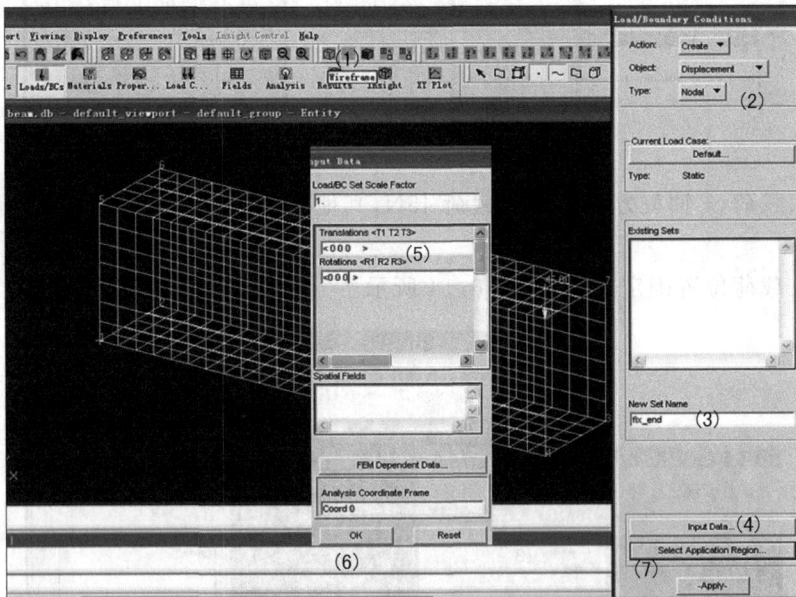

图 6.15　确定约束数值

(3) 定义固定端约束名称 fix_end;
(4) 进入约束数据窗口;
(5) 指定移动和转动约束值均为<0 0 0>,即固定约束;
(6) 确认约束值;
(7) 进入约束施加位置窗口,如图6.16所示。

11. 创建位移约束,确认约束位置

(1) 选择几何特征;

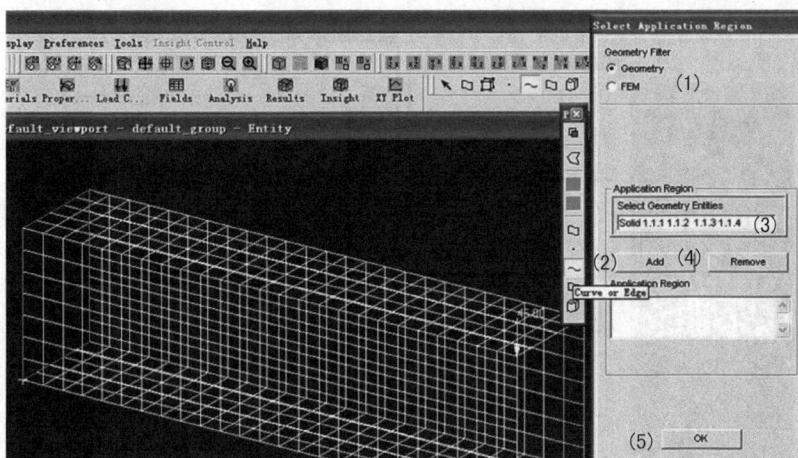

图 6.16　确认约束位置

（2）选择线、边过滤器；

（3）选择左端面上的 4 条边；

（4）将所选对象添加进作用区域，也可以每次添加一条边，重复操作 4 次。

（5）确认将要施加约束的位置；

（6）显示施加约束和载荷的效果，如 6.17 所示。

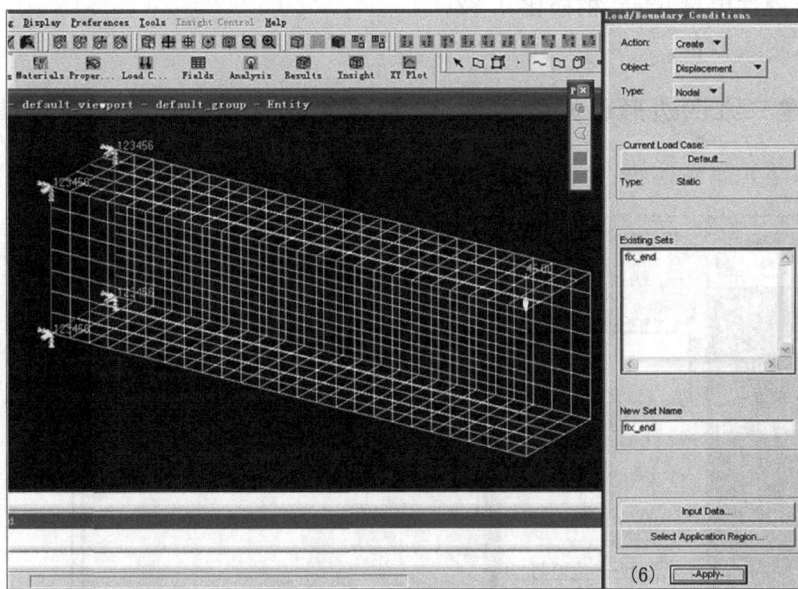

图 6.17　显示载荷与约束

12. 创建材料特性

（1）进入材料库创建模块，如图 6.18 所示；

（2）选择材料类型为各向同性，手工输入形式；

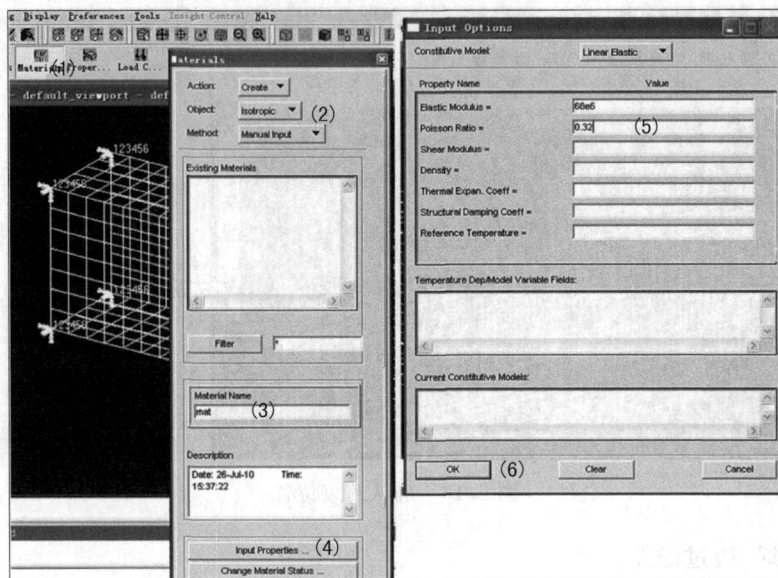

图 6.18　创建材料库

（3）定义材料名称为 mat；
（4）进入材料性能参数窗口；
（5）输入弹性模量 68e6，柏松比 0.32；
（6）确认输入数值。

13. 创建二维四边形单元的属性，确定单元应该具有的材料属性值

（1）进入单元属性模块，Properties，如图 6.19 所示，选择二维，Shell 型单元；

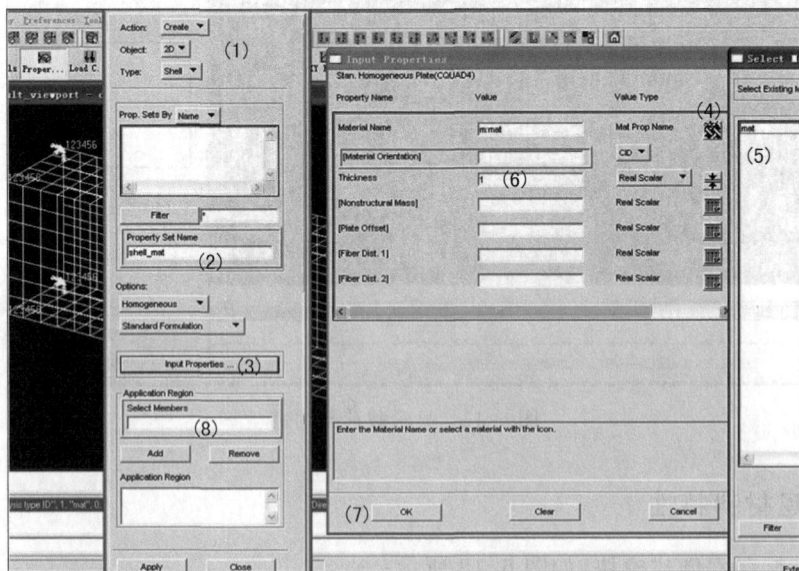

图 6.19　创建单元属性参数

（2）定义单元属性的名称为 shell_mat；
（3）进入单元属性值定义窗口；
（4）激活材料库；
（5）选择已定义材料库中的材料 mat；
（6）设定二维单元的材料厚度；
（7）确认厚度和所选材料；
（8）选择哪些单元应该具有上面定义的单元属性值，即进入范围选择窗口。

14．创建二维四边形单元的属性，确定哪些单元应该具有这种属性值

（1）选择面过滤器；
（2）选择单元范围，如图 6.20 所示；
（3）在给定范围单元施加应该具有的材料属性。

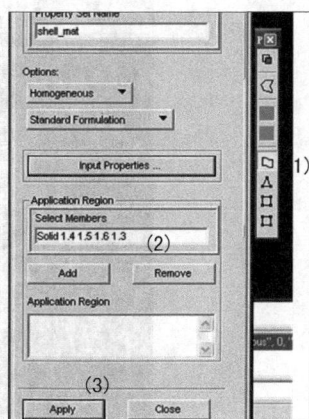

图 6.20　创建单元属性有效范围

15．在给定载荷工况中检查载荷和位移约束

（1）进入工况检查模块 Load Cases，如图 6.21 所示；

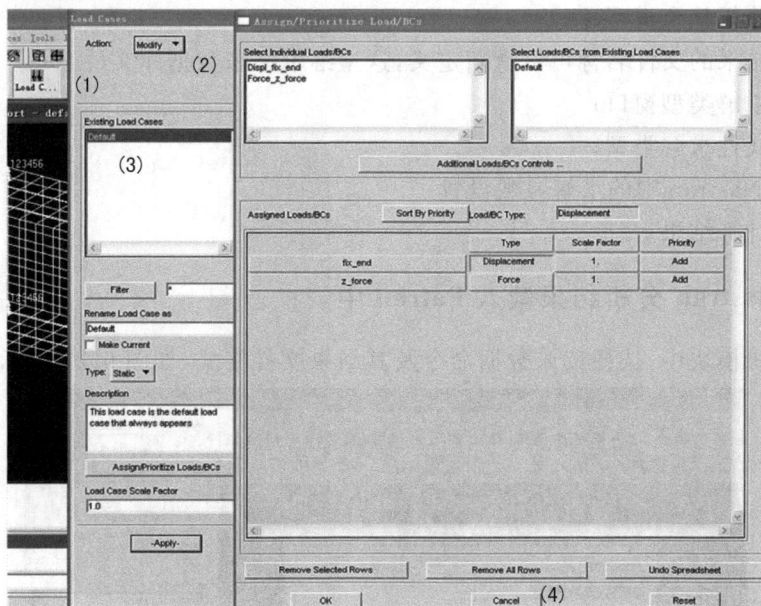

图 6.21　检查载荷和约束

（2）选择 Modify 检查修改选项；
（3）单击默认工况 Default；
（4）检查所有载荷和约束，退出该窗口。

16．将模型提交到 Nastran 中进行分析

（1）进入分析模块 Analysis，如图 6.22 所示；

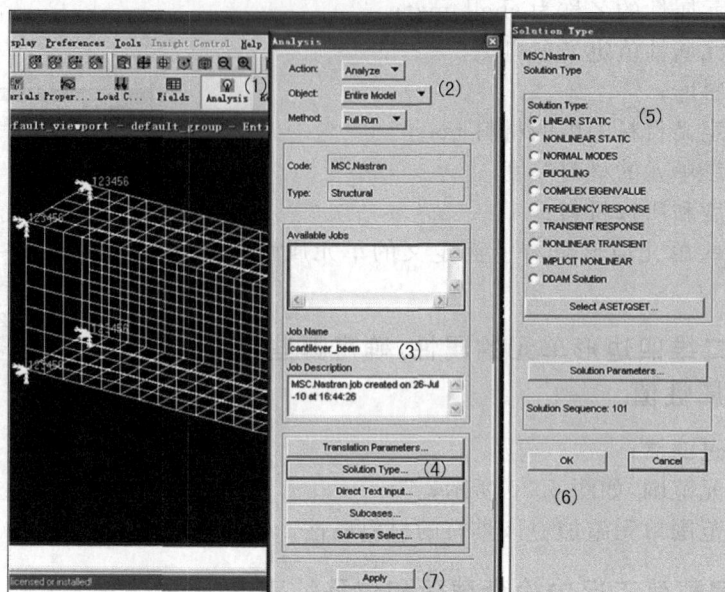

图 6.22   Nastran 分析

（2）选择分析整个模型；

（3）分析结果的文件名称可以重新定义，这里继承原来数据库文件名；

（4）进入求解类型窗口；

（5）选择线性求解类型；

（6）确认 Nastran 中的求解参数设置；

（7）分析计算结果。

17. 将 Nastran 分析结果读入 Patran 中

（1）在分析模块中，选择读入数据命令及其结果文件格式，如图 6.23 所示；

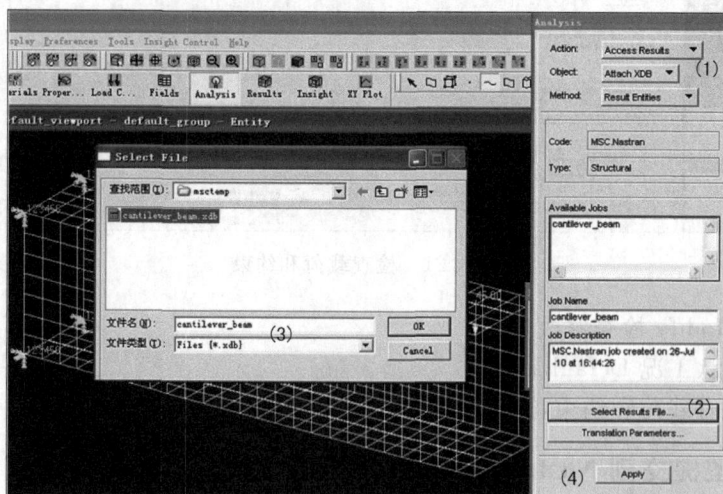

图 6.23   读入分析结果

（2）进入结果文件目录；

（3）选择结果文件；

（4）执行读入操作。

18. 观察分析结果

（1）进入结果观察模块 Results，如图 6.24 所示；

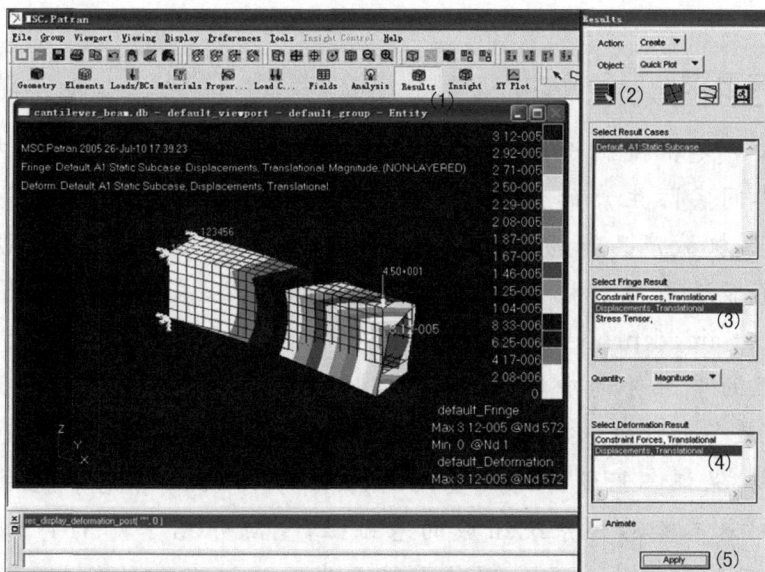

图 6.24　显示分析结果

（2）选择 QuickPlot，和当前分析工况；

（3）选择变形云图作为观察对象；

（4）选择变形量作为变形结果的观察对象；

（5）产生结果的可视化图形。

综上，我们完成了该箱形悬臂梁的有限元分析，求出了其变形量，并可视化表示如上，同时其他的物理量，例如应力分布也求出来了。从上面的结果和分布趋势看，所求结果和工程实际预期相一致。

习题

1. CAE 当前研究热点与未来发展趋势集中在哪些方面？

2. 有限元分析的核心思想是什么？

3. 有限元法的解题流程包括哪些？其主要工作内容是什么？

4. MSC. Patran 界面有哪些主要模块，其作用是什么？

5. MSC. Patran 中求解工程复杂结构问题的步骤和注意事项有哪些？

6. MSC. Patran 中求解工程问题过程有哪些伴随文件，其主要作用是什么？

第 7 章

计算机辅助工艺设计技术

教学提示与要求

工艺设计是机械制造生产过程的技术准备工作的一个重要内容,是产品设计与车间实际生产的纽带,是经验性很强且随环境变化而多变的决策过程。当前,机械产品市场是多品种小批量生产起主导作用,传统的工艺设计方法远不能适应当前机械制造行业发展的要求,采用计算机辅助工艺设计(computer aided process planning,CAPP)可以使工艺设计人员从大量繁重的重复性的手工劳动中解放出来,使他们能将主要精力投入到新产品的开发、工艺装备的改进及新工艺的研究等具有创造性的工作中,大大缩短工艺设计周期,保证工艺设计的质量,提高产品在市场上的竞争能力。本章在介绍 CAPP 基本概念和系统组成的基础上,重点介绍了 CAPP 工艺决策与工序设计、工艺数据库以及 CAPP 系统开发。通过本章的教学,使学生全面掌握 CAPP 基本概念,掌握各种 CAPP 系统原理及工艺设计过程,了解 CAPP 数据库技术,初步掌握 CAPP 系统开发过程。

7.1 计算机辅助工艺设计技术概况

7.1.1 工艺设计的任务与内容

工艺设计是机械制造生产过程的技术准备的一个重要内容,是产品设计与制造之间的实际生产纽带,是经验性很强且随环境变化而多变的决策过程。工艺设计的任务是为被加工零件选择合理的加工方法、加工顺序、工夹量具,以及切削条件的计算等,使之能按设计要求生产出合格的成品零件。其主要内容有:

(1) 根据产品装配图和零件图纸,为产品的每个零件选择加工方法和相应的机床、刀具、夹具及其他工装设备;

(2) 拟定加工工艺路线,合理安排加工顺序;

(3) 选择毛坯,根据毛坯和加工要求,确定加工余量;

(4) 选择定位基准,计算工序尺寸和公差;

（5）选用合理的切削用量；

（6）计算加工工时和切削用量；

（7）编制包含上述所有资料的工艺文件。

其中，核心内容是选择加工方法和安排合理的加工顺序。

常用的机械工艺文件有两种：加工工艺过程卡和加工工序卡。

1. 加工工艺过程卡

这种卡片以工序为单位，简要地列出整个零件加工所经过的工艺路线，主要包括产品信息、零件信息、材料信息、毛坯信息及零件加工工艺路线（工序名称、工序内容、车间、设备、工装及工时）等信息。它是制订其他工艺文件的基础，也是生产准备、编排作业计划和组织生产的依据。在这种卡片中，由于各工序的说明不够具体，故一般不直接指导工人操作，而多作为生产管理方面使用。但在单件小批生产中，由于通常不编制其他较详细的工艺文件，就以这种卡片指导生产。常用的机械加工工艺过程卡如图 7.1 所示。

机械加工工艺过程卡片						产品型号		零(部)件图号						
						产品名称	摇臂钻床	零(部)件名称		壳体盖		共 (1) 页	第 (1) 页	
材料牌号	HT150	毛坯种类	铸造	毛坯外型尺寸		530×516×30		每毛坯可制件数	1	每台件数	1	备注		
工序号	工序名称	工序内容				车间	工段	设备		工艺装备			工时	
												准终	单件
10		铸造,清理,涂防锈漆						C516-A		车夹具				
20	车	车上,下平面至要求,保证尺寸 30						T611		专用镗夹具				
30	镗	镗 φ 62, φ 124, φ 130H9, φ 47H 至要求						Z35		专用钻夹具				
40	钻攻	钻 42φ 9,M16×1.5-7H,4～M10-7H						Z35						
		$G^{1/2}$ 预制孔,攻 M16×1.5-7H,42M10-7H,$G^{1/2}$												
		各螺纹,锪 φ 14 台阶												
50	钻攻	钻,攻 4～M6-7H 螺纹孔,钻 2–φ 8												
60	钳	倒角 2×45° 全部周边的成检												
70		油漆,抹圆角γ ;刷漆,检												
		入库												

图 7.1 机械加工工艺过程卡

2. 加工工序卡

加工工序卡片是对机械加工工艺过程卡片的每一道工序制订的详细工序要求。它更详细地说明整个零件各个工序的要求，是用来具体指导工人操作的工艺文件。在这种卡片上要画工序简图，说明该工序每一工步的内容、主轴转速、切削速度、进给量、切削深度、进给速度以及所用的设备及工艺装备。加工工序卡较多用于大批量生产的零件。常见的机械加工工序卡片如图 7.2 所示。

由于工艺设计工作不仅涉及企业的生产类型、产品结构、工装设备、生产技术水平等，甚至还要受到工艺人员实际经验和生产管理体制的制约，其中的任何一个因素发生变化，都可能导致工艺设计方案的变化，因此说工艺设计是企业生产活动中最活跃的因素之一，工艺设计对其使用环境的依赖性必然导致工艺设计的动态性和经验性。

机械加工工序卡	产品名称	摇臂钻床	零（部）件名称	壳体量	共（5）页	第（1）页
	车间	工序号	工序名称		材料牌号	
		20	车		H7150	
	毛坯种类	毛坯外型尺寸	每毛坯可制件数		每台件数	
	铸件	530×516×30	1			
	设备名称	设备型号	设备编号		同时加工件数	
	立式车床	C516A			1	
	夹具编号		夹具名称		切削液	
	工位器具编号		工位器具名称		工序工时	
					准终	单件

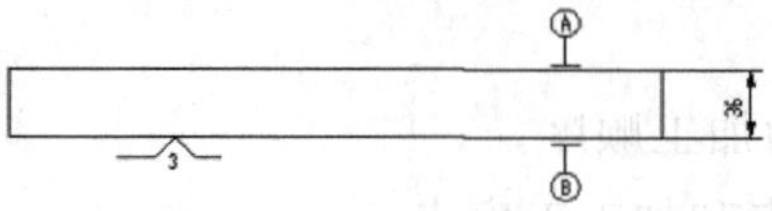

工步号	工步内容	工艺装备	主轴转数 r/min	切削速度 m/min	进给量 mm/r	切削厚度 mm	进给次数	工步工时 机动	辅助
1	粗车端面A,保持尺寸33.6		25	40	1.8	2.4	1	675S	
2	半精车端面A,保持尺寸33.15		40	64	1.6	0.45	1	476S	
3	精车端面A,保持尺寸33		45	72	1.2	0.15	1	561S	
4	精车端面B,保持尺寸30.6		25	40	1.8	2.4	1	675S	
5	精车端面B,保持尺寸30.15		40	64	1.6	0.45	1	476S	
6	精车端面B,保持尺寸30		45	72	1.2	0.15	1	567S	

图 7.2　机械加工工序卡

传统的工艺设计方法存在许多不足之处,表现在以下几点:

（1）传统的工艺设计是人工编制的,劳动强度大,效率低。

（2）重复性劳动,工艺缺少创新。

（3）设计周期长,不能适应市场瞬息多变的需求。

（4）工艺设计是经验性很强的工作,它是随产品技术要求、生产环境、资源条件、工人技术水平、企业及社会的技术经济要求而多变。甚至完全相同的零件,在不同的企业,其工艺也可能不一样,即使在同一企业,也因工艺设计人员的不同而异。

（5）工艺设计质量依赖于工艺设计人员的水平。

（6）工艺设计最优化、标准化较差,工艺设计经验的继承性也较困难。

随着机械制造生产技术的发展及多品种小批量生产的要求,特别是 CAD/CAM 系统向集成化、智能化方向发展,传统的工艺设计方法已不适应当前的生产形式,必须寻找新的工艺设计方法,以提高设计效率。计算机辅助工艺设计（CAPP）也就应运而生,CAPP 是实现工艺设计自动化,把 CAD 和 CAM 的信息联系起来,实现 CAD/CAM 一体化,建立计算机集成制造系统（computer integrated manufacturing system,CIMS）的关键性中间环节。

7.1.2　CAPP 概念及发展概况

CAPP 也常被译为计算机辅助工艺规划,是指利用计算机辅助设计零部件的制造工艺过程,把毛坯加工成工程图纸上所要求的零件。它是通过向计算机输入被加工零件的几何信息（形状、尺寸等）和工艺信息（材料、热处理、批量等）,由计算机输出零件的工艺路线和工序内容等工艺文件的过程。从狭义上讲,它主要指制定工艺路线;从广义上讲既包括工艺路线也包括工序设计（机床、刀夹量具、切削参数的选择,工时定额的计算等）。计算机辅助工艺设计属于工程分析与设计范畴,是重要的生产准备工作之一。

CAPP 上与 CAD 相接,下与 CAM 相连,是连接设计与制造之间的桥梁,设计信息只有通过工艺设计才能生成制造信息,设计只有通过工艺设计才能与制造实现功能和信息的集成。

计算机辅助工艺设计的重要意义在于:

(1) 可以将工艺设计人员从大量繁重的重复性的手工劳动中解放出来,使他们能将主要精力投入到新产品的开发、工艺装备的改进及新工艺的研究等具有创造性的工作中;

(2) 可以大大缩短工艺设计周期,保证工艺设计的质量,提高产品在市场上的竞争能力;

(3) 可以提高企业工艺设计的标准化,并有利于工艺设计的最优化工作;

(4) 能够适应当前日趋自动化的现代制造环节的需要,并为实现计算机集成制造系统创造必要的技术基础。

CAPP 的开发、研制是从 20 世纪 60 年代末开始的,Niebel 于 1965 年首次提出 CAPP 思想,在制造自动化领域,CAPP 的发展是最迟的部分。世界上最早研究 CAPP 的国家是挪威,始于 1969 年,并于 1969 年正式推出世界上第一个 CAPP 系统 AUTOPROS;1973 年正式推出商品化的 AUTOPROS 系统。美国于 1976 年由 CAM-I 公司推出颇具影响力的 CAM-I'S Automated Process Planning 系统,成为 CAPP 发展史的里程碑,取其字首的第一个字母,称为 CAPP 系统。随继出现的系统有美国 OIR 的 MIPLAN(1980),美国 Lock Heed 的 GENPLAN(1980)、美国 Metcut 的 AUTOPLAN(1980)。目前国外流行的 CAPP 系统主要有:美国 HMS 软件公司研制的"HMS-CAPP"、美国 CIMx 推出的 CS/CAPP、美国 IAMS 开发的"MetCAPP"以及莫斯科工业大学的"Texhonpo"等。

从 20 世纪 60 年代末到目前四十多年期间,CAPP 领域的研究得到了极大的发展,期间经历了检索式、派生式、创成式、混合式、专家系统、工具系统等不同的发展阶段,并涌现了一大批 CAPP 原型系统和商品化的 CAPP 系统。派生式系统已从单纯的检索式发展成今天具有不同程度的修改、编辑和自动筛选功能的系统。创成式系统的研究和开发始于 20 世纪 70 年代中期,1977 年 Wysk 在他的博士论文中首次提出了一个创成式 CAPP 系统——APPAS。理想的创成式 CAPP 系统,通过决策逻辑效仿人的思维,在无须人工干预的情况下自动生成工艺。但由于工艺是随生产条件而定的,是一个错综复杂的离散的随机事件,真正意义上的创成式 CAPP 系统非常难以实现。因此,一些学者提出了半创成式 CAPP 系统,即综合派生式和创成式。在大多数情况下,使用派生式,若没有相应的典型工艺时,使用创成式生成工艺。半创成式 CAPP 系统被认为是最有前途的发展方向之一。随着 20 世纪 80 年代人工智能、专家系统等技术应用于 CAPP,研制成功了 CAPP 专家系统。近几年来,有学者提出了 CAPP 系统建造工具的思路,并进行了卓有成效的实践,将人工神经元网络、模糊推理、基于实例的推理以及基于知识的推理等技术用于 CAPP 之中。还有学者将传统派生式、创成式与人工智能结合在一起,综合它们的优点,构造了混合式 CAPP 系统,如美国发表的 CORE-CAPP 系统就属于此类。

随着我国大力推广电子信息技术在传统产业技术改造中的应用,大力推进机械设计"甩掉图板"及相应计算机辅助技术的应用,企业对 CAPP 的应用需求日益迫切。1996 年 4 月,国家 863 重点推广应用工程——西飞公司 XAC-CIMS 工程子项目 XAC-CAPP 系统开发,提出了"以交互式设计为基础,以工艺知识库为核心,在波音 737-700 垂尾工艺设计和管理上全部实现计算机化、信息化,并实现通过数据库系统同 MIS、MAS、FMS 等对产品工艺信息共享集成"的 CAPP 开发与应用模式。在此基础上,1997 年 6 月,结合国家"九五"攻关项目子专题"基于微机环境的实用化 CAPP 应用系统"的开发,提出"以工艺知识库/产品工艺数据库为核心,以交互式设计为基础,以工艺知识库管理和工艺卡片格式编辑器为应用支持工具,面向产品全面实现工艺设计与管理计算机化、信息化"的全新 CAPP 应用框架与应用开发模式,标志着 CAPP 产品化工作的开始。随后国内出现了 CAPP 的研究热潮,也出现了一批 CAPP 系统,如华工科技产业股份有限公司的"开目 CAPP"、天喻信息产业责任有限公司的"InteCAPP 系统"、西北工业大学的"CAPPFramework"、北京清华京渝天河软件公司的"THCAPP"及上海 SIPM 公司的"SIPM-CAPP"等。

近年来,以自动化为唯一目标的 CAPP 发展状况已经使人们对 CAPP 研究与开发现状产生怀疑,认为自动化不是 CAPP 唯一的目标,而是将工艺人员从许多工艺设计工作中解脱出来的一种工具。CAPP 中的"A"强调的是"辅助(aid)"而不是"自动化(automatic)"。实现 CAPP 系统的以人为本的操作、高效的工艺编制手段、工艺信息自动统计汇总、与 CAD/ERP/PDM 系统的信息集成、具有良好的开放性与集成性是工具化 CAPP 系统研究和推广应用的主要目标。该思想使得 CAPP 从实验室真正走向了市场和企业,借助于 CAPP 系统,上千家的企业实现了工艺设计效率的提升,促进了工艺标准化建设,实现了与企业其他应用系统 CAD/PDM/ERP 等的集成,有力地促进了企业信息化建设。

7.1.3   CAPP 系统组成

从 CAPP 的定义来看,CAPP 的功能是完成工艺过程设计并输出工艺规程,从本质上来说就是模拟人的编制工艺方式,代替人完成工艺编制的工作。一般的 CAPP 系统主要包括 6 大部分,如图 7.3 所示。

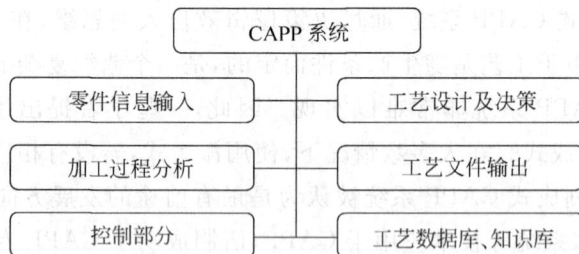

图 7.3   CAPP 系统构成

1. 零件信息输入

零件信息是系统进行工艺设计的对象和依据,计算机目前还不能像人一样识别零件图纸上的所有信息,所以在计算机内部必须有一专门的数据结构来对零件信息进行描述,如何输入和描述零件信息是 CAPP 系统关键的问题之一,输入零件信息是进行计算机辅助工艺过程设计的第一步。

2. 工艺设计及决策

工艺设计及决策是 6 大部分中最重要和最困难的内容,主要包括定位夹紧方案、加工方法、加工顺序、加工设备、工艺装备等的选择,以及切削用量、加工余量、工序尺寸及其公差、工时等参数的计算。

3. 加工过程分析

加工过程分析是对所产生的加工过程进行模拟,检查工艺的正确性,检测工装的合理性、刀具路径的安全性等。

4. 工艺文件输出

工艺文件的输出主要是指加工工艺过程卡和加工工序卡等卡片的生成,可用多种表格形式输出。这些信息储存在工艺数据库中,各部门可根据需要调用。

5. 控制部分

控制模块的主要任务是协调各模块的运行,使人机交互的窗口,实现人机之间的信息交流,控制零件信息的获取方式。

6. 工艺数据库、知识库

这是 CAPP 系统的支撑工具,它包含了工艺设计所需要的所有工艺数据,如加工方法、余量、切削用量、机床、刀具、夹具以及材料、工时、成本核算等多方面的信息。

7.2　CAPP 系统中的工艺决策与工序设计

7.2.1　工艺决策内容

一般情况下,工艺设计主要是对产品图和零件图进行工艺分析,考虑主要表面的质量要求、重要的技术要求、位置尺寸的精度要求等,在此基础上制定零件的加工工艺路线和进行工序设计。

在进行工艺路线制定时,首先要选择加工方法,其次要考虑加工阶段划分、基准的选择、加工先后顺序原则、热处理工序的安排、其他辅助工序的安排等。在进行工序设计时,主要考虑机床、夹具、切削工具、量具的选择,加工余量的确定,工序尺寸的确定,切削用量(切削速度、进给量、切削深度)的确定,工时定额的确定。

1. 加工方法及加工顺序的确定

加工方法及加工顺序的确定是工艺设计的重要内容。根据特征识别结果来确认零件切削表面的信息,将确认的零件信息与企业的资源进行匹配,选择典型的加工方法,考虑因素有表面的形状和尺寸、表面的精度与粗糙度、工件材料与热处理、工件重量、产量与生产类型、生产条件等。加工顺序安排得合理与否,将直接影响到零件的加工质量、生产率和加工成本。机械加工顺序的安排应遵循下列原则。

(1) 先基准面后其他表面:先把基准面加工出来,再以基准面定位来加工其他表面,以保证加工质量。

(2) 先粗加工后精加工:即粗加工在前,精加工在后,粗精分开。

(3) 先主要表面后次要表面:主要表面是指装配表面、工作表面,次要表面是指键槽、连接用的光孔等。

(4) 先加工平面后加工孔:平面轮廓尺寸较大,平面定位安装稳定,通常均以平面定位来加工孔。

2. 基准选择

基准是零件在加工时所用的基准,称为定位基准,定位基准对加工顺序有直接影响。根据该基准是否加工过,定位基准又分粗基准和精基准。前者是指没有加工过的毛坯面被用作定位基准;后者是指已经加工过的表面被用作定位基准。

1) 粗基准选择原则

(1) 对于具有不加工表面的工件,为保证不加工表面与加工表面之间的相对位置要求,一般应选择不加工表面为粗基准;

(2) 对于具有较多加工表面的工件,粗基准的选择,应根据各加工表面的加工余量合理分配;

(3) 作为粗基准的表面,应尽量平整,没有浇口、冒口或飞边等表面缺陷;

(4) 由于毛坯表面比较粗糙且精度较低,一般情况下同一尺寸方向上的粗基准面只能使用一次;否则,因重复使用所产生的定位误差,会引起相应加工表面间出现较大的位置误差。

2) 精基准选择原则

(1) "基准重合"原则。为了比较容易获得加工表面对其设计基准的相对位置精度,应选择加工表面的设计基准为定位基准。

(2) 定位基准的选择应便于工件的安装与加工,并使夹具的结构简单。

(3) "基准统一"原则。当工件以某一精基准定位,可以比较方便地加工其他各表面时,应尽可能在多数工序中采用此定位基准。

(4) 对某些加工余量小而均匀的精加工工序,可选择加工表面本身作为定位基准。

3. 加工机床的选择

一般工艺数据库中都会预先建立机床数据库和工装数据库,将数据库提供的机床规格及平均经济加工精度信息与所选择的加工方法信息进行比较,作出机床选择决策。通常应考虑以下几个因素:

(1) 所选机床应能够加工出零件的表面形状、尺寸和精度要求;

(2) 机床的规格与工件的外形尺寸相适应;

（3）设备负荷的平衡状况。

4．工艺装备的选择

工艺装备（刀具、夹具、量具）的选择与机床的选择有些类似，即同样需要考虑零件工艺信息、零件所选择的加工方法信息等。根据零件信息和选择的加工方法与预先建立在工装数据库中的信息相比较，作出工艺装备选择的决策。

5．加工余量的确定

加工余量是指某一表面在一道工序中所切除的金属层厚度，它取决于同一表面相邻工序前后工序尺寸之差。加工余量的确定方法通常有三种：

（1）经验估算法。根据工艺人员的经验确定加工余量的方法，为了防止加工余量不够而产生废品，所估加工余量一般偏大，常用于单件小批量生产。

（2）查表修正法。以工厂生产实践和试验研究积累的有关加工余量的资料数据为基础，并结合实际加工情况进行修订来确定加工余量的方法，应用比较广泛。

（3）分析计算法。根据一定的经验资料和公式，对影响加工余量的各项因素进行分析和综合计算来确定加工余量的方法。这种方法确定的加工余量最为合理，但需要积累比较全面的资料，目前应用尚少。

6．工序尺寸及其公差的确定

工序间尺寸的计算一般采用由后向前的方法，先按零件图的要求，确定最终工序的尺寸及公差，再按选定的加工余量推算出以前工序的尺寸，公差按本工序加工方法的精度给出，当工序设计中存在工艺基准和设计基准不重合情况时，就需要进行工序尺寸换算。

7．切削用量的选择

切削用量包括切削速度、进给量和切削深度。这些参数值的选择对于加工时间、切削表面的质量、加工精度、机床应提供的切削力和切削效率以及加工费用等会产生直接的影响。

在进行具体切削参数选择时，一般选择过程是：先按切削表面质量的要求任选切削深度和进给量，再按照切削力的限度计算进给量的值，考虑到生产效率，可尽量取大值；然后再根据刀具寿命计算出切削速度、切削功率及加工时间等。若算得的值使切削表面质量不能满足要求，则需要再次修正进给量。如此反复，直至所有切削条件均能满足零件的加工精度、表面粗糙度和刀具寿命为止。

8．工时定额的确定

工时定额是衡量劳动生产率以及计算加工费用的重要依据，是企业合理组织生产，进行经济核算，提供产品报价，提高劳动生产率的基础。目前，利用计算机制订工时定额一般有两种方法：查表法和数学模型法。

（1）查表法要求事先将各种典型的、具体的生产组织技术条件下的工时定额数据输入数据库中，CAPP 系统以工艺设计为依据，按照预先设计的逻辑访问数据库，并进行必要的统计计算,以确定各工步或工序的工时。这种方法需要存储大量的数据,数据的录入与维护工作非常庞大。此外,工时定额计算的原始数据一般都是非线性的,如果要用现有的数据库管理这些数据就必须将这些数据表格线性化,即将复杂的非线性表分解成简单的二维表,这也是一个工作量非常大的工作,而且还会带来数据冗余。

(2) 公式计算法不依赖大量的原始数据,而是用经验公式来直接计算工时定额,所以要建立工时定额标准的数学模型。

7.2.2   工艺决策技术

1. 决策方式

加工方法的影响因素很多,例如:工件材料、表面形状、尺寸、加工精度、表面粗糙度、生产批量、生产费用、机床设备等。在决策过程中一般根据零件特征表面要求,从有关各种加工方法所能达到的经济精度、表面质量以及加工能力等资料中选择。常用的工艺决策分为三类:计算决策、逻辑决策和智能决策。在工艺过程设计中,以数值计算为主的问题多用计算决策求解,如工艺尺寸链的计算、切削参数的计算、材料消耗定额的计算等。智能决策依靠人工智能的应用,如 CAPP 专家系统就是采用智能决策的方式。而各种型面加工方法的选择、工序工步排序、机床选择等问题,都可以用逻辑决策的方式获得。常用的逻辑决策有判定表和判定树两种形式。

2. 判定表与判定树

判定表是由四部分组成,双横线的上部两个区域是条件,其中左上区是条件说明,右上区是满足这些条件的各种可能的组合,表中用 T 表示满足所在行的条件。双横线的下部是结果,其中左下区是各种可能的行动;右下区是条件组合下采取的行动,用 √ 表示。由此可见判定表右部的每一列就是一条决策规则;判定表的条件之间是“与”的关系,行动之间也是“与”的关系;判定表可通过分解(分成若干子表)、合并(几个表合为一表)以及连接等方法,描述多层次联系的复杂决策逻辑。

判定树是由树状结构来描述,由节点和分支组成,节点中没有前趋节点的称为根节点,没有后继节点的称为终节点,其他节点都有一个前趋节点和一个以上的后继节点。从根节点到终节点的任一条分支都表达了一条决策规则。当用于决策时,它的每个分支都传送一个数值或者表达式。每个分支都表示一个“IF”语句,而一连串的分支则表示一个逻辑“AND”或“OR”。在每一分支的终端列出了应采取的动作。工艺人员利用判定树可以直观地编制工艺设计规程,由判定树改写的流程框图可以直接编写计算程序。

以表面加工为例,对于外圆,若尺寸精度 IT10～IT11,可以采用车削的加工方法获得;若尺寸精度 IT8～IT9,则可用精车的方法获得;若尺寸精度 IT6～IT7,则可用磨削的加工方法获得。对于内孔,若尺寸精度 IT10～IT11,可以采用钻孔的加工方法获得;若尺寸精度 IT8～IT9,则可用镗孔的方法获得;若尺寸精度 IT6～IT7,则可用磨孔的方法获得;对于齿面,可用滚齿的方法获得。对于花键和沟槽,可用铣削的方法获得。对于螺纹,可用车削的方法获得。相对应的判定表如图 7.4 所示,判定树如图 7.5 所示。

外圆	T	T	T						
内孔				T	T	T			
齿面							T		
花键								T	
沟槽									T
螺纹									
尺寸精度 IT10～IT11	T			T					
尺寸精度 IT8～IT9		T			T				
尺寸精度 IT6～IT7			T			T			
车削	√								
精车		√							
磨削			√						
钻孔				√					
镗孔					√				
磨孔						√			
滚齿							√		
铣削								√	√

图 7.4　判定表

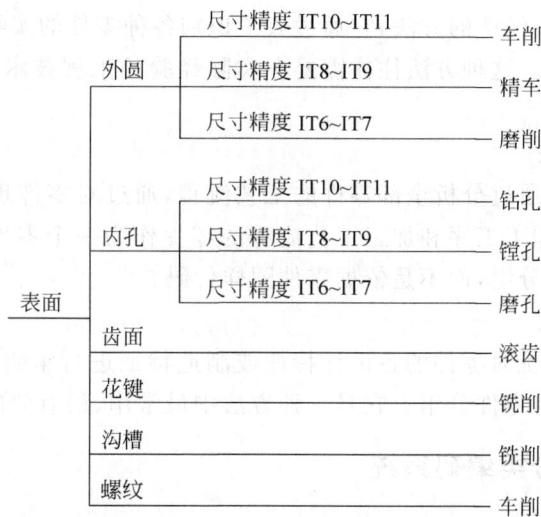

图 7.5　判定树

7.2.3　派生式 CAPP 系统

派生式(variant) CAPP,也称为变异式或样件式 CAPP,是建立在成组技术的基础上,利用零件的相似性来检索现有的工艺规程的一种方法。派生式 CAPP 理论上比较成熟,在回转类零件中应用普遍,其继承和应用了企业较成熟的传统工艺,应用范围比较广泛,有较强的适用性。

1. 成组技术基本原理

成组技术(group technology)是对工件和生产的相似性进行标识、归类和应用的一门生产技术科学和管理科学。利用客观存在的有关事物的相似性,按一定的相似性标准,将有关事物归类成组。零件的相似性是实现成组工艺的基本条件,包括设计性质(如几何形状和尺寸等)方面的相似性和制造性质(如加工工艺)方面的相似性。它不强求零件结构类型和功能的同一性,而只要几种零件若有多个工序具有相似性,则可合并为成组工艺。成组技术已发展到可以利用计算机自动进行零件分类、分组,不仅应用到产品设计标准化、通用化、系列化及工艺规程的编制过程,而且在生产作业计划和生产组织等方面也有较多的应用。

在机械加工中,成组工艺是把零件的几何信息(形状、尺寸、精度、表面粗糙度等)和工艺信息(材料、热处理、批量等)相近似的零件组成一个个零件族(组),按零件族进行加工制造,从而减少了品种,扩大了批量,便于采用高效的生产方法,从而提高了劳动生产率和经济效益。

2. 零件分类成组的方法

零件分类成组主要有 3 种方法。

1) 视检法

这是一种最简单、最经济的方法,它通过人工识别各种零件的实物或图样、照片等,将它们划分成相似的零件组。这种方法往往需要有实际经验的工程技术人员进行,而且分类粗糙、不准确。

2) 生产流程分析法

生产流程分析法是通过分析全部零件的工艺流程,通过对零件现有加工工艺流程的分析,把具有相似或相同加工工序和加工工艺流程的零件作为一个零件组。主要根据零件的加工方法和所用设备来分组,而不是依据零件图样代码。

3) 特征编码分类法

它通过分类编码系统对零件的各设计特征或制造特征进行编码,然后利用所得编码确定零件的相似性,从而将零件分组。它是三种方法中最常用、最有效的一种方法。

3. OPITZ 零件分类编码系统

零件分类编码系统是实施成组技术的重要手段,也是成组技术的重要组成部分。世界上零件分类编码系统很多,但目前为止仍然没有一个通用化的系统能够适合任何企业任何产品。因为码位数有限,难以包含所有零件的所有要素,最现实的方法是结合本国情本企业产品的特点,参考其他编码系统来建立本行业专用的分类编码系统。在所有的零件分类编码系统,最著名的是德国的 OPITZ 分类编码系统。

OPITZ 分类编码系统是一个十进制的 9 位代码的混合结构分类编码系统,它是由联邦德国亚琛工业大学 H. Opitz 教授领导的机床和生产工程实验室开发的,广泛应用于机械制造、设计及生产管理中。

最早的 OPITZ 分类编码系统只有 5 位形状码,为了完善自己的系统,Opitz 教授在原来 5 位形状码之后,又增补了 4 位所谓的辅助码。

图 7.6 即为 OPITZ 分类编码系统,其中第 I 位码为零件类别码,分为回转体和非回转体两类;第 II～V 位为形状加工码,是对第 I 位码分类的细分:对于正规的回转体,按内外部形状、平面加工、孔等等确定;对于有变化的回转体或非回转体按总体形状、回转加工、平面加工、孔等等内容区分;第 VI～IX 位为辅助码,主要用来描述零件的规格、材质、毛坯、精度等信息。相对应,每一位还可取 0～9 的值,不同的值代表不同的含义。OPITZ 系统虽然形式上偏重零件结构特征、形状要素,但是实际上隐含着工艺信息。对于形状结构简单、相似性强的零件很适合,对于复杂的零件由于表达属性的不足,可能并不适用,但是可以根据这个标准进行完善而发展成新的编码系统,如 KK-3 系统和我国的 JLBM-1 系统等。

I 零件名称类别码	II	III	IV	V 形状及加工码	VI	VII	VIII	IX 辅助码
0 L/D < 0.5	0～9 外部形状及要素	0～9 内部形状及要素	平面加工	0～9 辅助加工	主要尺寸	材料及热处理	毛坯原始形状	精度
1 0.5 < L/D < 3 (回转体类零件)								
2 L/D > 3								
3 L/D < 2 带变异	0～9 外部形状及要素	回转加工	平面加工	0～9 辅助加工				
4 L/D > 2 带变异								
5 特殊件								
6 板状零件	0～9 总体形状							
7 杆状零件 (非回转体类零件)	0～9 总体形状	主要孔	平面加工	辅助加工				
8 块状零件	0～9 总体形状							
9 特殊件								

图 7.6　OPITZ 分类编码系统

对图 7.7 左边的法兰盘进行编码分类。由于该零件属于回转体,且 $L/D=80/240=1/3<0.5$,所以第 I 位为 0;其外部形状为单向台阶,无形状要素,所以第 II 位为 1;其内部形状属于光滑或单向台阶带功能槽,所以第 III 位为 3;平面加工为外平面,所以第 IV 位为 1;有分布要求的轴向孔,所以第 V 位为 2;$D=240$ mm,$160<D<250$,所以第 VI 位为 4;材料为 45 钢,所以第 VII 位为 2;毛坯原始形状为锻件,所以第 VIII 位为 7;内外圆与平面均有精度要

求,所以第Ⅸ位为 9。所以该法兰盘的 OPITZ 编码为 013124279。

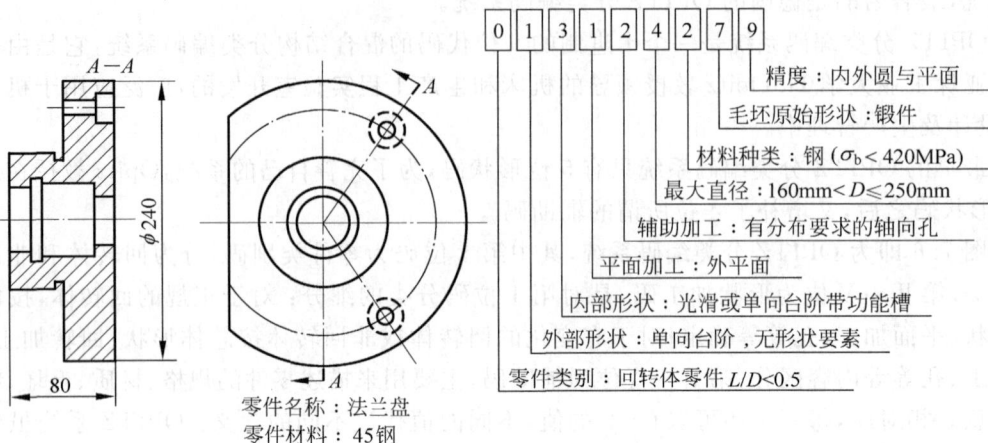

图 7.7　法兰盘 OPITZ 分类编码

我国常用的是 JLBM-1 零件分类编码系统,JLBM-1 零件分类编码系统是我国原机械工业部在综合国外编码系统的基础上,结合 OPITZ 系统和 KK-3 系统的优点并根据我国机床行业的具体情况,于 1984 年制定的零件分类编码系统,是一个十进制 15 位代码的链式和树式混合结构的编码系统。适用于产品设计、工艺设计、加工制造和生产管理等方面。

图 7.8 是 JLBM-1 分类编码系统的基本结构,其结构与 OPITZ 系统基本相同,有 15 个码位,每个码位用 0～9 十个数字表示不同的特征项号。在 15 个码位中,第Ⅰ、Ⅱ个码位是名称类别码,主要用来区分回转体类与非回转体类的零件类别;第Ⅲ～Ⅷ个码位是形状与加工码,是针对第Ⅰ、Ⅱ码位中所确定的零件类别的形状细节作进一步的描述并细分,对回转体类零件则按外部形状→内部形状→平面、曲面加工→辅助孔、齿形和成形加工的顺序细分,对非回转体零件则按外部形状加工→主孔及内部加工→辅助孔、成形加工的顺序细分;

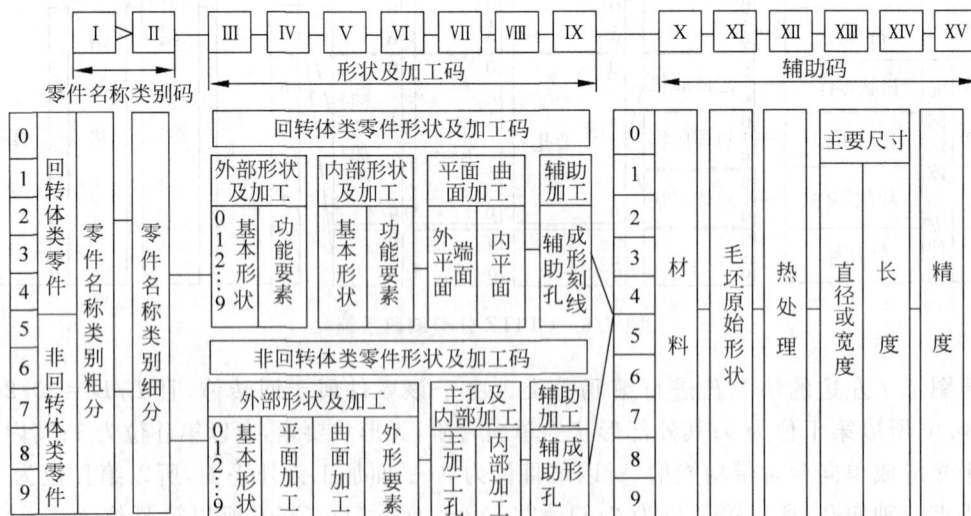

图 7.8　JLBM-1 零件分类编码系统

第Ⅹ～ⅩⅤ个码位是辅助码,第Ⅹ位码表示零件的材料信息,第Ⅺ位码表示毛坯原始形状,第Ⅻ位表明零件热处理信息,第ⅩⅢ、ⅩⅣ位码用来划分零件的主要尺寸,对回转体零件是指最大直径和长度,对非回转体零件是指最大宽度和长度,第ⅩⅤ位码是说明零件加工精度的分类标志。

4. 派生式 CAPP 的工作原理

根据成组技术中的相似性原理,如果零件的结构形状相似,则它们的工艺规程也有相似性。根据 OPITZ 分类编码系统或其他分类编码系统,利用零件的相似性原理,将零件分成相对应的各组,生成各零件组的特征矩阵文件。制定每组零件的标准工艺流程,即成组工艺,并将各组的成组工艺及其刀、夹、量具及机床、材料、切削参数等数据以数据库的形式保存在计算机中,生成标准工艺标准文件。

当设计新零件的工艺流程时,先对该零件编码分类,确定该零件所在组。然后由数据库调出零件所在组的成组工艺及相关数据,并输入该零件的原始信息,对调出来的标准工艺进行一定的编辑加工,从而生成该零件的加工工艺文件。

其工作原理图如图 7.9 所示。

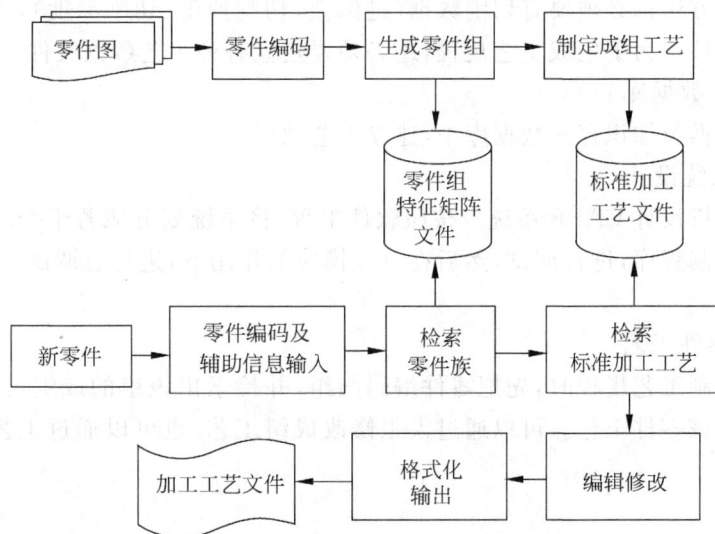

图 7.9　派生式 CAPP 工作原理

5. 派生式 CAPP 的工作过程

1) 选定分类编码系统

根据企业产品特点与生产情况,选定适合本企业的零件分类编码系统。

2) 零件编码及分组

对已有的零件进行编码,一个相似零件的集合就是一个零件组,一个零件组包含了若干个相似零件,包括手工编码和计算机辅助编码两种方法。手工编码是编码人员根据分类系统的编码法则,对照零件图用人工方式逐一编出各码位的代码。计算机辅助编码以人机对话方式进行,把零件的信息输入给计算机,计算机软件进行逻辑判断并自动编出零件的代码,并在终端显示器上显示或打印输出。

3) 主样件设计

主样件是每个零件组的一个假想的复合零件,它包含了该组零件的所有特征,因而在结构上它是该零件组中最复杂的零件,有一定的尺寸范围,可以是实际存在的,也可以是假想的。以该复合零件作为样板零件,设计适用于全组的通用工艺规程。

4) 标准工艺规程制定及表达

对主样件进行工艺分析,制定出各零件组的成组工艺规程,该标准工艺规程应能满足该零件组所有零件的加工要求。该标准工艺规程集中了专家和工艺人员的集体智慧与经验,是通过生产实践总结制定出来的,能反映工厂实际工艺水平。标准工艺规程尽可能是合理可行的。

5) 建立工步代码文件

标准工艺规程是由各种加工工序组成的,一个工序又可以分为多个工步,所以工步是标准工艺规程中最基本的组成要素。如车外圆、钻孔、铣平面、磨外圆、滚齿、拉花键等。

6) 建立切削数据文件

CAPP 所要处理的数据,其种类和数量都非常大,而且其中许多数据是和其他系统共享的。所有的加工方法都必须要有切削数据(进给量、切削速度、切削深度),为此必须建立大量的切削数据文件。为了生成工艺规程,还必须要建立各种工艺数据文件。

7) 建立工艺数据库

将各工艺数据及知识存入数据库中,建立工艺数据库。

8) CAPP 系统设计

根据需求分析设计 CAPP 系统。按照软件工程,将系统划分成若干个功能模块。可先对各模块单独编制程序,进行调试,然后在总控模块的作用下,进行总调试,从而完成系统的整体设计。

9) 编制新零件工艺

为一零件编制工艺规程时,先把零件编码归组,并检索出该组的成组工艺,然后再编辑成组工艺以获得该零件工艺。可以通过人工修改成组工艺,也可以通过工艺逻辑决策编辑成组工艺。

7.2.4　创成式 CAPP 系统

创成式 CAPP,也叫生成式 CAPP。它与派生式不同,不以对典型工艺的检索和修改为基础,而是由计算机软件系统根据输入的或者是直接从 CAD 系统获得的零件信息,依靠加工能力知识库和工艺数据库中的加工工艺信息与各种工艺决策逻辑,自动设计出零件的工艺规程。

根据具体零件,系统能自动产生零件加工所需的各个工序和加工顺序,自动提取制造知识,自动完成机床选择、工夹量具选择和加工过程最优化;通过应用工艺决策逻辑,可以模拟工艺设计人员的决策过程。

创成式 CAPP 的特点:

(1) 零件没有按成组技术哲理分类及建立复合工艺,完全按系统的决策逻辑生成零件的工艺规程。

（2）决策逻辑嵌套在系统的程序中。

（3）系统在读取零件的制造特征信息后能自动决策生成零件的工艺规程，不用人工干预编辑。

创成式 CAPP 的工作原理图如图 7.10 所示。

创成式 CAPP 要解决的问题有：

（1）零件信息描述。零件的信息必须要用计算机能识别的形式完整准确地描述，目前零件信息描述有 5 种常用方法，分别是柔性编码法、型面描述法、体元素描述法、特征描述法和从 CAD 系统的数据库中直接获得零件信息。

（2）需要大量的工艺设计知识与工艺规程决策逻辑，并以计算机能识别的方式储存。

（3）工艺规程的设计逻辑和零件信息的描述必须收集在统一的工艺数据库中。

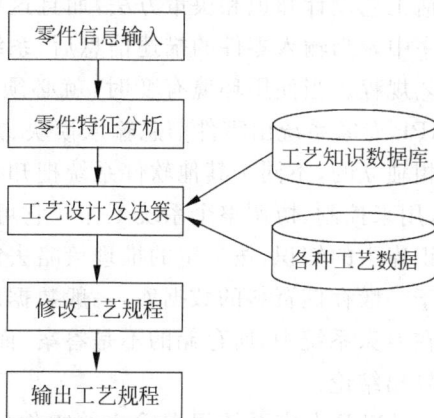

图 7.10　创成式 CAPP 的工作原理

但是，就目前的技术水平而言，要实现完全创成式 CAPP 非常困难，表现在：

（1）零件图样上的各种信息要完全准确地描述还有困难，特别是对复杂零件的三维模型的建立也还没有完全解决。

（2）工艺知识是一种经验型知识，要实现完全创成式，系统必须要包容机械生产中所有的离散的信息，而且工艺是随生产条件而定的，是一个错综复杂的离散的随机事件，要从零开始制定每一个决策过程，其难度和工作量非常大。

（3）如何建立完善的工艺决策模型，使计算机能够识别、处理，还有待进一步解决。

（4）工艺过程的优化理论还不完善，没有严格的理论和数学模型。

因此，许多学者认为完全创成式 CAPP 是 CAPP 追求的理想目标，不必花大量时间和精力去追求不用人工干预的完全生成式 CAPP，并指出凡是具有决策逻辑的 CAPP 系统都应归属于生成式 CAPP 系统。

7.2.5　CAPP 专家系统

1. CAPP 专家系统的工作原理及特点

CAPP 专家系统是以计算机为工具，模仿工艺人员完成工艺设计，使工艺设计的效率大大提高。但工艺设计知识和工艺决策方法没有固定的模式，不能用统一的数学模型来进行描述，设计水平的高低很大程度上取决于工艺人员的实践经验，因此，很难用传统的计算机程序来描述清楚。CAPP 专家系统面对用户的接口具有较大的透明性，从而使系统具有较大的适应性和灵活性；能处理多义性和不确定的知识，可以在一定程度上模拟人脑进行工艺设计，使工艺设计中的很多模糊问题得以解决。CAPP 专家系统比较接近人类思维，比较容易从人类专家那里获取专业领域的知识；模块是独立的，容易被用户检查、修改和扩充，易使系统从一种环境到另一种环境;容易添加一些解释功能。

　　CAPP 专家系统与一般的 CAPP 系统的工作原理不同,结构上也有很大差别。一般的 CAPP 系统在结构上主要包括零件信息输入和工艺规程生成两大部分,其中工艺规程生成包括工艺设计知识和决策方法,而且这些知识都使用计算机能识别的程序语言编制在系统程序中。当输入零件的描述信息后,系统经过一系列的判断,然后调用相应的子程序,生成工艺规程。当使用环境有变时,就必须修改系统程序,所以这类系统的适应性比较差。而 CAPP 专家系统由零件信息输入模块、知识库、推理机三部分组成。其中知识库和推理机是互相独立的,不同于其他软件系统把知识和推理都嵌套在程序中。推理机实质就是一组程序,用来控制、协调整个系统工作。它可根据当前输入的数据(如零件的制造特征等),利用知识库中的知识,按一定的推理策略去解决需要解决的问题。知识库就是数据库,但它又不同于一般存储资料的数据库,一般数据库系统只是简单地存储答案,以便让用户直接搜索;而在专家系统中,所存储的不是答案,而是进行推理的逻辑与知识规则,必须要经过推理才能导出结论。

　　CAPP 专家系统根据输入的零件信息频繁地去访问知识库,并通过推理机中的控制策略,从知识库中搜索能够处理零件当前状态的规则,然后执行这条规则,并把每次执行规则得到的结论部分按照先后顺序记录下来,直到零件加工达到终结状态,这个记录就是零件加工所要求的工艺规程。其工作原理如图 7.11 所示。

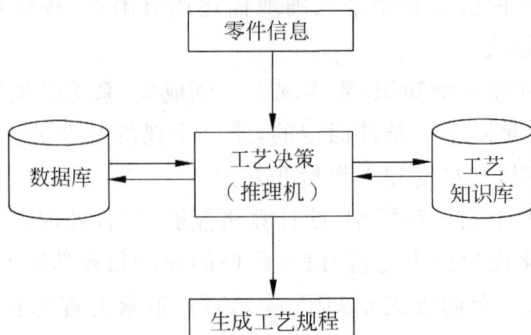

图 7.11　CAPP 专家系统工作原理图

2. CAPP 专家系统的推理策略

CAPP 专家系统包含两种推理策略:正向推理和反向推理。

1) 正向推理

正向推理是由原始数据出发,按一定的策略运用知识库中专家的知识,推断出结论的方法。这种推理方式,由于是由数据到结论的策略,所以也称“数据驱动策略”。在 CAPP 中正向推理是指由毛坯推向成品,即由毛坯一步一步通过加工,最后变成零件。

2) 反向推理

反向推理是先提出结论(假设),然后寻找支持这个结论的证据。这种由结论至数据的策略,称为“目标驱动策略”。在 CAPP 中,反向推理是指由成品零件通过逐步给零件各表面加精加工、半精加工、粗加工余量,最后变成毛坯的推理过程。

反向推理中推理机的工作过程为：

(1) 能提出假设，并能运用知识库中的知识判断假设的真假；

(2) 若真，记录用了什么知识(以备解释)；

(3) 若假，系统能重新提出新的假设，再进行判断；

(4) 能判断何时结束推理；

(5) 必要时(条件不完整)能向用户提问。

3. CAPP 专家系统知识库

知识库储存从人类专家那里学到了知识。知识分为两大类：

(1) 低层知识，指广泛共有的知识，也称普通知识或事实库，例如材料库、刀具库、设备库等，可用一般的数据库表达。

(2) 高层知识，指启发性或探试性的知识，也称特殊知识，是凭专家的经验得到的，其条理性差，使用范围窄，不能直观地用一般数据库表达，必须经过整理、归纳、提炼，使知识形式化，按一定的规则去表达，按一定的规则进行推理才能得到最终的结论。

早期的人工智能(AI)系统中，知识表达并不很明确作为一个重要问题来考虑。大多数的系统是将知识间接地插入到规则和数据中。随着 AI 的发展，到 20 世纪 60 年代中期，知识表达才成为该领域的一个独立的研究课题，导致了今天所应用的各种不同的形式。其中较著名的是产生式、逻辑式、框架式、过程式、语义网络式等，应用最成熟的是产生式。

产生式规则的表达方法是问世最早而目前又用得最多的方法，采用从前提到结论的直接推理方法，是逻辑推理技术"决策表"的发展。

产生式规则的一般形式为：

IF<前提或条件>THEN<结论或动作>

例如，一条加工链选择知识可表示为

```
IF      (加工表面为孔)
        (直径 9~245 mm)
        (直径公差≥0.007 mm)
        (表面粗糙度 Ra<1.6 μm)
        (直线度≥0.005 mm)
        (圆度≥0.007 mm)
        (平行度≥0.012 mm)
        (位置度≥0.002 mm)
        (长径比≤10)
THEN    (推荐采用精镗工序)
        (切削余量 0.05 mm)
        (要求预加工表面的公差为±0.05 mm,表面粗糙度 Ra=12.5 μm)
```

4. CAPP 专家系统的建立

1) 工艺知识的获取

工艺知识的获取是建立 CAPP 专家系统的第一步，也是非常重要的一环。由于工艺知识具有非常强的经验性,工艺设计理论和工艺决策模型仍不成熟,所以工艺知识的获取也是最困难的一步。工艺知识一般可以从领域专家、工程技术人员、书籍、文献资料等处收集。

2）工艺知识库的建立

工艺知识库是管理和组织工艺知识的数据库。该知识库除了低层知识,还储存了高层知识。

3）工艺推理机的设计

设计推理机时,应考虑推理策略。对于 CAPP 专家系统,一般多采用反向推理的方式。推理机构根据用户提出的零件设计要求,选用适当的规则,确定出能满足零件设计要求的加工方法和参数,并给出这种加工方法所需要的预加工零件状态,修改动态数据库,把预加工的零件状态作为新的要求,再选用适当的规则,确定出适当的加工方法和参数。如此反复递归,直到所确定的加工方法不再需要预加工为止,即推出了零件所需的毛坯。

4）输出/输入接口设计

输出/输入接口设计包括用来处理图形的一些接口。

7.3　CAPP 的工艺数据库技术

7.3.1　工艺数据库在 CAPP 中的作用

从 CAPP 的系统组成可知,CAPP 应具备以下特点:产品零件的数据信息应能利用,并建立零件信息的数据库;工艺人员的工艺经验、工艺知识能够得到充分的利用和共享;制造资源、工艺参数等以适当的组织形式加以管理;能够充分利用标准(典型)工艺,能集中安全地进行数据维护,及时地、动态地提供最新的工艺设计结果。由此可见,CAPP 工作的实质是对数据的一系列操作过程,数据的集成管理极为重要。

工艺数据库提供了一种集中存储、维护和管理信息的方法,是 CAPP 系统的重要支撑系统,用于存储工艺设计所需的全部工艺数据和知识,在 CAPP 中的作用主要表现在:

(1) 系统集成的基础。CAPP 所产生的数据可以供其他系统使用,如工艺路线数据是生产设计系统的生产准备基础数据。

(2) 影响着 CAPP 系统的实用性。信息统一存储和共享,减少用户烦琐的重复操作,避免了信息的重复输入。

(3) 智能化决策的支撑。丰富的知识库可大大提高 CAPP 专家系统的智能化程度。

(4) 利用工艺数据库的工艺数据和知识进行工艺设计,既可进行工艺决策,还可生成各类工艺文件。

7.3.2　工艺数据类型及特点

CAPP 对外表现为工艺设计过程的智能化,而内部实质是对数据多种操作的结果。一个工艺系统是否能顺利运行,数据库起着关键的作用。

1. 工艺数据类型

工艺数据库必须包括如下几个部分：首先是对零件信息的定义和结构化存储，这是工艺决策的前提；要有符合企业制造水平的企业资源数据库；必须有工艺规则库，能充分合理地利用实例经验、专家知识；最后对决策的结果，工艺数据和卡片应得到恰当的存储和管理。工艺数据库应将所有与工艺设计有关的数据都包含在其中，从数据性质来看，它包括静态和动态两类数据。

1) 静态工艺数据

静态工艺数据主要涉及支持工艺设计过程中所需的相关数据，一般是指已标准化和规范化了的工艺数据。

(1) 零件信息：用来定义 CAPP 的设计对象，主要包含零件类型、零件尺寸、材料、批量和工艺信息等。

(2) 机床数据：主要包括机床名称、型号、最大加工工件尺寸及加工精度等信息。

(3) 刀具数据：主要包括刀具分类信息、刀具号、刀具尺寸、几何形状、应用条件等。

(4) 夹具、量具数据：通常包括夹具和量具的名称、类型、重要尺寸和精度等。

(5) 材料数据：指涉及材料规格及属性的数据，其包含工件和刀具两方面的材料类型、材料性质等。

(6) 决策知识：主要是由经验性的规则，如机床、刀具、夹具、量具、加工方法的选择规则等，形成有经验积累的专家系统，让工艺决策进一步智能化。

(7) 加工余量表与标准公差：进行工艺设计中必备的参考数据，用于设定加工过程中不同工序的加工余量与加工后的尺寸公差。这些数据也可从工艺手册上获得。

(8) 切削用量：包括切削速度、进给量和切削深度。

2) 动态工艺数据

动态工艺数据主要是指在工艺设计过程中产生的相关信息及通过积累而成的经验数据和经验规则，其中大量的是工艺设计中间过程的数据，如零件图形数据、工序图数据、中间工艺规程、最终的工艺规程以及 NC 代码等。

图 7.12 所示为 CAPP 数据库。CAPP 数据库主要分为产品和工艺信息数据库与制造资源数据库两大类。产品和工艺信息库主要包括产品信息、零件信息、工艺信息、几何信息及工艺知识等；制造资源数据库主要包括机床、刀具、量具、夹具、材料、切削用量、加工余量、公差及其他信息。

2. 工艺数据特点

工艺数据具有如下特点：

(1) 数据结构复杂。除结构化数据外，还有图形、文字、NC 加工指令等非结构化数据。

(2) 数据类型复杂。工艺数据除含有一般关系数据库的数据类型，还包含变长数据、非结构化数据、复杂关联数据、过程数据和图形数据等。

(3) 数据联系复杂。在数据元素之间存在复杂的联系，如一对一、一对多、多对多的联系等。

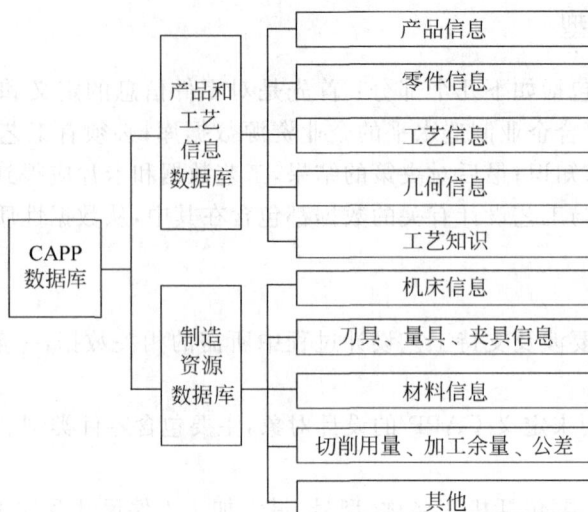

图 7.12　CAPP 数据库

（4）数据的使用和管理复杂。数据库既要处理图形数据和非图形数据，还要便于查找、调用、存储和组织这两类数据。

（5）动态数据模式。工艺设计过程中的中间数据虽然在问题求解完成后要删除，但在求解过程中，必须通过一些动态数据模式（如临时表、视图等）来支持其处理。

7.3.3　工艺数据库设计

在 CAPP 系统开发过程中，工艺数据库需要建立许许多多的数据表，如工艺过程卡片和工序卡片数据。工艺数据库处理的对象要比一般事务型数据库复杂得多，除了能处理一般数据库支持的整数、实数、逻辑值和字符串数据外，还必须能进一步处理矢量、集合、矩阵以及包括处理这些对象的运算符。

构建工艺数据库要按照自顶向下，逐步求精的数据库设计方法学，分步设计，其步骤如下所述。

1. 用户需求描述和分析

在该阶段对过程中要处理的对象进行详细调查，确定 CAPP 系统功能，收集支持系统目标的资源数据。

2. 概念设计

概念结构独立于数据库逻辑结构，反映了实体之间的联系。要求设计的概念结构易于理解、易于更改、易于向各种数据模型转换，通常用 E-R 图来描述概念结构模型。图 7.13 为产品的 E-R 图。

图 7.13 表明产品由多个部件组成，每个部件又由多个零件组成，每个特定的零件需要有若干个加工工序，一个工序又包含多个工步。

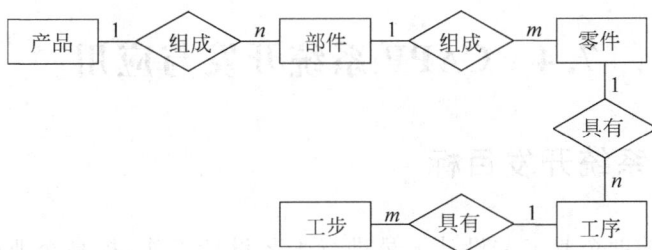

图 7.13　产品工艺文件 E-R 图

3. 逻辑结构设计

数据库逻辑结构设计的任务就是把概念设计阶段设计好的基本 E-R 图转换为与选用的 DBMS 产品所支持的数据模型相符合的逻辑结构。若 CAPP 系统的 DBMS 是关系型数据库 SQL Server,则逻辑结构设计的内容就是将概念结构中的各种 E-R 图转换为关系模型,以形成 SQL Server 中的数据表,并对这些关系模型进行优化。

以图 7.3 中的产品工艺文件 E-R 图为例,转换后的数据表至少包括产品表、部件表、零件表、工序表、工步表以及相互之间的关系表。

4. 物理设计

物理设计指对某个给定的逻辑数据模型,选取一个最适合的应用环境的物理结构过程。先确定资源库的物理结构,然后对物理结构进行评价,进行性能分析。

5. 数据库实施

数据库实施包含以下步骤:

(1) 定义数据库结构:用 DBMS 提供的数据定义语言(data definition language,DDL)严格描述数据库结构。

(2) 组织数据入库(数据库):数据库结构建立完成后,便可以将原始工艺数据载入到数据库中。通常 CAPP 系统都有数据输入子系统,工艺数据库中数据的载入,是通过 CAPP 系统完成的。

(3) 编写和调试应用程序:其与组织数据入库事实上是同步进行的,编写程序时可用一些模拟数据进行程序调试,待程序编写完成方可正式输入数据。

(4) 数据库试运行:应用程序测试完成,并且已输入一些“真实”数据,就开始了数据库试运行工作,也就进入到数据库联合调试阶段。在这个阶段,最好常对数据库中的数据进行备份操作,因为,调试期间系统不稳定,容易破坏已存在的数据信息。

6. 数据库的运行和维护

在正式投入运行的过程中,必须不断地对其进行调整与修改。

7.4 CAPP 系统开发与应用

7.4.1 CAPP 系统开发目标

CAPP 系统可辅助企业工艺设计人员进行工艺设计工作,提高企业的工艺设计能力。CAPP 系统应达到如下目标:

(1)实用性:方便用户操作,易学易用。只有实用性强,符合用户当前的需求才能取得明显的效益。

(2)通用性和可扩展性:首先应设计出一个通用性较强的应用开发平台,在此应用平台的基础上,根据不同企业的不同需求,快速开发出企业要求的应用系统。而且由于用户的需求有可能会改变,系统的部分功能可能会作重大修改或增加一些新的功能,因此系统必须具有可扩展性。

(3)可靠性:系统满足需求功能,系统运行稳定、安全、可靠,不会因为软件中的差错引起了软件故障,这种差错往往是软件开发各阶段潜入的人为错误,如需求分析定义错误、设计错误、编码错误、测试错误、文档错误等。

(4)工艺过程快速设计:工艺人员利用企业的各种基础数据、信息和工艺数据库,能迅速地设计出合理的工艺规程,提高工艺过程设计的效率与质量。

(5)集成化工艺数据管理:建立统一的工艺数据库,保证工艺信息数据的唯一性、实时性、有效性和安全性。

(6)与其他系统的连接:系统要提供与其他系统的接口,如 CAD 系统、ERP 系统和 PDM 系统等,方便工艺人员在进行工艺设计时能方便查看零件信息和其他相关信息,保证数据来源的唯一性。

(7)系统维护方便。

7.4.2 CAPP 系统开发原则

开发实用的 CAPP 系统时,应遵循总体规划、目标明确、实施和效益突出的准则。在开发过程中,应遵循以下几个原则:

(1)友好的用户界面。系统易于被工艺设计人员接受,使用灵活,便于掌握,提示信息简单易懂,良好的交互方式,良好的出错处理等。

(2)软件规范化。遵循软件工程的方法,制定软件开发规范。

(3)标准化和实用化。以国家标准、行业标准为依据进行开发,适应企业现有工艺设计习惯,满足工艺设计需要。

(4)一体化。系统所有功能模块有机地集成为一个整体,便于用户使用和掌握。

(5)目标化。把每一结构定义成目标,可采用诸如面向对象的建模技术建模并且封装,充分利用继承性,提高代码重用率,使开发的程序便于调试、测试、维护和改进。

7.4.3　开发环境及工具的选择

1. 开发环境及模式

对于国内大多数企业而言,操作系统都是选用 Microsoft Windows 作为操作系统;对于局域网用户,可采用 C/S 的开发模式。

2. 开发工具的选择

(1) 如果操作系统选用 Windows,则开发语言与开发工具必须适合 Windows 平台,如 Visual Basic、VC、Delphi、PowerBuilder、.NET 平台等。

(2) 数据库:可选用 SQL Server 数据库、Access、Oracle 等。对于中小型企业用户,一般会选用 SQL Server 作为后台数据库。SQL Server 是一个功能强大的关系型数据库管理系统,它可以帮助企业管理数据。它易于创建、管理和配置,拥有强大的数据仓库和可视化的管理工具,支持多种客户端,是一个比较理想的数据库平台。

(3) 图形软件:主要用来显示和处理图形功能(如工序图等),这类软件选择范围非常广,如 AutoCAD 等。

7.4.4　CAPP 系统开发过程

CAPP 系统开发同其他软件系统开发一样,都要遵循一定步骤进行系统开发设计,主要包含如下过程。

1. CAPP 系统需求分析

需求分析是 CAPP 系统开发的第一步,需求分析的好坏是 CAPP 系统成败的关键因素之一,是对要解决的问题进行详细的分析,弄清楚问题的要求,包括需要输入什么数据,要得到什么结果,最后应输出什么。CAPP 系统的需求分析应包括以下内容。

(1) 企业现状分析:包括很多方面,如公司及部门的组织机构、功能、运作模式、业务流程,公司网络情况,目前的工艺编制现状、存在的问题及希望改进的内容等。

(2) 产品结构与工艺特征分析:分析并归纳现有产品(产品系列,是否是标准件等)、工艺及设备特点。

(3) 系统数据分析:如零件编码方式、数据格式、数据来源唯一性等。

(4) 系统功能需求分析:在上述工作的基础上,总结出该系统应具备的功能。一般来说,CAPP 系统至少应具有用户权限管理、典型工艺管理、工艺文件编制、工艺资源库、工艺文件输出等功能。

(5) 性能需求:CAPP 系统在实现具体功能的基础上,系统还应操作简捷方便,人机交互好。同时,为了避免非工艺人员以及不相干的工艺人员的误操作,系统应为每个级别的工作人员设立不同的权限,保证系统的安全性。系统还应可靠,不会因为误操作而死机。

（6）接口需求：了解公司是否有其他正在使用的系统，CAPP 系统是否与这些系统相关，是否有接口方面的需求。

（7）将来可能提出的需求：随着时间的推移，企业的需求或多或少都会有所改变，系统应具有可扩充性。

进行需求分析可采用如下方法：

（1）调查企业组织机构情况，包括了解该组织的部门组成情况、各部门的职能等，为分析信息流程做准备。

（2）调查各部门的业务活动情况，包括了解各个部门输入和使用什么数据，如何加工处理这些数据，输出什么信息，输出到什么部门，输出结果的格式是什么。

（3）协助用户明确对新系统的各种要求，包括信息要求、处理要求、安全性与完整性要求。

（4）确定新系统的边界，确定哪些功能由计算机完成或将来准备让计算机完成，哪些活动由人工完成。由计算机完成的功能就是新系统应该实现的功能。

2. CAPP 类型选择

根据对企业生产类型、产品结构和工艺的分析，选择 CAPP 类型。

如果企业主要零部件的典型工艺过程比较明确，零部件结构相似性好，不同尺寸系列的零件往往只是形状尺寸随主参数变化有所改变，其结构变化较小，那么该企业就非常适合使用成组工艺，比较适合派生式的工艺设计方法，因此，可选用以派生式 CAPP 为主的系统类型，系统设计开发过程应遵照派生式 CAPP 的原理进行。

而在对企业新产品设计工艺时，系统设计的工艺数据平台和资源数据平台应有较好的开放性，应充分运用企业现有工艺方法和加工手段，可将企业的成熟工艺的部分内容抽象成工艺规则，然后采用规则加推理的方法，来自动或半自动地生成新的工艺内容，以减少在新产品开发中对工艺人员知识、经验的依赖，并使工艺结果符合企业工装设备的状况，增加设计结果的可用性，提高设计的效率。这时，就可选用创成式 CAPP 或 CAPP 专家系统类型。

而对于一些与公司现有产品零件结构相差较大的零件，也可采用人工编制工艺的方法进行工艺设计。

3. CAPP 工艺数据库设计

通过系统需求分析，可以得到用户功能需求、基础数据及系统业务流程图等。根据数据库设计方法，将这些需求信息进行抽象，可以得到数据库的概念模型，它用 E-R 图进行描述，再将它转换为适合于某一 DBMS 的物理结构。

4. CAPP 系统功能模块设计

根据需求分析阶段的功能需求，采用软件工程的思想，进行系统功能模块设计。

7.4.5　CAPP 系统功能模块

根据对 CAPP 系统功能需求分析、业务流程等分析，CAPP 系统应包含用户权限管理、典型工艺管理、工艺文件编制、工艺资源库管理、工艺文件输出等功能模块，如图 7.14 所示。

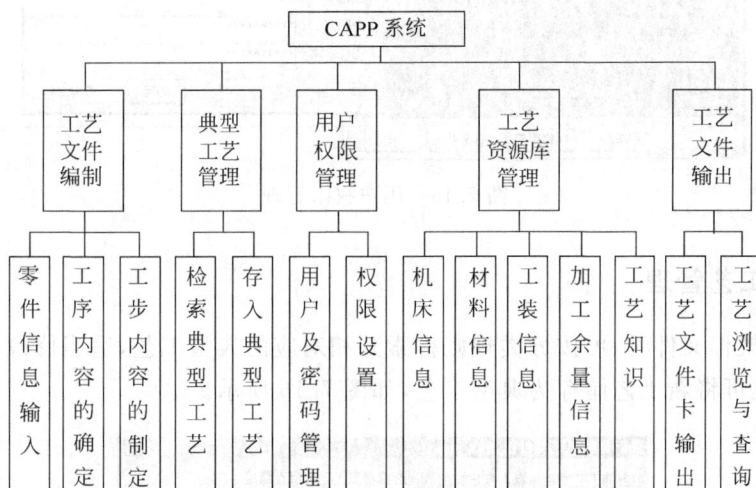

图 7.14　CAPP 功能模块

（1）工艺文件编制模块包括填写零部件的基本信息，然后确定加工顺序及工序内容，接着制定具体的工步内容，如工序简图的绘制、机床的选择、工艺装备的选择、切削用量的选定和工时的确定等，是 CAPP 最重要的模块。

（2）典型工艺管理模块主要是对典型工艺库的管理，对于相似零件的工艺设计，可调出其典型工艺，并对其进行编辑形成新的工艺；也可将新的工艺保存成典型工艺。

（3）用户权限管理模块主要实现对用户的管理，如登录名、密码、权限等信息。

（4）工艺资源库管理模块主要建立了毛坯种类、材料牌号、机床设备、刀具、量具、夹具、工艺知识等制造资源信息，供工艺数据的逻辑推理和人工编辑时调用。

（5）工艺文件输出管理模块主要是根据企业生产习惯和工艺卡形式，输出符合企业规范的工艺卡，并可查询和浏览零件工艺。

7.4.6　开目 CAPP 简介与应用

以开目 CAPP 为例介绍 CAPP 的各功能模块。开目 CAPP 是武汉开目信息技术有限责任公司开发研制的，是国内著名的 CAPP 软件之一，是国内第一个商品化的 CAPP 软件，主要包括用户权限管理、典型工艺管理、工艺文件编制、工艺资源库、工艺文件输出与浏览及公式管理器等功能，并实现了与 CAD、PDM、ERP 的集成。

1. 用户权限管理

系统管理员具有最高权限,可添加、编辑、删除用户并可对用户授权,如图 7.15 所示。

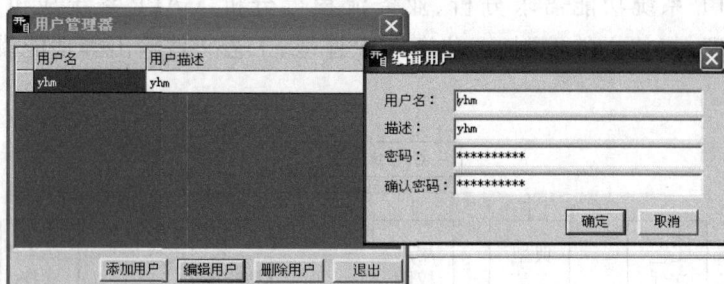

图 7.15　用户权限管理

2. 典型工艺管理

新建工艺规程文件时,可按分类规则检索到相对应的典型工艺,适当修改后即可成为新的工艺文件;也可将新工艺储存为典型工艺,如图 7.16 所示。

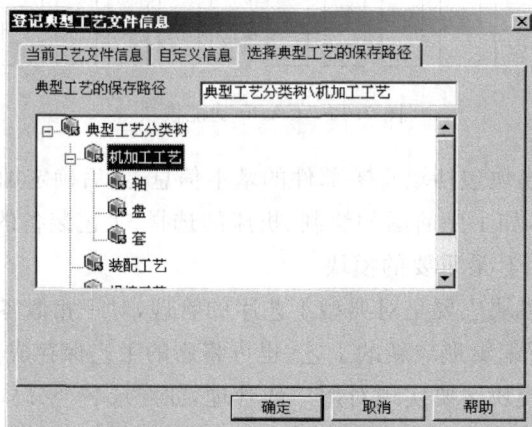

图 7.16　存储典型工艺

3. 工艺文件编制

开目 CAPP 系统在编制工艺规程时,完全模拟工艺人员编制工艺的习惯和过程,首先填写零部件的基本信息,然后确定加工顺序及工序内容,接着制定具体的工步内容,包括工序简图的绘制、工艺装备的选择、切削参数的选定等。

开目 CAPP 主界面如图 7.17 所示。

单击工具条上的 进入如图 7.18 的工艺文件编制。

图 7.19 所示为一个铝活塞盘类零件,图 7.20 和图 7.21 是生成该零件的加工工艺过程卡和加工工序卡。

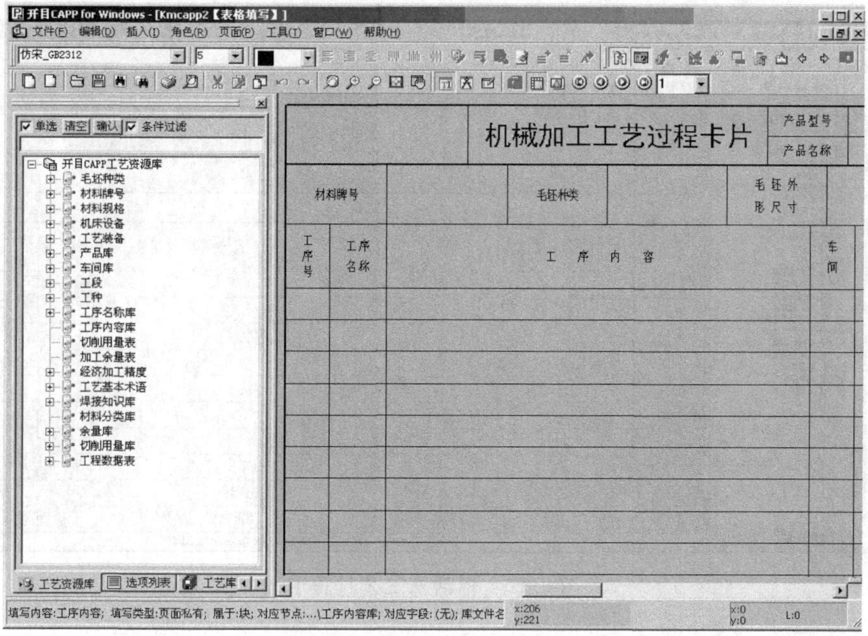

图 7.17　开目 CAPP 主界面

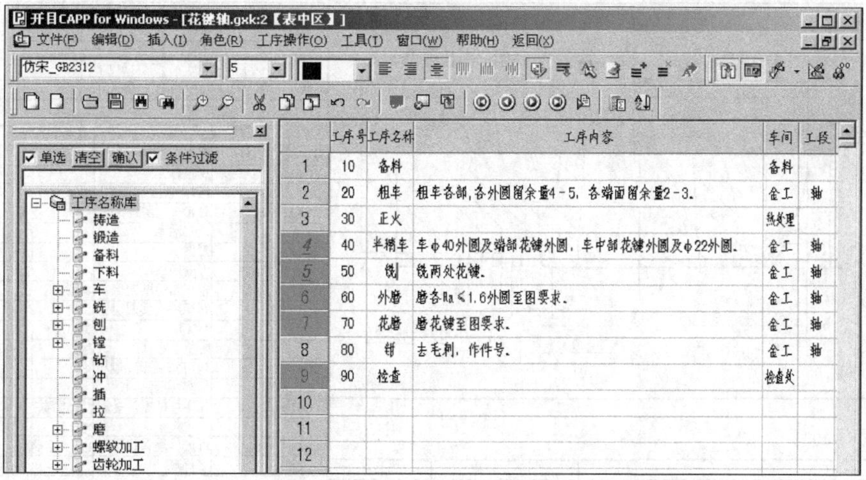

图 7.18　工艺文件编制

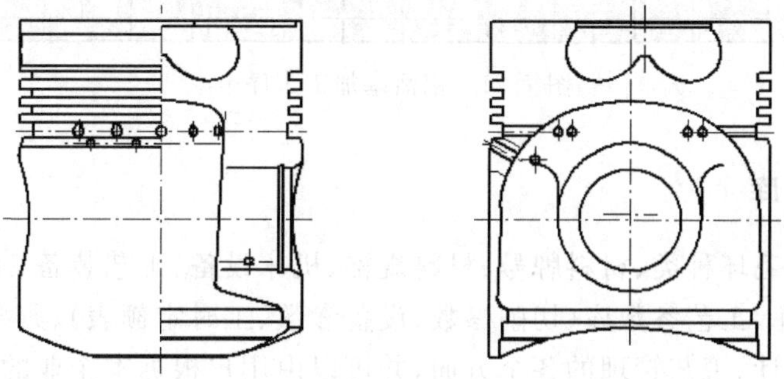

图 7.19　铝活塞盘类零件

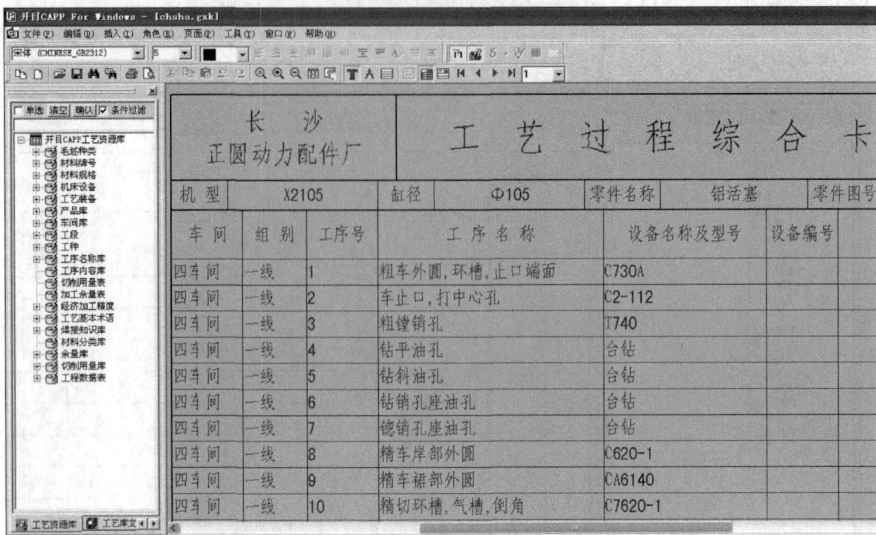

图 7.20　铝活塞工艺过程卡

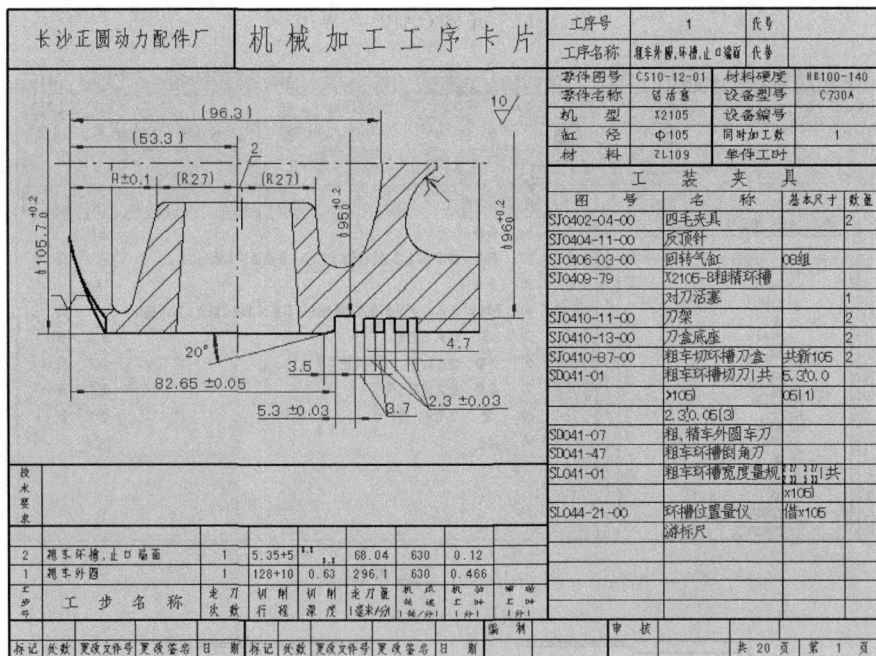

图 7.21　铝活塞加工工序卡

4. 工艺资源库

工艺资源包括毛坯种类、材料牌号、材料规格、机床设备、工艺装备、工艺基本术语、工艺规则库、工艺简图库、工艺参数库(切削参数、设备参数、工时定额表)、典型工艺库等内容,可广泛应用于工艺设计、工艺管理的各个方面,并可以由用户根据本企业的工艺资源状况动态改造和创建。开目CAPP将企业的工艺资源集中在工艺资源库中进行统一管理。工艺资源库是一个图表结合的数据库,其内容丰富,能实现信息的共享及权限管理,通过右键菜单还可实现对节点数据表和图形的查询和浏览。开目 CAPP 的工艺资源库如图 7.22 所示。

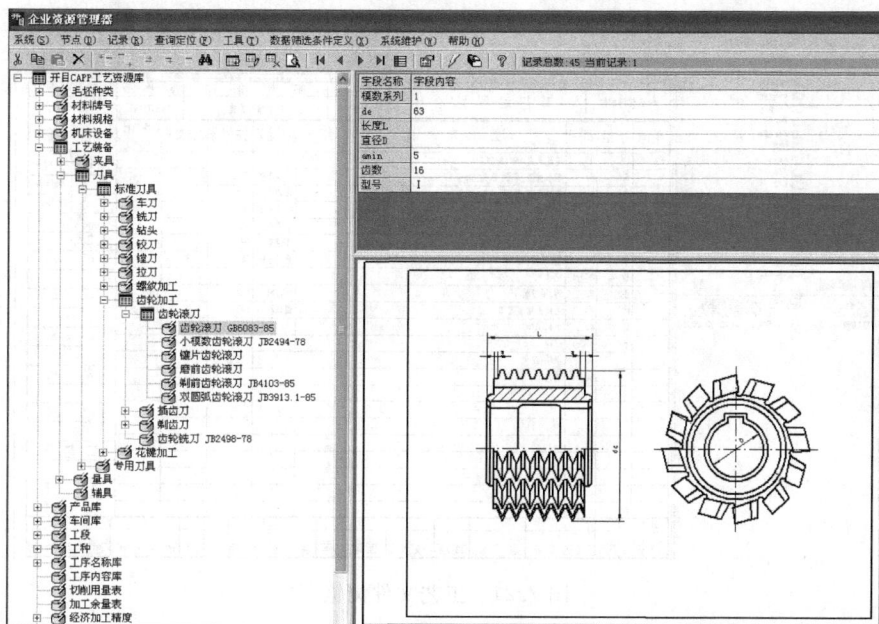

图 7.22　工艺资源库

5. 工艺文件输出与浏览

为了使图纸的输出更加方便、经济、快捷,开目软件提供了既能输出 CAD 图形,又能输出工艺文件的打印中心。图 7.23 所示为开目 CAPP 工艺输出界面。

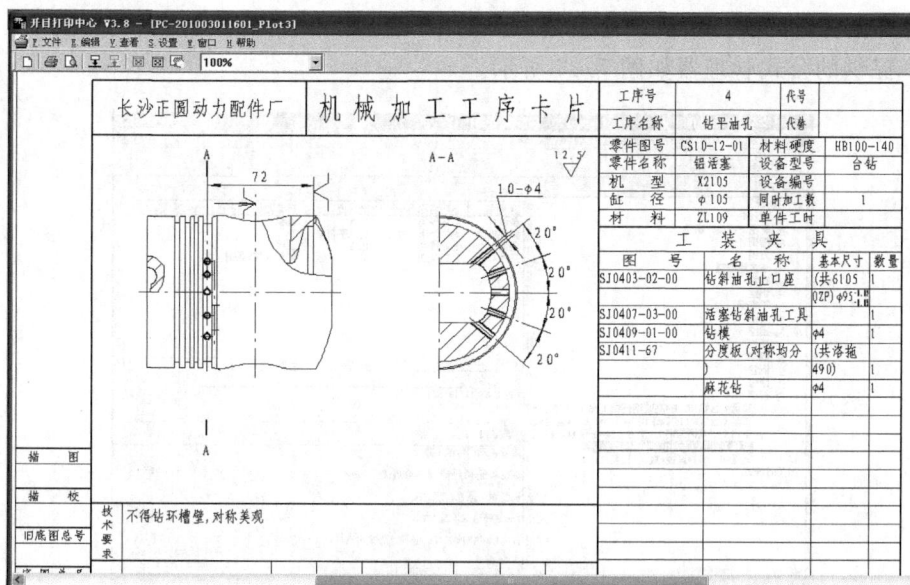

图 7.23　工艺文件输出

工艺文件浏览器用于在没有开目 CAPP 编辑环境的条件下查看工艺文件内容，为浏览工艺规程文件和通用技术文件提供了一个方便的工具。图 7.24 所示为开目 CAPP 浏览界面。

图 7.24　工艺文件浏览

6. 公式管理器

工艺规程设计完成以后，还需进行材料消耗定额计算及工时定额计算。人工计算材料消耗定额，工作量很大。开目 CAPP 公式管理器，自动提取毛坯的外形尺寸，检索相应的公式，将计算结果填入工艺表格，使这一工作变得迅速而准确。工时定额人工计算也非常烦琐，公式管理器模块只需输入变量值或从表格中查找变量值，即可计算出结果。公式管理器可由用户根据企业的实际情况动态创建，能够用于各种公式计算，功能独特，运用灵活。开目 CAPP 提供的公式管理器如图 7.25 所示。

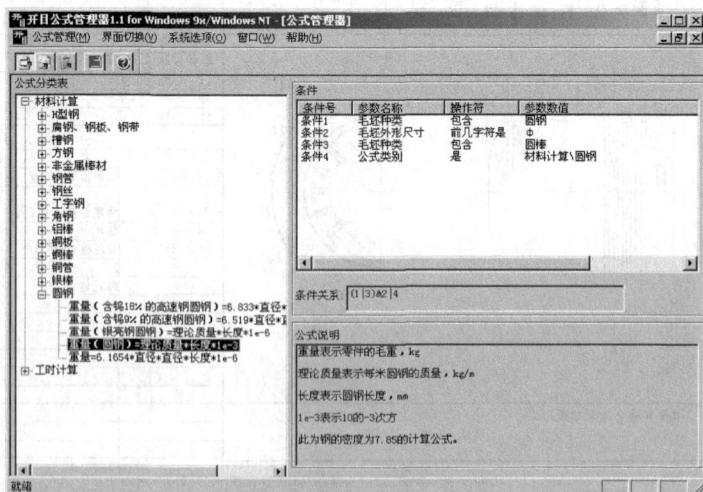

图 7.25　公式管理器

7.5　CAPP 的发展趋势

从 CAPP 的发展历程来看,CAPP 的研究和应用始终围绕着两方面的需要展开:一是不断完善自身在应用中出现的不足;二是不断满足新的技术、制造模式对其提出的新的要求。CAPP 表现为以下的发展趋势。

1. 集成化

CAPP 是 CAD 与 CAM 之间的桥梁,是 PDM 及 ERP 等系统的重要信息来源,只有将这些系统进行全面的集成,才能更好地发挥 CAPP 在整个生产活动中的信息中枢和功能调节作用。

2. 知识化、智能化

CAPP 系统中的知识除了辅助工艺设计外,还可以将工艺专家的经验和知识积累起来。在知识化的基础上,CAPP 系统在工艺设计全过程中提供备选的工艺方案,并根据操作者的工作记录进行各种层次的自学习、自适应。

3. 网络化

网络化是系统集成应用的基础要求,只有实现网络化,才能真正实现系统的集成,才能实现企业更大范围的信息化。

4. 面向产品全生命周期

CAPP 的数据是产品数据的重要组成部分,CAPP 与 PDM/PLM 的集成是关键。基于 PDM/PLM,支持产品全生命周期的 CAPP 系统将是重要的发展方向。

5. 工具化

企业的工艺环境、管理模式各不相同,CAPP 系统要做到通用性,既要适应企业的具体情况,又要控制实施工作量,因此工具化是一个必然趋势。所谓工具化,是指将 CAPP 系统的功能分解为一个个相对独立的工具,用户或实施人员可根据企业的具体情况输入数据和知识,形成面向具体企业的 CAPP 系统,还可进行二次开发工作。

习题

1. 简述工艺设计的任务及内容。工艺卡片有哪几种,各有什么特点?
2. 简述工艺决策内容及工艺决策方法,判定表与判定树的特点,试举例。
3. 简述派生式 CAPP 的工作原理及工作过程。
4. 简述创成式 CAPP 的工作原理及要解决的关键问题。

5. 简述 CAPP 专家系统的工作原理及推理策略。

6. 简述工艺数据库在 CAPP 中的作用以及工艺数据的类型及特点。

7. 简述如何设计工艺数据库。

8. 简述 CAPP 系统开发的目标及原则。

9. CAPP 系统开发包含哪些过程？

10. 开目 CAPP 系统包含哪些功能？

第 8 章

计算机辅助制造技术与应用

教学提示与要求

计算机辅助制造技术集成了数控机床和计算机信息处理技术,是先进制造技术的一个重要组成部分。数控加工和数控编程是 CAM 的核心内容,对机械制造企业实现产品加工柔性自动化、集成化和智能化起着举足轻重的作用。本章在介绍计算机辅助制造技术原理和基本概念的基础上,重点介绍数控编程的原理与方法、加工过程仿真以及 CAM 软件应用。通过本章的教学使学生从整体上了解 CAM 的技术内涵和特点,了解数控加工的基本原理,初步掌握数控编程的基本方法和过程。

8.1 CAM 技术概述

CAM 通常是指利用计算机软件系统,通过计算机与生产设备直接或间接的联系,进行产品制造工艺规划、设计、管理和质量控制的生产制造过程。CAM 作为整个现代集成制造系统的重要环节,向上与 CAD 实现无缝集成,向下为数控生产系统提供服务。

1. CAM 技术原理和基本概念

CAM 技术是指计算机技术在产品制造方面相关应用的统称。关于 CAM 的概念,有狭义和广义两种理解。

狭义 CAM 是指从产品设计到加工制造之间的一切生产准备活动,包括 CAPP、NC 编程、工时定额的计算、生产计划的制订、资源需求计划的制订等。目前 CAM 的狭义概念进一步缩小为数控编程的同义词,通常仅指数控加工程序的编制与数控加工过程控制,CAPP已被作为一个专门的功能系统,而工时定额的计算、生产计划的制订、资源需求计划的制订则划分给企业资源计划管理(ERP)系统来完成。

广义 CAM 是指利用计算机辅助完成从毛坯到产品制造全过程的所有直接与间接的活动,包括工艺准备、生产作业计划、物流过程的运行控制、生产控制、质量控制、物料需求计划、成本控制、库存控制、NC 机床、机器人等,涉及制造活动中与物流有关的所有过程(加工、装配、检验、存储、输送)的监视、控制和管理等环节,都属于广义 CAM 的范畴。

2. CAM 技术发展概况

CAM 技术从 20 世纪 50 年代初期产生、发展到现在,在其功能和特点上都发生了较大的变化。从 CAM 的发展历程看,CAM 在其基本处理方式与目标对象上主要可分为两个主要发展阶段。

第一阶段 CAM 的典型特征是数控自动编程系统(automatically programmed tools, APT)。APT 系统是 20 世纪 50 年代由美国最早研制出来,现在许多工业发达国家也已研制了很多的数控自动编程系统。如美国的 ADAPT、AUTOSPOT;英国的 2C、2CL、2PC;德国的 EXAPT-1(点位)、EXAPT-2(车削)、EXAFF-3(铣削);法国的 IFAPT-P(点位)、IFAPT-C(轮廓)、IFAPT-CP(点位、轮廓);日本的 FAPT、HAPT 等。

20 世纪 60 年代,CAM 以大型计算机为主,在专业系统上开发的编程机及部分编程软件如 FANUC、Simens 编程机,其系统结构为专机形式,基本的处理方式是以人工或计算机辅助直接计算数控刀路为主。因此其缺点是功能相对比较差,而且操作困难,只能专机专用。

第二阶段 CAM 系统的特征是处理曲面的加工问题。系统结构一般是 CAD/CAM 混合系统,利用 CAD 模型,以几何信息作为最终的结果,自动生成加工刀路。于是在此基础上,自动化、智能化程度取得了较大幅度的提高,具有代表性的是 UG、DUCT、Cimatron、MasterCAM 系统等。其基本特点是面向局部曲面的加工方式,表现为编程的难易程度与零件的复杂程度直接相关,而与产品的工艺特征、工艺复杂程度等没有直接的关系。

CAM 技术在不断的发展,智能化水平也在不断提高。目前 CAM 系统不仅可继承并智能化判断工艺特征,而且具有模型对比、残余模型分析与判断功能,使刀具路径更优化,效率更高。同时面向整体模型的形式也具有对工件包括夹具的防过切、防碰撞修理功能,提高操作的安全性,更符合高速加工的工艺要求,并开放工艺相关联的工艺库、知识库、材料库和刀具库,使工艺知识积累、学习、运用成为可能。

3. 数控技术发展概况

数字控制(numerical control,NC)定义为,用数字化信息对机床运动及其加工过程进行控制的一种方法。在工作过程中,它通常为某一工件或工艺过程编写一个专用指令程序。当加工的工件或工艺过程改变时,指令程序就要作相应的变化。

1952 年美国麻省理工学院研制出第一台试验性数字控制机床,成为计算机在机械制造中应用的开端。此后,DNC(direct numerical control),CNC(computer numerical control)相继诞生,APT 自动编程系统的使用,以及工业机器人在机械制造中的应用,促进了 FMC(flexible manufacturing cell)的形成并向 FMS(flexible manufacturing system)发展,并促进了 CAM 技术的快速进步。

随着计算机技术的飞速发展,各种数控系统应运而生并快速发展。就结构形式而言,当今世界上的数控系统大致可分为以下两种类型。

1) 传统数控系统

这类数控系统的硬件由数控系统生产厂家自行开发,具有很强的专用性,经过了长时间的使用,质量和性能稳定可靠,目前还占领着制造业的大部分市场。但由于其采用一种完全

封闭的体系结构,存在以下缺点:

(1) 用户的应用、维修以及操作人员培训完全依赖于数控系统生产厂家,系统维护费用较高;

(2) 系统功能的扩充以及更新完全依赖于厂家的技术水平,周期比较长;

(3) 通用软、硬件在专用数控系统上无法使用,功能比较单一。

2) 基于 PC 的开放式数控系统

开放式数控系统的概念是美国在 20 世纪 80 年代末提出的,它具有柔性高、成本低、升级扩展容易、投资风险性小和可以引入最新的 PC 软硬件技术等优点。

按 IEEE 定义,一个开放式控制系统应提供这样的能力:来自不同供应商软硬件平台上的应用操作都能够在系统上完全实现,并能和其他系统应用交互信息,具有一致性的用户界面。

开放式数控系统是一个模块化的体系结构,由系统平台和面向应用的功能模块所构成,既有接口的开放性,又有自身功能的开放性。开放式数控系统构建于一个开放的平台上,具有模块化结构,允许用户根据需要进行选配与集成,迅速适应不同的应用需求。

(1) "PC 嵌入 NC"结构的开放式数控系统。该类型系统是将 PC 装入到 NC 内部,PC 与 NC 之间用专用的总线连接。系统数据传输快,响应迅速,同时,原有 NC 系统也可不加修改就得以利用。其缺点是不能直接利用通用 PC,开放性受到限制,通用 PC 强大的功能和丰富的软硬件资源不能得到有效的利用。这种数控系统尽管具有一定的开放性,但由于它的 NC 部分仍然是传统的数控系统,其体系结构不是完全开放的。

(2) "NC 嵌入 PC"结构的开放式数控系统。该类型系统是将 NC 卡(运动控制卡)插入通用 PC 的扩展槽中组成的。它能够保证系统性能,软件的通用性强,并且编程处理灵活。这是目前采用较多的一种结构形式,这种结构形式采用"PC＋运动控制器"形式建造数控系统的硬件平台,其中以工业 PC 为主控计算机,组件采用商用标准化模块,总线采用 PC 总线形式,同时以多轴运动控制器作为系统从机,进而构成主从分布式的结构体系。

(3) SOFT 型开放式数控系统。该类型系统是指 CNC 的全部功能均由 PC 实现,并通过装在 PC 上扩展槽的伺服接口卡对伺服驱动等进行控制。其软件的通用性好,编程处理灵活。这种 CNC 装置的主体是 PC,充分利用 PC 不断提高的计算速度、不断扩大的存储量和性能不断优化的操作系统,实现机床控制中的运动轨迹控制和开关量的逻辑控制。SOFT 型数控系统把运动控制器以应用软件的形式实现,除了支持数控上层软件的用户定制外,其更深入的开放性还体现在支持运动控制策略的用户定制。同时,SOFT 型数控系统更加向计算机技术靠拢,并力图使数控技术成为先进制造上层应用的标准的设备驱动代理。这种结构形式的数控系统,其主要功能部件均表现为应用软件的形式。

目前国外数控系统技术发展的总体趋势是:

(1) 新一代数控系统向 PC 化和开放式体系结构方向发展;

(2) 驱动装置向交流、数字化方向发展;

(3) 增强通信功能,向网络化方向发展;

(4) 数控系统在控制性能上向智能化方向发展。

8.2　CAM 系统功能与体系结构

CAM 系统是以计算机硬件为基础,系统软件和支撑软件为主体,应用软件为核心组成的面向制造的信息处理系统,应具有的功能是:人机交互功能、数值计算及图形处理功能、存储与检索功能、数控加工信息处理功能、数控加工过程仿真功能等。为实现这些功能,CAM 系统应由硬件和软件两大部分组成。CAM 系统体系结构如图 8.1 所示。

图 8.1　CAM 系统体系结构

1. 硬件层

硬件层是 CAM 系统运行的基础,包括各种硬件设备,如各种服务器、计算机以及生产加工设备等。可根据系统的应用范围和相应的软件规模,选用不同规模、不同结构、不同功能的计算机、外围设备及其生产加工设备,以满足系统的要求。

2. 操作系统层

操作系统层包括运行各种 CAM 软件的操作系统和语言编译系统。操作系统如 Windows,Linux,Unix 等,它们位于硬件设备之上,在硬件设备的支持下工作。操作系统的作用在于充分发挥硬件的功能,同时,它为各种应用程序提供与计算机的工作接口。语言编译系统用于将高级语言编写的程序翻译成计算机能够直接执行的机器指令,目前 CAM 系统应用最多的语言编译系统包括 Visual Basic,Visual C/C++,Visual J++ 等。

3. 系统管理层

CAM 系统几乎所有应用都离不开数据,在集成化的 CAD/CAM 系统中各分系统间的数据传递与共享需要网络的支撑。系统管理层包括数据库管理系统(如 SQL Server 等)、网络协议和通信标准(如 TCP/IP、I/O 等)。系统管理层在硬件设备和操作系统的支持下工作,并通过用户接口与各应用分系统发生联系。数据库管理系统保证 CAM 系统的数据实现统一规范化管理;网络协议 TCP/IP 保证 CAM 系统与其他分系统实现信息集成;通信标准(如 I/O 等)确保 CAM 系统控制机与各数控加工设备的通信畅通。

4. 应用层

应用层包括各种工具软件和专业应用软件,它同时与硬件层、操作系统层和系统管理层发生联系,为操作者提供各种专业应用功能。专业应用软件是针对企业具体要求而开发的软件。目前在模具、建筑、汽车、飞机、服装等领域虽然都有相应的商品化 CAM 工具软件,但在实际应用中,由于用户的要求和生产条件多种多样,这些工具软件能够完全适应各种具体要求,因此,在具体的 CAM 应用中通常需进行二次开发,即根据用户要求扩充开发用户化的应用程序。

通常,CAM 应用软件主要由交互工艺参数输入模块、刀具轨迹生成模块、刀具轨迹编辑模块、三维加工仿真模块和后置处理模块 5 个方面的内容组成。

8.3　数控机床及其编程技术

数控加工(NC Machining)是指在数控机床上进行零件加工的一种工艺方法,加工过程中刀具相对于零件的运动轨迹由数控机床的控制系统分配给运动轴的微小位移量来控制。数控加工过程是用数控装置或计算机来代替人工操纵机床进行自动化加工的过程。与计算机的运行和功能发挥需要相应软件一样,数控机床也需要用于控制机床各部件运动的数控程序。

1. 数控机床的组成与工作原理

图 8.2 所示为数控机床的组成,主要包括输入装置、数控装置、执行装置、检测装置及辅助控制装置几个部分。

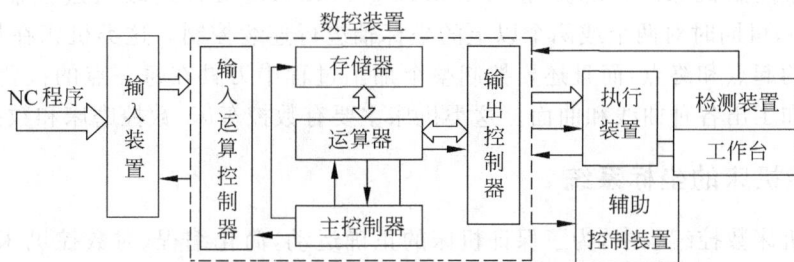

图 8.2　数控机床组成的逻辑框图

数控机床工作时,每个坐标方向的拖板都是"一步"、"一步"地进给的,所形成的运动轨迹是折线,而需要加工的零件表面却都是光滑的连续曲线和斜线,这一问题可通过插补来解决。插补主要分为直线插补和圆弧插补两类。

1) 直线插补

在数控机床中要加工如图 8.3 所示的直线 OA,可采用阶梯形的折线来代替。当加工点在直线 OA 上或在其上方时,朝 $+x$ 方向进给一步;当加工点在直线 OA 下方时,朝 $+y$ 方向进给一步,这样每走一步比较一下,刀具从 O 点开始加工,按照折线 $O \to 1 \to 2 \to 3 \to 4 \to \cdots \to A$ 的顺序逼近 OA 直线,直到 A 点为止。

2）圆弧插补

当要在数控机床中加工如图 8.4 所示的半径为 R 的圆弧 $\overgroup{AB}$ 时,也是用插补的方法来加工。此时的插补方法为圆弧插补,其原理同直线插补。当加工点在 $\overgroup{AB}$ 圆弧上或在圆弧的内侧时,朝 $+y$ 方向进给一步;当在圆弧的外侧时,朝 $-x$ 方向进给一步。刀具从 A 点开始加工,按照折线 $A \rightarrow 1 \rightarrow 2 \rightarrow 3 \rightarrow 4 \rightarrow \cdots \rightarrow B$ 的顺序逼近 $\overgroup{AB}$ 圆弧,直到 B 点为止。

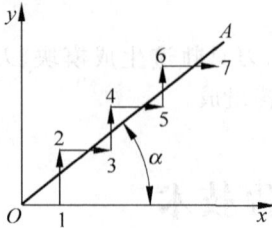

图 8.3　直线插补原理　　　　图 8.4　圆弧插补原理

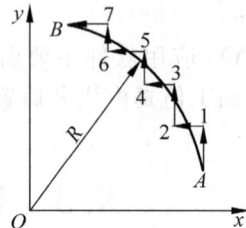

数控机床的规格繁多,但归纳起来可分为以下三类。

(1) 点位控制机床。点位控制(positioning control),又称点到点控制(point to point control),其主要功能是在坐标系中将刀具从一点定位到另一点。这类机床的数控系统只能控制刀具从一个位置精确地移动到另一个位置,而不考虑两点之间的运动路径。这类机床主要有数控坐标镗床、数控钻床、数控冲床等。

(2) 直线控制机床。直线控制(straight cut control),除了控制刀具从一点到另一点的准确定位外,还要保证运动轨迹必须是一条直线。这类机床主要有简易数控车床、数控铣床、数控镗床等。具有直线控制功能的数控机床同时也具有点位控制的功能。

(3) 轮廓控制机床。轮廓控制(contouring control),又称连续轨迹控制(continuous path control),可同时对两个或两个以上的坐标轴进行连续控制。这类机床在加工时,不仅要控制刀具的起点和终点,而且还要控制整个加工过程中刀具在每一点的位置。利用这种控制方式可加工出各种曲线和曲面。这类机床主要有数控车床、数控磨床和数控铣床。

2. 数控机床的坐标系统

在数控机床数控编程中,为了保证机床的正确运动,简化编程,对数控机床各坐标轴的代码及其运动的正、负方向都进行了统一的规定。

根据 ISO 及 JB/T 3051—1999 标准的规定,数控机床的坐标轴命名规定为:机床的直线运动采用笛卡儿直角坐标系,三坐标轴分别为 X, Y, Z 轴,按右手定则判定方向,如图 8.5 所示。

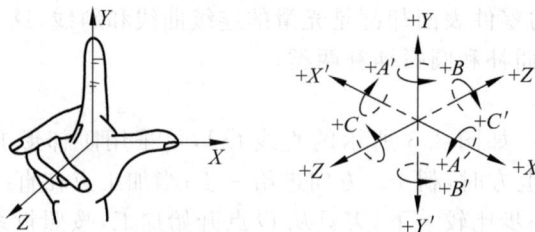

图 8.5　笛卡儿直角坐标系

以 X,Y,Z 坐标轴线或以与 X,Y,Z 坐标轴线相平行的直线为轴线的旋转运动分别称为 A,B,C 轴。A,B,C 轴的正方向按右手螺旋定律确定,如图 8.6 所示。

为了编程方便,在数控机床上,无论是工件固定、刀具移动,还是刀具固定、工件移动,确定坐标系时,一律按照刀具相对于工件运动的情况来确定。

除了 X,Y,Z 主要方向的直线运动外,若还有其他与之平行的直线运动,可分别命名为 U,V,W 轴;如果再有,可用 P,Q,R 表示;如果在旋转运动 A,B,C 之外,还有其他旋转运动,则可分别用 D,E,F 表示。多坐标数控铣床的坐标系如图 8.7 所示。

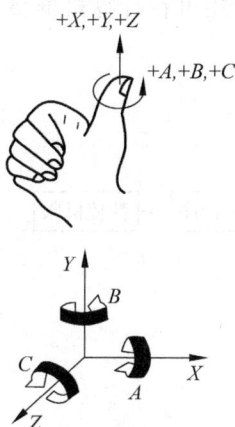

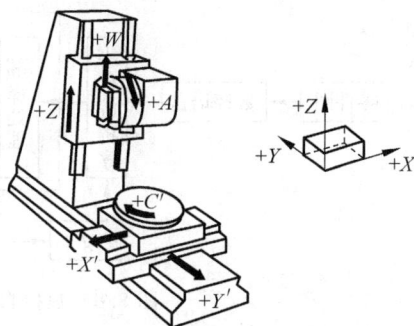

图 8.6　旋转方向　　　　图 8.7　多坐标数控铣床的坐标系

3. NC 编程方法

使用数控机床加工时,必须编制零件的加工程序。理想的加工程序不仅要保证加工出符合设计要求的合格零件,同时还应使数控机床的功能得到合理的应用和充分发挥,并能安全、高效、可靠地运转。

数控加工程序的编制包括刀具路径的规划、刀位文件的生成、刀具轨迹仿真及 NC 代码的生成等。

数控编程的主要内容包括:分析零件图纸,进行工艺处理,确定工艺过程;计算刀具中心运动轨迹,获得刀位数据;编制零件加工程序;校核程序。

数控程序的编制方法有手工编程与自动编程两种。

1) 手工编程

从分析零件图纸、制定工艺规程、计算刀具运动轨迹、编写零件加工程序、制备控制介质直到程序校核,整个过程全都是由人工完成,这种编程方法称为手工编程。

手工编程适用于几何形状简单、计算简便、加工程序不多的零件加工。对于形状复杂的零件,具有非圆曲线、列表曲线轮廓的,特别是对于具有列表曲面、组合曲面的零件以及程序量很大的零件,手工编程难以胜任,必须采用自动编程加以解决。

2) 自动编程

自动编程是指在计算机及相应的软件系统的支持下,自动生成数控加工程序的过程。其特点是采用简单、习惯的语言对加工对象的几何形状、加工工艺、切削参数及辅助信息等内容按规则进行描述,再由计算机自动地进行数值计算、刀具中心运动轨迹计算、后置处理,产生出零件加工程序单,并且对加工过程进行模拟。对于形状复杂,具有非圆曲线轮廓、三维曲面等零件编写加工程序,采用自动编程方法效率高,可靠性好。在编程过程中,程序编制人可及时检查程序是否正确,需要时可及时修改。

图 8.8 所示为数控自动编程的通用过程。编程人员根据零件图纸和数控语言手册编写一段简短的零件源程序作为计算机的输入,计算机经过翻译处理该刀具运动轨迹计算,得出刀位数据,再经过后置处理,最终生成符合具体数控机床要求的零件加工程序。该程序经相应的传输介质传送至数控机床并进行数控加工。后置处理结果还可在计算机屏幕上进行仿真加工,以检查处理结果的正确性。

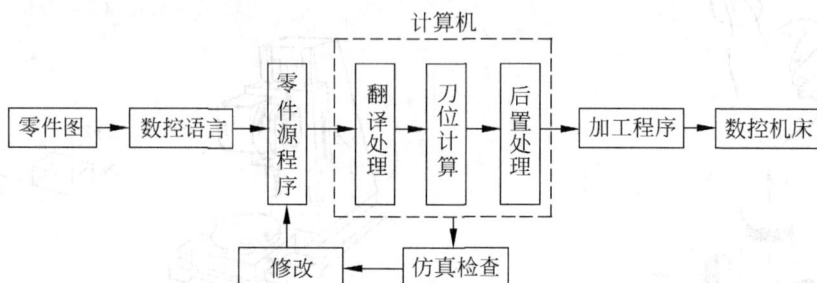

图 8.8　数控自动编程的通用过程

4. 数控编程的内容与步骤

数控机床的运动是由数控加工程序控制的。数控加工程序是控制机床运动和工作过程的源程序,它提供零件加工时机床各种运动和操作的全部信息,主要包括:加工工序各坐标的运动行程、速度、联动状态、主轴的转速和转向、刀具的更换、切削液的打开和关断以及排屑等。总之数控机床的主要运动是由预先编制好的数控程序控制。

数控机床编程的主要内容有:分析零件图样、确定加工工艺过程、数学处理、编写程序清单、制作控制介质、程序检查、输入程序以及首件试切。

数控机床编程的主要步骤如图 8.9 所示。

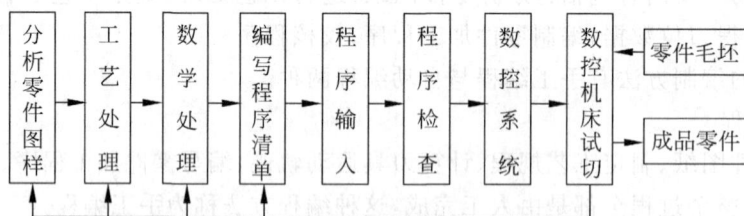

图 8.9　数控机床编程的主要步骤

1) 分析零件图样和工艺处理

编程人员首先根据零件图纸对零件的几何形状尺寸、技术要求进行分析,明确加工的内容及要求,确定加工方案、确定加工顺序、设计夹具、选择刀具、确定合理的走刀路线及选择合理的切削用量等。同时还应发挥数控系统的功能和数控机床本身的能力,正确选择对刀点、切入方式,尽量减少诸如换刀、转位等辅助时间。

2) 数学处理

编程前,根据零件的几何特征,先建立一个工件坐标系,根据零件图纸的要求,制定加工路线,在建立的工件坐标系上,首先计算出刀具的运动轨迹。对于形状比较简单的零件(如直线和圆弧组成的零件),只需计算出几何元素的起点、终点、圆弧的圆心、两几何元素的交点或切点(基点)的坐标值。但对于形状比较复杂的零件(如非圆曲线、曲面组成的零件),数控系统的插补功能不能满足零件的几何形状时,就需要计算出曲面或曲线上很多离散点(节点),在点与点之间用直线段或圆弧段逼近,根据要求的精度计算出其节点间的距离,这种情况一般要求用计算机来完成数值计算的工作。

3) 编写程序清单

当加工路线和工艺参数确定以后,根据数控系统规定的指令代码及程序段格式,逐段编写零件程序清单。此外,还应填写有关的工艺文件,如数控加工工序卡片、数控刀具明细表、工件安装和零点设定卡片、数控加工程序单等。

4) 控制介质制备及程序输入

以前,数控机床上使用的控制介质一般为穿孔纸带,穿孔纸带是按照国际标准化组织(ISO)或美国电子工业学会(EIA)标准代码制成。穿孔纸带上的程序代码,通过纸带阅读装置输入数控系统。现代数控机床,多用键盘把程序直接输入到计算机中,保存在磁盘上,在通信控制或计算机网络相连接的数控机床中,程序可以由计算机直接传输到数控机床。

5) 程序校验与首件试切

程序清单必须经过校验和试切才能正式使用。校验的方法是将程序内容输入到数控装置中,让机床空刀运转,若是二维平面工件,还可以用笔代刀,以坐标纸代替工件,画出加工路线,以检查机床的运动轨迹是否正确。在有图形显示功能的数控机床上,可用直观地模拟刀具切削过程的方法进行检验。随着计算机技术的不断发展,先进的数控加工仿真软件(如 VERICUT 软件)不断涌现,为数控程序的校验提供了多种准确而有效的途径。但上述方法只能检验出运动轨迹是否正确,不能检查出被加工零件的加工精度。因此必须进行工件的首件试切。首件试切时,应该以单程序段的运行方式进行加工,随时监视加工状况,调整切削参数和状态,当发现有加工误差时,应分析误差产生的原因,找出问题所在,加以修正。

综上所述,作为编程人员不但要熟悉数控机床的结构、数控系统的功能及标准,而且还必须是一名合格的工艺人员,要熟悉零件的加工工艺,具备选择装夹方法、刀具性能、切削用量等方面的专业知识。

8.4　数控语言及数控加工程序的编制

为了使零件加工程序的语言满足设计、制造、维修和普及的需要,国际上已经形成了两个通用的标准,即国际标准化组织(International Standard Organization,ISO)标准和美国电子工业学会(Electronic Industries Association,EIA)标准。经过多年的实践和发展,在数控编程中所使用的程序格式和功能代码都已制定了一系列的标准。世界各国都用这些标准语言编程,但有些尚未标准化,为今后技术进一步发展留有余地。对那些没有标准化的语言,各生产厂家略有不同。本章所介绍的一些语言和语句格式,主要来源于 FANUC 系统。不同类型的数控系统、不同厂家生产的机床在编程方法上会有所不同,因此在编程时必须参照所用数控机床的编程手册进行编程。

8.4.1 数控加工程序的结构与格式

数控机床每完成一个工件的加工,需执行一个完整的程序。每个程序由许多程序段组成,每个程序段是由序号、若干字和结束符号组成,每个字又由字母和数字组成。有些字母表示某种功能,如 G 代码、M 代码;有些字母表示坐标,如 X、Y、Z、U、V、W、A、B、C;还有一些表示其他功能的符号。程序段格式是指程序段的书写规则,常用的程序段格式有三种:字地址可变程序段格式、固定顺序程序段格式、用分隔符的程序段格式,现在一般使用字地址可变程序段格式。

下面就是一个字地址可变程序段格式的程序段例子:

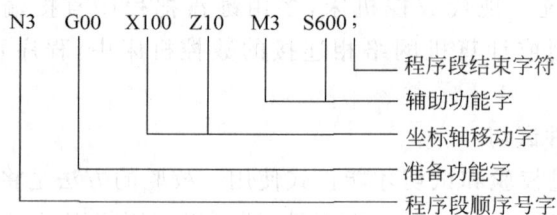

```
N3  G00  X100  Z10  M3  S600;
```
程序段结束字符
辅助功能字
坐标轴移动字
准备功能字
程序段顺序号字

字地址可变程序段格式由顺序号字、数据字、程序段结束符组成,字的排列顺序要求不严格,数据字的位数根据需要可多可少,不需要的字以及与前一程序段相同的续效字可以不写,从而程序段的长度可变。该格式的优点是程序简洁、直观,便于检查和修改,因此目前被广泛采用。

一段程序包括如下三大部分。

(1) 程序标号字(N 字):也称为程序段号,用以识别和区分程序段的标号。用地址码 N 和后面的若干位数字来表示。例如:N008 就表示该程序段的标号为 008。在大部分数控系统中,对所有的程序段标号;也可以对一些特定的程序段标号,但不是所有的程序段都要标号。程序段标号对程序查找提供了方便,特别对于程序进行跳转来说,程序段标号就是必要的。

注:程序段标号与程序的执行顺序无关,不管有无标号,程序都是按排列的先后次序执行。通常标号按程序的排列次序给出。

(2) 程序段的结束符号:这里使用";"号作程序段的结束符号,但有些系统使用" * "号或"LF"作结束符号。任何一个程序段都必须有结束符号,没有结束符号的语句是错误语句。计算机不执行含有错误的程序段。

(3) 程序段的主体部分:一段程序中,除序号和结束符号外的其余部分是程序主体部分,主体部分规定了一段完整的加工过程。它包含了各种控制信息和数据。它由一个以上功能字组成,主要的功能字有准备功能字、坐标字、辅助功能字、进给功能字、主轴功能字和刀具功能字等。

注:对于程序段中的坐标字,一些数控系统区分使用小数点输入数值与无小数点输入。小数点可用于距离、时间和速度等单位,对于距离,小数点的位置单位是 mm 或 in,对于时间,小数点的位置单位是 s。无小数点时与参数的最小设定单位有关,代表最小设定单位的整数倍。

8.4.2　数控加工程序的指令代码

在数控加工程序的编制中,使用 G 指令代码、M 指令代码及 F、S、T 指令来描述零件加工工艺过程和数控系统的运动特征。国际和国内均制定了相应的标准,分别为 ISO 1056—1975E 和 JB/T 3208—1999。G 代码和 M 代码分别见表 8.1 和表 8.2。

表 8.1　G 代码——准备功能代码

代码	功能保持到被取消或被同样字母表示的程序指令所代替	功能仅在所出现的程序段内有作用	功　能	代码	功能保持到被取消或被同样字母表示的程序指令所代替	功能仅在所出现的程序段内有作用	功　能
(1)	(2)	(3)	(4)	(1)	(2)	(3)	(4)
G00	a		点定位	G18	c		ZX 平面选择
G01	a		直线插补	G19	c		YZ 平面选择
G02	a		顺时针方向圆弧插补	G20~G32	#	#	不指定
G03	a		逆时针方向圆弧插补	G33	a		螺纹切削,等螺距
G04		*	暂停	G34	a		螺纹切削,增螺距
G05	#	#	不指定	G35	a		螺纹切削,减螺距
G06	a		抛物线插补	G36~G39	#	#	永不指定
G07	#	#	不指定	G40	d		刀具补偿/刀具偏置注销
G08		*	加速	G41	d		刀具补偿—左
G09		*	减速	G42	d		刀具补偿—右
G10~G16	#	#	不指定	G43	#(d)	#	刀具偏置—正
G17	c		XY 平面选择	G44	#(d)	#	刀具偏置—负

代码 (1)	功能保持到 被取消或被 同样字母表 示的程序指 令所代替 (2)	功能仅 在所出 现的程 序段内 有作用 (3)	功　能 (4)	代码 (1)	功能保持到 被取消或被 同样字母表 示的程序指 令所代替 (2)	功能仅 在所出 现的程 序段内 有作用 (3)	功　能 (4)
G45	♯(d)	♯	刀具偏置＋/＋	G62	h		快速定位(粗)
G46	♯(d)	♯	刀具偏置＋/－	G63		*	攻螺纹
G47	♯(d)	♯	刀具偏置－/－	G64~ G67	♯	♯	不指定
G48	♯(d)	♯	刀具偏置－/＋	G68	♯(d)	♯	刀具偏置, 内角
G49	♯(d)	♯	刀具偏置0/＋	G69	♯(d)	♯	刀具偏置, 外角
G50	♯(d)	♯	刀具偏置0/－	G70~ G79	♯	♯	不指定
G51	♯(d)	♯	刀具偏置＋/0	G80	e		固定循环注销
G52	♯(d)	♯	刀具偏置－/0	G81~ G89	e		固定循环
G53	f		直线偏移, 注销	G90	j		绝对尺寸
G54	f		直线偏移 X	G91	j		增量尺寸
G55	f		直线偏移 Y	G92		*	预置寄存
G56	f		直线偏移 Z	G93	k		时间倒数,进 给率
G57	f		直线偏移 XY	G94	k		每分钟进给
G58	f		直线偏移 XZ	G95	k		主轴每转进给
G59	f		直线偏移 YZ	G96	I		恒线速度
G60	h		准确定位1(精)	G97	I		每分钟转数 (主轴)
G61	h		准确定位2(中)	G98~ G99	♯	♯	不指定

注: ① ♯号: 如选作特殊用途,必须在程序格式说明中说明。
　　② 如在直线切削控制中没有刀具补偿,则 G43~G52 可指定作其他用途。
　　③ 表中字母(d)表示: 可以被同栏中没有括号的字母 d 所注销或代替,亦可被有括号的字母(d)所注销或代替。
　　④ G45 到 G52 的功能可用于机床上任意两个预定的坐标。
　　⑤ 控制机上没有 G53 到 G59,G63 功能时,可以指定作其他用途。

表 8.2 M 代码——辅助功能代码

代码 (1)	功能开始时间		功能保持到被取消或被同样字母表示的程序指令所代替 (4)	功能仅在所出现的程序段内有作用 (5)	功 能 (6)
	与程序段指令运行同时开始 (2)	在程序段指令运行完成后开始 (3)			
M00		*		*	程序停止
M01		*		*	计划停止
M02		*		*	程序结束
M03	*		*		主轴顺时针方向
M04	*		*		主轴逆时针方向
M05		*	*		主轴停止
M06	#	#		*	换刀
M07	*		*		2 号冷却液开
M08	*		*		1 号冷却液开
M09		*	*		冷却液关
M10	#	#	*		夹紧
M11	#	#	*		松开
M12	#	#	#	#	不指定
M13	*		*		主轴顺时针方向,冷却液开
M14	*		*		主轴逆时针方向,冷却液开
M15	*			*	正运动
M16	*			*	负运动
M17~M18	#	#	#	#	不指定
M19		*	*		主轴定向停止
M20~M29	#	#	#	#	永不指定
M30		*		*	纸带结束
M31	#	#		*	互锁旁路
M32~M35	#	#	#	#	不指定
M36	*		#		进给范围 1
M37	*		#		进给范围 2
M38	*		#		主轴速度范围 1
M39	*		#		主轴速度范围 2
M40~M45	#	#	#	#	如有需要作为齿轮换挡,此外不指定

续表

代码 (1)	功能开始时间		功能保持到被取消或被同样字母表示的程序指令所代替 (4)	功能仅在所出现的程序段内有作用 (5)	功　能 (6)
	与程序段指令运行同时开始 (2)	在程序段指令运行完成后开始 (3)			
M46～M47	#	#	#	#	不指定
M48		*	*		注销 M49
M49	*		#		进给率修正旁路
M50	*		*		3 号冷却液开
M51	*		*		4 号冷却液开
M52～M54	#	#	#	#	不指定
M55	*		#		刀具直线位移,位置 1
M56	*		#		刀具直线位移,位置 2
M57～M59	#	#	#	#	不指定
M60		*		*	更换工作
M61	*				工件直线位移,位置 1
M62	*				工件直线位移,位置 2
M63～M70	#	#	#	#	不指定
M71	*				工件角度位移,位置 1
M72			*		工件角度位移,位置 2
M73～M89	#	#	#	#	不指定
M90～M99	#	#	#	#	永不指定

注：① ♯号：如选作特殊用途,必须在程序说明中说明。

　　② M90～M99 可指定作为特殊用途。

1. G 指令

G 指令,即准备功能指令。它是建立数控机床或数控系统工作方式的一种指令。该指令主要是命令机床作何种运动,为控制系统的插补运算做好准备。G 指令一般都位于程序段中坐标数字指令的前面。G 指令为 G00～G99 共 100 种。下面介绍常用的 G 指令及其用法。

(1) G00——快速点定位指令。它指令运动部件以点位控制方式和最快速度移动到程序中指定的位置,先前的 F 进给速度指令对其不起作用。它只是快速到位,而无运动轨迹要求。不同坐标轴的运动方式决定于控制系统的设计,可以不协调。

(2) G01——直线插补指令。它以两坐标(或三坐标)插补联动的方式且按程序段中指定的 F 进给速度作任意斜率的直线运动,也就是使机床进行两坐标(或三坐标)联动运动。其程序格式为：G01 X_Y_Z_F_。

(3) G02,G03——圆弧插补指令。G02 为顺时针圆弧插补指令,G03 为逆时针圆弧插补指令。当要求刀具相对于工件作顺时针方向的圆弧插补运动时,用 G02 指令指定,反之则用 G03。圆弧的顺、逆方向按图 8.10 所示判定。在使用圆弧插补指令之前必须应用平面选择指令指定圆弧插补的平面。

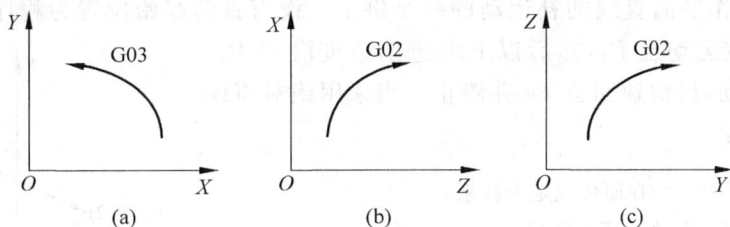

图 8.10　圆弧插补指令之方向判定

（4）G04——暂停指令。它指令运动部件作短暂停留或作无进给光整加工，如车槽程序结束后进行光整成圆、锪沉孔程序结束后进行端面光整等。

（5）G17，G18，G19——坐标平面指令。它分别指定 X-Y，Z-X，Y-Z 平面。当机床只运动于一个平面（如车床只 Z-X 平面）时，则平面指令省略。

（6）G40，G41，G42——刀具半径补偿指令。数控装置大都具有刀具半径补偿功能，为编程提供了方便。当铣削零件轮廓时，不需计算刀具中心运动轨迹，而只需按零件轮廓编程，使用刀具半径补偿指令，并在控制面板上使用刀具拨码盘或键盘人工输入刀具半径，数控装置便能自动地计算出刀具中心轨迹，并按刀具中心轨迹运动。当刀具磨损或刀具重磨后，刀具半径变小，只需手工输入改变后的刀具半径，而不必修改已编好的程序或纸带。在用同一把刀具进行粗、精加工时，设精加工余量为 Δ，则粗加工的补偿量为 $(r+\Delta)$，而精加工的补偿量改为 r 即可。

G41 和 G42 分别为左、右偏刀具补偿指令，即沿刀具前进方向看（假设工件不动），刀具位于零件的左（右）侧时刀具半径补偿。

G40 为刀具半径补偿撤销指令。使用该指令后，使 G41，G42 指令无效。

（7）G43，G44，G49——刀具长度偏置指令。它指令刀具在刀具轴向（Z 方向）相对于程序值伸长或缩短一个给定的偏置距离。即

$$实际位移量 = 程序值 \pm 偏置值$$

其中程序值和偏置值为代数值。当二代数值相加称正偏值，用 G43 指定；当二代数值相减称负偏值，用 G44 指定。G49 为偏置注销。

G43，G44 指令使编程人员可按假定的刀具长度安装之后，再按实际刀具长度与编程刀具长度之差作为偏置数据输入即可。

（8）G81～G89——固定循环指令。它指令一个切削过程中几个固定的动作。例如，在钻孔加工中，往往在一个零件上有几个甚至多个孔，而每一个孔的加工都需要快速接近工件、慢速钻孔、快速退出三个固定的动作。对于这类典型的、固定的且经常应用的几个固定动作，用一个固定循环指令程序段去执行，可使程序编制简便。

（9）G90，G91——绝对坐标尺寸及增量坐标尺寸编程指令。G90 表示程序输入的坐标值按绝对坐标值取；G91 表示程序段的坐标值按增量坐标值取。

（10）G92——坐标系设定指令。G92 指令只是设定工件坐标系，并不产生运动。当绝对尺寸编程时，首先要建立编程坐标系，即设定工件坐标原点（程序原点）距刀具现在位置多

远的地方。换言之,就是以程序原点为准,确定刀具起始点的坐标值。所设定的坐标值便由数控装置记忆在相应的坐标轴的存储器中,作为下一程序段用绝对值编程的基数。

图 8.11 为作平面直线插补运动的一个例子。设刀具的起始位置为程序原点 P_0,要求刀具以快速定位运动至 P_1,然后以 F20 进给速度沿 P_1P_2,P_2P_3,P_3P_1 运动,再快速回至 P_0 并停止。当采用绝对值编程,其程序如下:

```
N001 G92 X0 Y0 LF(在原位设定坐标系)
N002 G90 G00 X4 Y5…LF(P0→P1)
N003 G01 X-3 Y2 F20 LF(P1→P2)
N004 X2 Y-3 LF(P2→P3)
N005 X4 Y5 LF(P3→P1)
N006 G00 X 0 Y0 M02 LF(P1→P0)
```

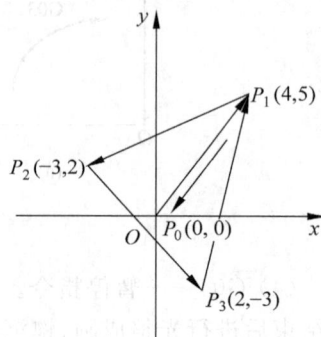

当采用增量值编程,其程序如下:

图 8.11 平面直线插补运动

```
N001 G91 G00 X4 Y5…LF(P0→P1)
N002 G01 X-7 Y-3 F20 LF (P1→P2)
N003 X5 Y-5 LF(P2→P3)
N004 X2 Y8 LF(P3→P1)
N005 G00 X-4 Y-5 M02 LF(P1→P0)
```

当采用绝对值和增量值混合编程,其程序如下:

```
N001 G92 X0 Y0 LF
N002 G90 G00 X4 Y5…LF
N003 G01 X-3 Y2 F20 LF
N004 G91 X5 Y-5 LF
N005 X2 Y8 LF
N006 G90 G00 X0 Y0 M02 LF
```

2. M 指令

M 指令,称为辅助功能指令。它是由字母"M"和其后的两位数字组成,从 M00 到 M99 共 100 种,详见表 8.2。这些指令与数控系统的插补运算无关,主要是为了数控加工、机床操作而设定的工艺性指令及辅助功能,是数控编程必不可少的。常用的辅助功能指令如下所述。

(1) M00——程序停止指令。完成该程序段的其他功能后,主轴、进给、冷却液送进都停止。此时可执行某一手动操作,如工件调头、手动变速等。如果再重新按下控制面板上的循环启动按钮,就继续执行下一程序段。

(2) M01——计划(任选)停止指令。该指令与 M00 相类似。所不同的是,必须在操作面板上预先按下"任选停止"按钮,才能使程序停止,否则 M01 将不起作用。当零件加工时间较长,或在加工过程中需要停机检查、测量关键部位以及交换班等情况时,使用该指令很方便。

(3) M02——程序结束指令。在全部程序结束时使用该指令,它使主轴、进给、冷却液送进停止,并使机床复位。

(4) M03,M04,M05——主轴顺时针旋转(正转)、主轴逆时针旋转(反转)及主轴停指令。

(5) M06——换刀指令,用于具有刀库的加工中心数控机床换刀。

(6) M07,M08,M09——冷却液开、停指令。M07 指令 2 号冷却液开,M08 指令 1 号冷却液开,M09 指令冷却液关闭。

(7) M30——程序结束并倒带。该指令除了具有 M02 的功能外,还能使纸带倒回到起始位置。

(8) M98——子程序调用指令。

(9) M99——子程序返回到主程序指令。

8.5　数控加工过程仿真技术

数控加工仿真是一种有效的数控程序验证方法。在进行产品加工前,采用三维实体模型下的数控加工过程仿真,能真实地显示出加工过程中的零件模型、切削形状、刀具轨迹、进退刀方式是否合理、刀具和约束面是否干涉与碰撞等。它具有减少材料浪费、延长机床和刀具寿命、提高数控加工程序的可靠性和检验过程的安全性等优点。

1. 数控加工仿真系统的主要类型

1) 基于不同目标的加工仿真

按不同的仿真目标,数控加工仿真可分为几何仿真和物理仿真两个方面。几何仿真不考虑切削参数、切削力及其他因素的影响,只仿真刀具、工件、夹具、机床等的几何位置和运动关系,以验证 NC 程序的正确性。几何仿真方法可分为基于实体造型的 NC 仿真和基于曲面的 NC 仿真。

切削过程的力学仿真属于物理仿真范畴,它通过仿真切削过程的动态力学特性来预测刀具磨损、破损、振动等,控制切削参数,从而达到优化切削过程的目的。力学仿真需建立相应的力学模型,以探索加工精度与材料性能、刀具参数、切削用量等之间的关系。

2) 基于不同数据的加工仿真

根据仿真过程中采用的数据驱动,数控加工仿真可分为两类:一类是基于后置处理前数据的仿真,即基于刀位(cutter location,CL)数据的数控加工过程仿真或者叫刀具轨迹仿真;另一类是基于后置处理所产生的 NC 程序而进行的仿真,即基于 NC 程序的数控加工过程仿真。前者的仿真结果能适用于多台同类型数控机床,但不足以反映后置处理以后数控程序的加工效果,故存在一定的安全隐患。后者由于其仿真对象与数控机床实际使用的数据相一致,故仿真结果能很好地反映零件的实际加工过程和加工结果。

3) 基于不同加工场景的加工仿真

从仿真系统的仿真场景看,加工仿真系统可分为以下 4 类。

第一类是针对刀具与零件的加工仿真,主要反映刀具与零件、夹具的相对运动关系,其仿真功能相对简单,大多数 CAM 系统均具备这种仿真功能。

第二类是针对整个数控机床的加工仿真,包括机床本身、附件及刀夹具等。机床仿真能较完整地反映零件在机床上的加工过程和 NC 程序的运行结果,仿真系统相对复杂。除了验证 NC 程序的正确性之外,机床仿真还用于碰撞与干涉检测。

第三类是针对整个加工车间的仿真系统,包括车间内的所有数控机床、传送装置等。

第四类是面向工件整个加工流程的仿真系统,可称为全过程仿真。它以工件为中心,目的在于完整地仿真工件从毛坯到成品的全部加工过程。

目前,数控加工仿真主要集中于刀具轨迹和机床运动仿真。在仿真复杂零件的加工过程时,通常的做法是:①分别针对每种机床建立其仿真模型;②在第一台机床上进行仿真加工,完成后输出半成品的模型文件;③将前面输出的模型文件导入到下一台机床的仿真模型中,定位后继续下一步仿真;④以此类推,完成零件的全部仿真工作,最后得到成品模型,进行检测与分析。

这种方式存在明显的不足,主要在于手工输出和输入模型文件时会出现信息丢失的情况,导致数据不一致,从而影响仿真的效果和有效性。

全过程仿真一次会话完成零件加工所经机床及相应工序的全部仿真内容,无须模型的导出与导入。全过程仿真至少具有以下优点:①易于保证数据的一致性,从而确保仿真的精度;②省去了模型转换的步骤,可提高仿真效率;③有利于实现制造系统的集成。

2. 基于 UG 和 VERICUT 的数控加工仿真技术

VERICUT 由美国 CGTECH 公司开发,可运行于 Windows 及 Unix 平台上,具有强大的三维加工仿真、验证、优化等功能。VERICUT 6.0 可在一个工程中仿真多台机床及相应的加工步骤。基于 UG 和 VERICUT 的加工仿真流程如图 8.12 所示。

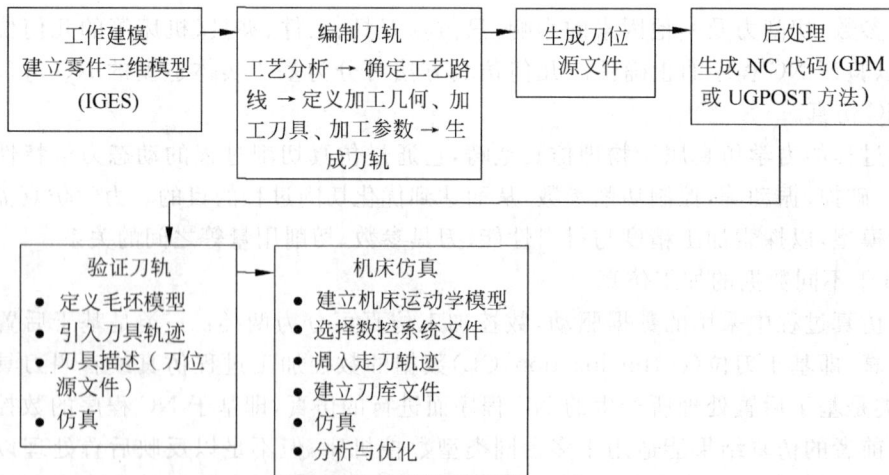

图 8.12 基于 UG 和 VERICUT 的加工仿真流程

UG 建模(Modeling)模块由实体建模(Solid Modeling)、特征建模(Features Modeling)、自由曲面建模(Freeform Modeling)三部分组成,完全可以满足建立复杂结构零件的参数化模型的要求;UG 制造(Manufacturing)模块可以根据输入的制造信息,如刀具直径、切削用量、主轴转速、切削速度等,自动生成刀具轨迹;UG 后置处理(Post-processing)

模块可以根据指定的数控系统,生成针对具体机床的数控加工程序。

用 VERICUT 进行机床仿真是以 NC 代码为驱动数据,需要有相应的数控系统(.ctl)文件,才能正确读取 UG 中生成的 NC 代码。可以直接调用已有的控制系统文件,也可以自己根据相应数控系统建立新的控制系统文件。为了实现机床的动态仿真,还需要建立数控机床(.mch)文件,其中包括机床的运动学模型和实体模型,运动学模型定义机床各部件之间的关系和各自的位置,实体模型可以由 UG 中调入,也可以直接在 VERICUT 中建立。因为 NC 代码不像刀具源文件一样包含刀具形状、尺寸的描述,因此必须在 VERICUT 中建立刀具库(.tls)文件,并进行合理的参数设置。还可以建立优化刀具库(.olb)文件,加工仿真时调用优化刀具库文件,能够在不改变原有加工路线的条件下,产生优化的刀具轨迹(.opti)文件,其中包含最佳的切削参数设置,实现最大的加工效率等优化要求。

8.6　常用 CAM 软件系统的功能简介

1. MasterCAM 系统

MasterCAM 是一种应用广泛的 CAD/CAM 软件,由美国 CNC Software 公司开发,V5.0 以上运行于 Windows 或 Windows NT。该软件三维造型功能稍差,但操作简便实用,容易学习。新的加工任选项使用户具有更大的灵活性,如多曲面径向切削和将刀具轨迹投影到数量不限的曲面上等功能。该软件系统还包括新的 C 轴编程功能,可顺利将铣削和车削结合。其他功能,如直径和端面切削、自动 C 轴横向钻孔、自动切削与刀具平面设定等,有助于高效的零件生产。其后处理程序支持铣削、车削、线切割、激光加工以及多轴加工。另外,MasterCAM 提供多种图形文件接口,如 SAT、IGES、VDA、DXF、CADL 以及 STL等。由于该软件的价格适宜,应用广泛,同时它具有很强的 CAM 功能,成为现在应用最广的 CAM 应用软件之一。

2. UG CAD/CAM 系统

UG 是美国 EDS 公司发布的 CAD/CAE/CAM 一体化软件,广泛应用于航空、航天、汽车、通用机械及模具等领域。UG 的 CAM 模块功能非常强大,它提供了一种产生精确刀具路径的方法,该模块允许用户通过观察刀具运动来图形化地编辑刀具轨迹,如延伸、修剪等,它所带的后置处理模块支持多种数控系统。

3. Cimatron 系统

Cimatron 是以色列的 Cimatron Technologies 公司开发的,可运行于 DOS、Windows 或 NT 系统,是早期的微机 CAD/CAM 软件。其 CAD 部分支持复杂曲线和复杂曲面造型设计,在中小型模具制造业有较大的市场。在确定工序所用的刀具后,其 NC 模块能够检查出应在何处保留材料不加工,对零件上符合一定几何或技术规则的区域进行加工。通过保存技术样板,可以指示系统如何进行切削,可以重新应用于其他加工件,即所谓基于知识的加工。该软件能够对含有实体和曲面的混合模型进行加工。它还具有 IGES、DXF、STA、CADL 等多种图形文件接口,是中小型模具行业应用最广泛的软件之一。

4. SurfCAM 系统

SurfCAM 是美国的 Surfware 公司开发的,是基于 Windows 的数控编程系统,附有全新透视图基底的自动化彩色编辑功能,可迅速而又简捷地将一个模型分解为型芯和型腔,从而节省复杂零件的编程时间。该软件的 CAM 功能具有自动化的恒定 Z 水平粗加工和精加工功能,可以使用圆头、球头和方头立铣刀在一系列 Z 水平面上对零件进行无撞伤的曲面切削。对某些作业来说,这种加工方法可以提高粗加工效率和减少精加工时间。V7.0 版本完全支持基于微机的实体模型建立。另外 Surfware 公司和 SolidWorks 公司签有合作协议,SolidWorks 的设计部分将成为 SurfCAM 的设计前端,SurfCAM 将直接挂在 SolidWorks 的菜单下,两者相辅相成。

5. Power MILL 系列软件

英国 DELCAM 公司的 CAM 系列软件主要有 Power SHAPE,Power MILL,Copy CAD,Art CAM,Power INSPECT 等。Power SHAPE 是一套复杂形体的造型系统,采用全新的 Windows 用户界面、智能化光标新技术,操作简单,易于掌握。它具有实体和曲面建模相连接的技术,发挥了实体与曲面两种系统的优势,提供了多曲面、多实体等圆角和双圆角及自动修剪功能。Power MILL 是一个独立的加工软件包,它是功能强大、加工策略最丰富的数控加工编程软件系统。它可以帮助用户产生最佳的加工方案,它可由输入的模型快速产生无过切的刀具路径。这些模型可以是由其他软件包产生的曲面,如 IGES 文件,STL 文件或是直接从 Power SHAPE 输入的曲面文件。Power MILL 的用户界面十分友好,菜单结构非常合理,它提供了从粗加工到精加工的全部选项。Power MILL 还提供刀具路径动态模拟和加工仿真,可直观检查和查看刀具路径。Copy CAD 是一个采用最新数字模型和软件技术研制开发的逆向工程(reverse engineering)软件系统。Art CAM 是根据二维艺术设计建立三维浮雕,并进行数控加工的软件。Power INSPECT 用于复杂形体的实时在线检测,并自动产生检测结果报告,包括复杂形体关键位置精度、误差等重要参数,使用户可以控制所加工产品的误差范围,进行严格的质量控制。

6. EdgeCAM 系统

EdgeCAM 是英国 Pathtrace 工程系统公司开发的一套智能数控编程系统,是在 CAM 领域里面非常具有代表性的实体加工编程系统。从应用范围和功能方面代表了新一代软件的发展方向,具有很多独到的技术优势,尤其针对实体模型的加工编程,堪称业界的标准。

EdgeCAM 作为新一代的智能数控编程系统,完全在 Windows 环境下开发,保留了 Windows 应用程序的全部特点和风格,无论从界面布局还是操作习惯上,非常容易为新手所接受。多语言环境的支持,为不同地区的用户提供了本地化语言包。简洁的中文图标化界面可以随使用环境的变化而动态调整功能菜单显示,不但可以使操作者方便快捷地使用软件的相关功能,还可以避免操作错误的发生,同时可以让使用者无限次地撤销已做的操作或回退。

值得一提的是 EdgeCAM 的后处理编译系统,改变了传统的 CAM 软件后处理编译方式,通过 Windows 界面下的一个应用程序来完成所有的后处理参数配置过程,无须软件开发经验,任何人员都可以独立地完成后处理的制作。

8.7　MasterCAM 数控编程实例

本节 MasterCAM 对模具零件的刀具轨迹生成和数控自动编程进行介绍,以此了解和初步掌握数控编程的基本方法。

8.7.1　MasterCAM 的基本功能

MasterCAM 是一套服务于制造业的数控自动编程软件,它包括设计(Design)、铣削(Mill)、车削(Lathe)和线切割(Wire)等模块。

Design 模块用于创建线框、曲面和实体模型,完成二维和三维图形的设计,它具有全特征化造型功能和强大的图形编辑、转换功能。也可以通过系统提供的 DXF、IGES、VDA、STL、PARASLD、DWG 等标准图形转换接口,把其他 CAD 软件生成的图形转换为 MasterCAM 的图形文件。

Mill、Lathe 和 Wire 等模块用于生成和管理铣、车和线切割加工刀具路径和输出数控加工代码。MasterCAM 可以通过 Backplot(刀具路径模拟)和 Verify(实体切削模拟)验证生成的刀具轨迹及进行干涉检查,用图形动态方式检验加工代码的正确性。通过后置处理可获得符合某种数控系统需要和使用者习惯的 NC 程序;也可以通过计算机的串口或并口与数控机床连接,将生成的 NC 代码由系统自带的 Communications 功能传输给数控机床。

8.7.2　MasterCAM 的工作界面

MasterCAM 的工作界面与其他 Windows 应用软件类似,简单易学,界面友好如图 8.13 所示。

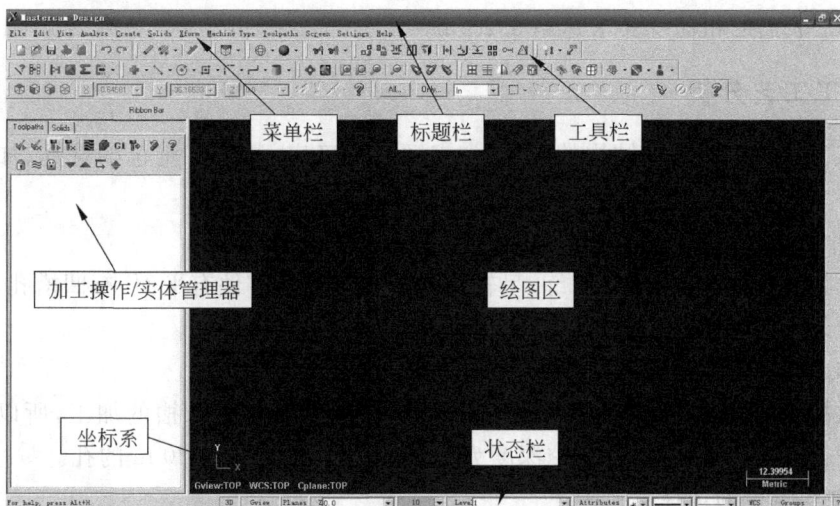

图 8.13　MasterCAM 的工作界面

8.7.3　MasterCAM 数控编程的一般工作流程

利用 MasterCAM 进行数控编程的一般工作流程为：

（1）按图样或设计要求，建立 MasterCAM 的 3D 模型，生成图形文件（扩展名为 .MCX）；

（2）利用 CAM 模块生成轮廓加工刀具路径文件（扩展名为.NCI）；

（3）通过后置处理，将刀具路径文件生成为数控设备可直接执行的数控加工程序（扩展名为.NC）。

8.7.4　MasterCAM 数控编程实例

1．零件模型

本实例要加工的是一个模具零件，零件模型如图 8.14 所示。需要在分析零件加工工艺的基础上完成整个零件的生产加工，包括铣削轮廓、钻孔和挖槽等工序。

零件外形呈矩形长 150 mm，宽 100 mm，高度 20 mm，四周半径 20 mm 的圆弧倒角。椭圆形凹槽深度为 5 mm。零件中心处孔的直径为 20 mm。

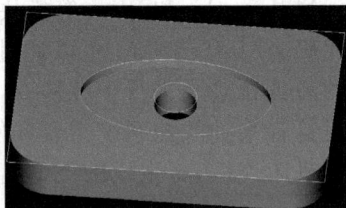

图 8.14　零件模型

零件的加工要求为：

（1）铣削零件表面外形轮廓（上、下表面已完成加工）；

（2）挖深度为 5 mm 的槽；

（3）钻直径为 20 mm 的孔；

（4）公差按照 IT10 级的自由公差确定；

（5）加工表面的粗糙度要求达到 $3.2 \mu m$。

2．加工工艺分析

加工工艺分析包括零件结构的分析、加工顺序的确定、装夹与定位的选择、加工刀具的选择确定等。

1）零件结构分析

该零件为铸造件，它的结构简练，呈轴对称形状。因为零件有平面，有凹槽孔，所以需要进行零件的外形轮廓铣削、挖槽和钻孔。

2）加工顺序的确定

根据数控铣床的工序划分原则，先安排平面铣削，后安排孔和槽的加工，所以零件的加工顺序如下：粗铣和精铣外轮廓；挖深度为 5 mm 的槽；钻直径为 20 m 的孔。

3）装夹与定位的选择

由于该零件为轴对称零件，所以便于装夹和定位。在零件加工时，可以采用找正定位方式。

4) 加工刀具的选择确定

从零件的加工顺序可以看出,需要 3 把加工刀具:铣削外轮廓、钻孔和挖槽。选择直径为 10 mm,材料为硬质合金的立铣刀;选择直径为 20 mm,材料为高速钢的麻花钻来加工直径为 20 mm 的孔;选择直径为 6 mm,材料为高速钢的键槽铣刀来挖深度为 5 mm 的槽。

3. 初始化加工环境

(1) 启动 MasterCAM,打开如图 8.15 所示的零件模型文件,在主菜单中选择 Machine Type→Mill→Default 命令,选择默认铣床。

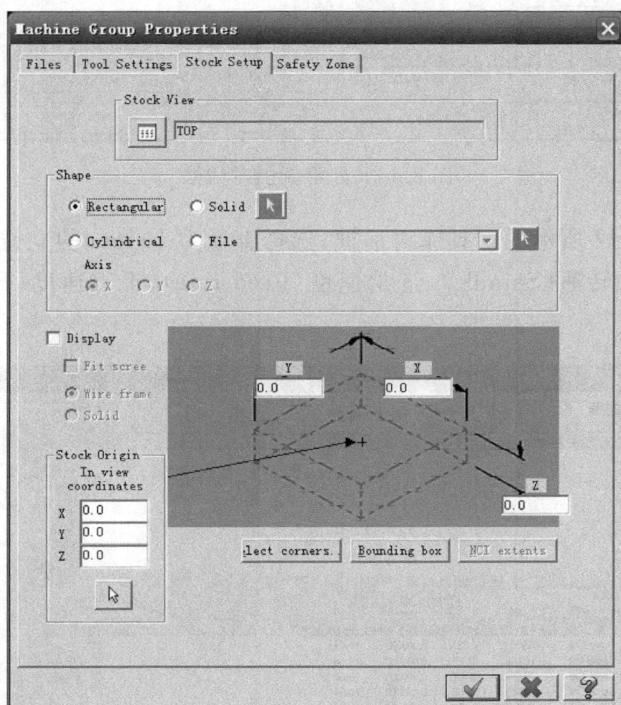

图 8.15　Machine Group Properties 对话框

(2) 在"加工操作管理器"中的 ⊔ Properties - Generic Mill 属性下单击 ◆ Stock setup(工件设置),弹出如图 8.15 所示的 Machine Group Properties(加工组属性)对话框。在对话框中设置工件毛坯尺寸,确定工件上表面中心作为工件原点。

4. 规划刀具路径

根据模型文件及工艺分析,该零件加工刀具路径划分为外形铣削、挖槽加工和钻孔加工。

1) 外形铣削加工

在主菜单中选择 ToolPaths→Contour Toolpath 命令,选取带圆角的矩形串联,串联方向为逆时针。确认后,弹出如图 8.16 所示的 Contour 外形铣削对话框。

在 Toolpath parameters 空白区域单击鼠标右键,在弹出菜单中执行 Tool Manager 命

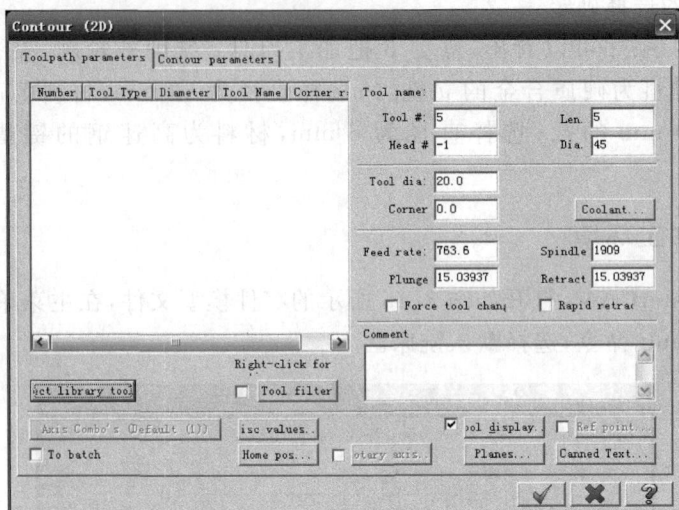

图 8.16　外形铣削对话框

令,系统弹出如图 8.17 所示的刀具库对话框,选择直径为 10 mm 的立铣刀。确定后返回到图 8.16 中,设置主轴转速(Spindle)、进给速度(Feed rate)、下刀速度(Plunge)和退刀速度(Retract)等参数。

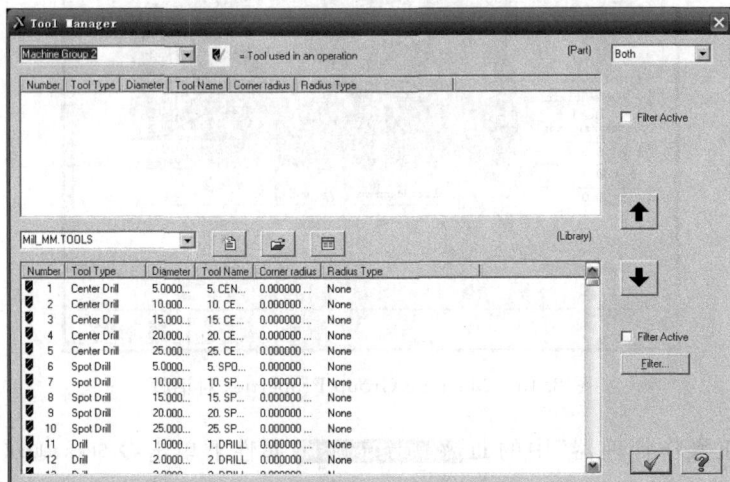

图 8.17　刀具库对话框

在图 8.18 所示的外形铣削参数选项卡中,设置好安全高度(Clearance)、下刀高度(Feed Plane)、加工深度(Depth)等参数。同时设置好刀补方式和刀补方向。考虑到外形铣要经过粗、精加工,单击 Multi Passes 按钮,打开外形分层铣削设置对话框,如图 8.19 所示。安排 3 次粗铣,每次进刀量设置为 6 mm,1 次 0.5 mm 的精加工。

2) 挖槽加工

在主菜单中选择 ToolPaths→Pocket Toolpath 命令,选取椭圆串联。确认后,弹出如图 8.20 所示的 Pocket 挖槽铣削参数设置对话框。

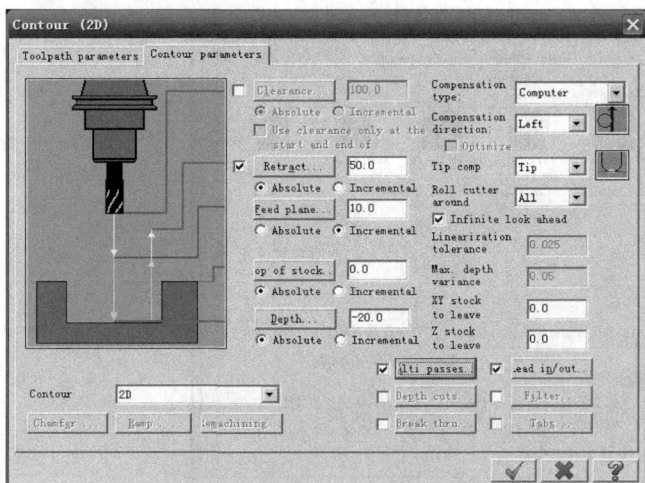

图 8.18　外形铣削参数选项卡　　　　图 8.19　外形分层铣削设置对话框

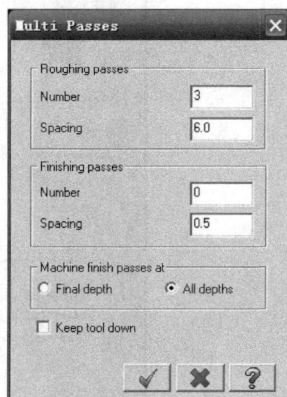

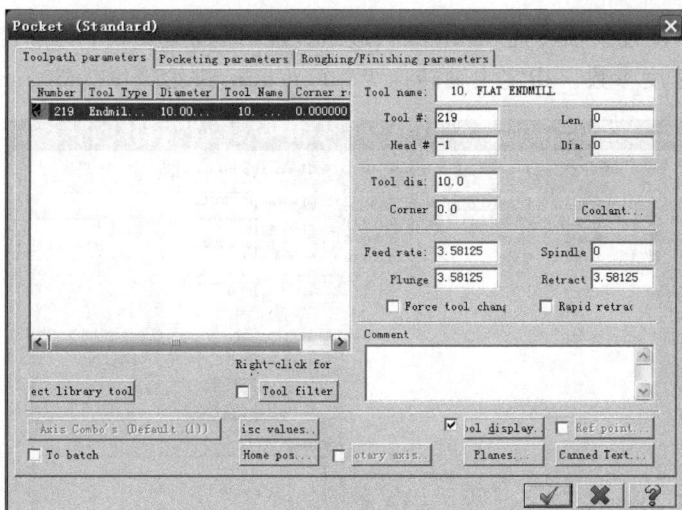

图 8.20　挖槽铣削参数设置对话框

以外形铣同样的方法，通过 Tool Manager 命令，选择直径为 6 mm 的键槽铣刀。确定后返回到图 8.20 中，设置主轴转速(Spindle)、进给速度(Feed rate)、下刀速度(Plunge)和退刀速度(Retract)等速度参数。指定主轴转速为 400 r/min，进给速度为 200 mm/min。

同样，在挖槽铣削参数选项卡中，设置好安全高度(Clearance)、下刀高度(Feed Plane)、加工深度(Depth)等参数。同时设置好刀补方式和刀补方向。

在图 8.21 所示的挖槽粗/精加工参数设置选项卡中，可设置粗/精加工的有关参数和走刀方式。根据此处的零件模型，采用等距环切(Constant Overlap Sporal)方式。

3) 钻孔加工

在主菜单中选择 ToolPaths→Drill Toolpath 命令，选取孔的中心点。确认后，弹出如图 8.22 所示的 Simple Drill 钻孔参数设置对话框。

以外形铣同样的方法，通过 Tool Manager 命令，选择直径为 20 mm 的麻花钻。确定后

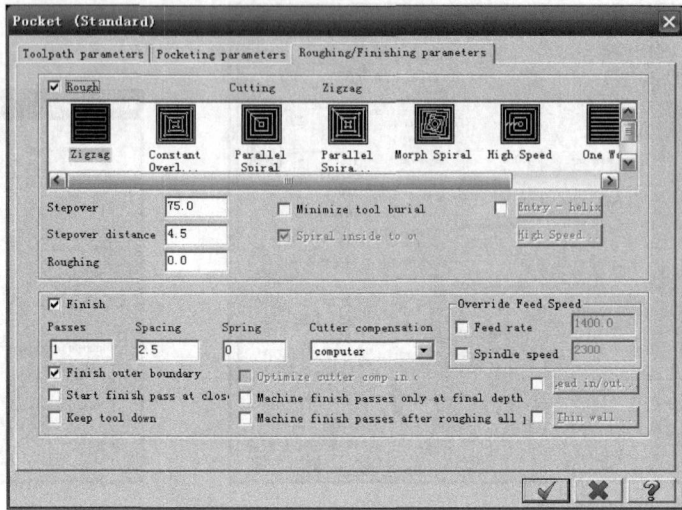

图 8.21　挖槽粗/精加工参数设置选项卡

返回到图 8.22 中,设置主轴转速(Spindle)、进给速度(Feed rate)、下刀速度(Plunge)和退刀速度(Retract)等速度参数。指定主轴转速为 400 r/min,进给速度为 50 mm/min。

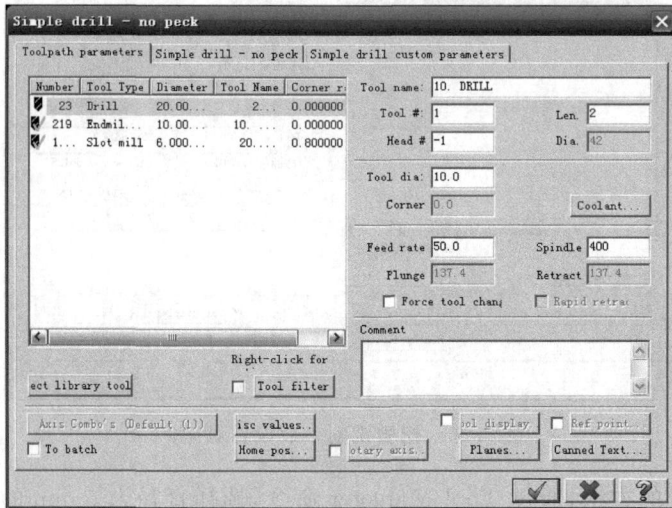

图 8.22　钻孔参数设置对话框

同样,在图 8.23 所示的钻孔参数选项卡中,设置好安全高度(Clearance)、下刀高度(Feed Plane)、加工深度(Depth)等参数。由于钻孔深度小于钻头直径的 3 倍,选择 Drill/Counterbore 工作方式。由于是通孔,单击 Drill Tip Compensation 按钮,在"Drill Tip Compensation"对话框(见图 8.24)中,设置刀尖偏移参数。再同时设置好刀补方式和刀补方向。

5. 生成刀具路径

设置好相关参数后,单击"确认"按钮 ☑ ,产生刀具路径如图 8.25 所示。

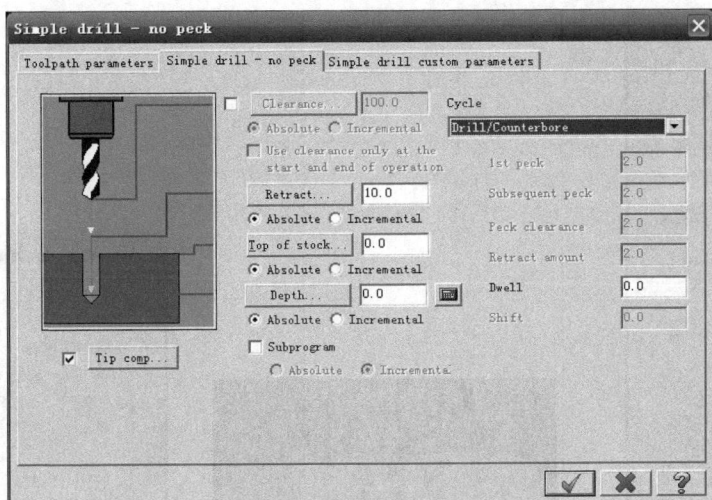

图 8.23 钻孔参数选项卡

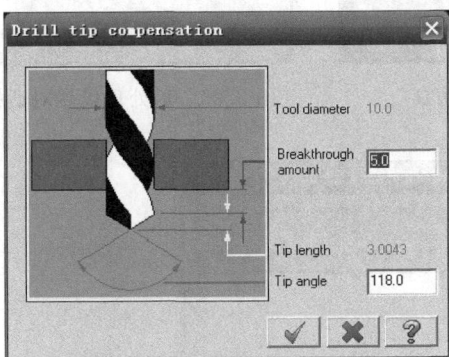

图 8.24 刀尖偏移参数设置对话框

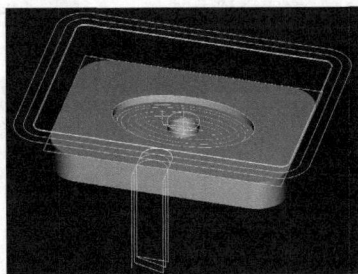

图 8.25 刀具路径

6. 实体加工模拟

刀具路径生成后,为了检查刀具路径是否正确,可以通过刀具路径实体模拟进行加工过程仿真。

在操作管理器中单击 (选择所有操作)按钮,再单击 (实体模拟)按钮,弹出 Verify (实体模拟)对话框,如图 8.26 所示。在实体模拟对话框中单击 ▶(播放)按钮,即可进行模拟加工,如图 8.27 所示。

7. 生成数控代码

刀具路径检验无误后,即可生成数控加工程序。在操作管理器中单击 (选择所有操作)按钮,然后单击 **G1**(后处理)按钮,弹出如图 8.28 所示的 Post processing(后处理设置)对话框,单击"确认"按钮 ✓,在"另存为"对话框中命名 NC 文件,"保存"后生成 G 代码程序如图 8.29 所示。

图 8.26 实体模拟对话框

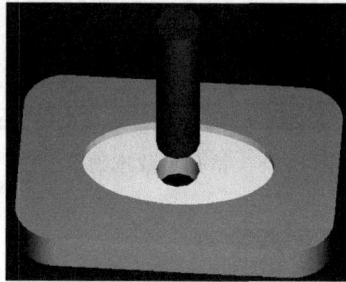

图 8.27 加工仿真

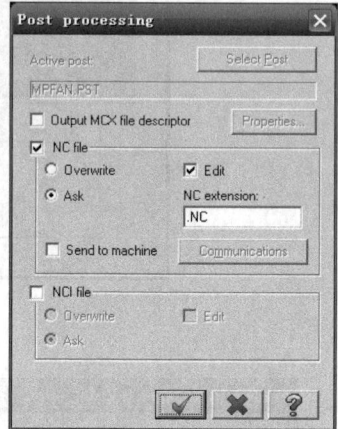

图 8.28 后处理设置对话框

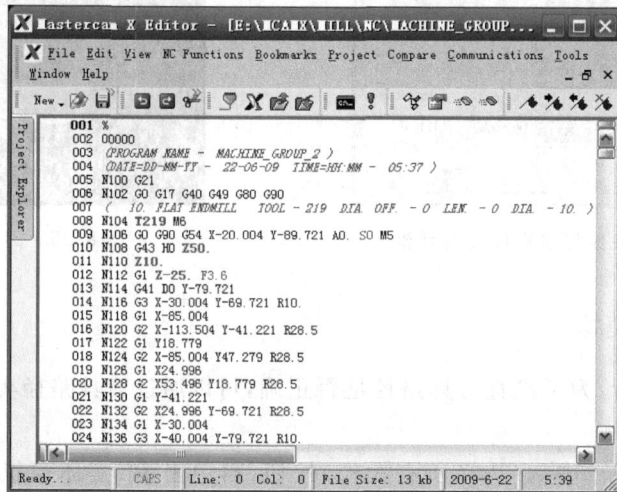

图 8.29 NC 加工程序

习题

1. 什么是 CAM 技术? 简述广义 CAM 和狭义 CAM 的内涵与特点。
2. 什么是数字控制? 简述数控机床的工作原理、组成和分类。
3. 常用的数控机床编程的方法有哪些, 各自的特点是什么?
4. 数控程序中有哪些功能字? 什么是 G 指令和 M 指令? 它们的作用分别是什么?
5. 什么是机床坐标系? 什么是工件坐标系? 它们是如何建立的?

6. 简述数控加工编程的基本过程和主要内容。
7. 数控加工仿真系统有哪些主要类型？请你通过对相关企业的调研，了解数控加工仿真系统的应用情况，尚存在哪些问题？你认为这些问题应如何解决？
8. 简述 MasterCAM 数控编程系统的特点。收集、了解当前市场主流数控编程系统产品，分析其各自的优缺点，总结数控编程系统的技术发展趋势。

第9章

CAD/CAM 集成技术

教学提示与要求

    CAD/CAM 集成技术通过产品信息模型、数据交换等方法将 CAD 设计环节和 CAM 制造环节集成在一起，实现了信息集成和数据集成，大大提高了设计和制造效率、新产品开发速度。本章介绍了 CAD/CAM 集成技术与方法，包括 CAD/CAM 集成系统的逻辑结构、总体结构、关键技术、系统集成方法，介绍了常用的产品数据交换标准，讨论了产品信息的描述与集成数据模型，给出了基于 PDM 的 CAD/CAM 集成系统与实例。通过本章的教学使学生从整体上了解 CAD/CAM 集成技术与方法，为开发 CAD/CAM 集成系统奠定基础。

9.1 CAD/CAM 集成技术与方法

    各个单项 CAD、CAE、CAM 技术的发展和应用，在各自的领域发挥了重要的作用，但由于它们彼此间模型定义、数据结构、外部接口的不同，从而在产品生产过程中自然形成了一个个自动化"孤岛"，难以实现信息自动传递和交换。为了充分利用这些宝贵的计算机软、硬件资源和企业产品信息资源，缩短产品开发周期，降低开发成本，消除存在的"孤岛"现象，自20 世纪 80 年代初便提出了 CAD/CAM 系统集成技术。CAD/CAM 集成系统借助于工程数据库技术、网络通信技术以及产品数据接口技术，把各个不同 CAD/CAM 模块高效、快捷地集成起来，实现软、硬件资源共享，保证系统内的信息畅通无阻。

    随着网络技术、信息技术的发展和全球化市场进程的加快，计算机信息集成技术得到迅速的发展，除了在工程设计领域内实现了 CAD/CAM 信息有效集成之外，还在企业内部实现了包括工程设计信息、经营管理信息、产品质量信息等整个企业的信息集成。

9.1.1 CAD/CAM 集成系统的逻辑结构

    目前，广泛研究的狭义的 CAD/CAM 集成，主要是几何造型、工程分析、工艺规划和数控加工的集成，是当今制造业中计算机应用的研究热点之一。CAD/CAM 集成软件逻辑图如图 9.1 所示。

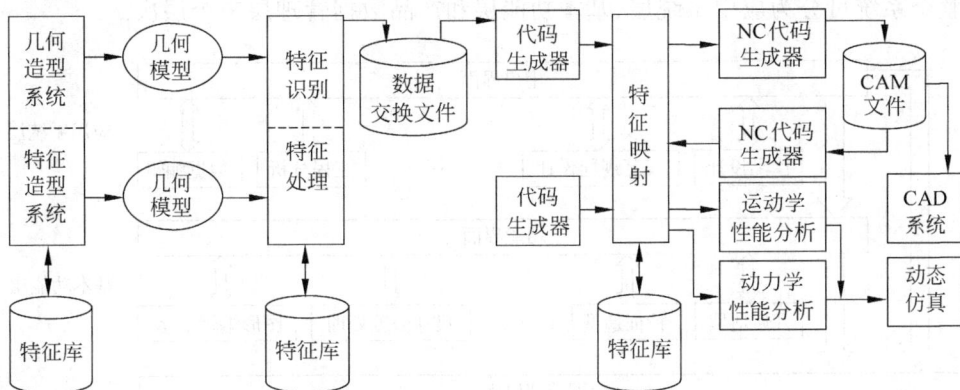

图 9.1 CAD/CAM 集成软件逻辑图

实现 CAD/CAM 集成的主要障碍是数据共享问题,子系统之间信息传递困难。CAD/CAM 集成并非将所有应用程序编制在一个模块中,而是通过不同的数据结构映射与传递,利用各种接口将 CAD、CAE、CAM 的应用程序、数据库、规范和标准连接起来,从而实现信息的自动交换和共享。传统的 CAD、CAE、CAM 系统是无法满足上述的要求和功能的。其实,CAD 系统中的几何模型以及描述零件的几何和拓扑结构信息相当完美,这些信息也是 CAE、CAM 子系统所需要的。CAD/CAM 软件的数据交换处理过程一般应具备如图 9.2 所示三个层次要求的功能。

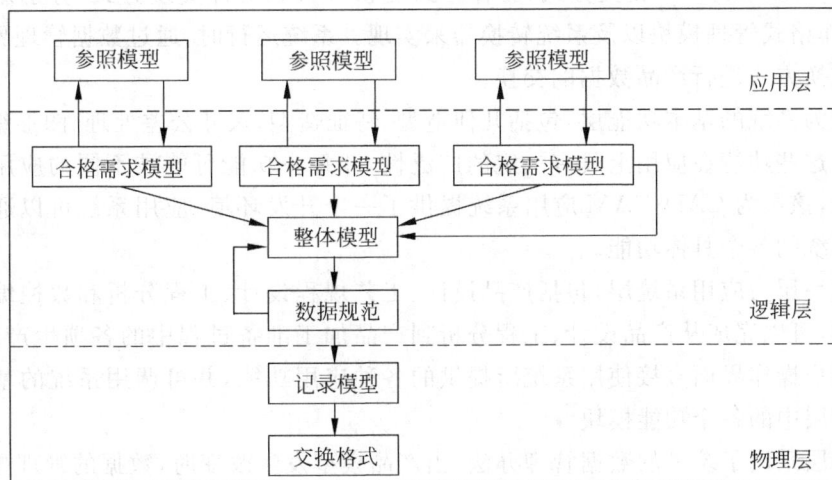

图 9.2 CAD/CAM 软件数据交换的三个层次

9.1.2 CAD/CAM 集成系统的总体结构

CAD/CAM 集成系统是将 CAD、CAE、CAM 等各种不同功能的软件系统进行有机的结合,用统一的控制程序来组织各种信息的提取、交换、共享和处理,保证系统内信息流的畅通并有效协调地运行。CAD/CAM 集成系统结构形式多样,图 9.3 为一种典型的系统总体结构,整个系统可分为应用系统层、基本功能层和产品数据管理层三个层次。

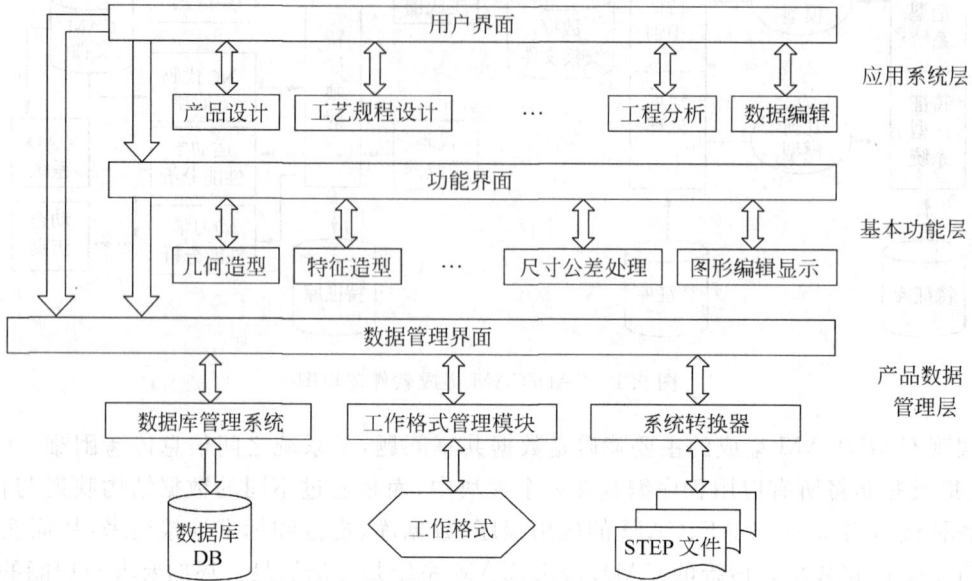

图 9.3 CAD/CAM 集成系统的总体结构

最底层为产品数据管理层,它是以 STEP 产品模型定义为基础。这一层提供了三种数据交换方式,即数据库 DB 变换方式、工作格式变换方式和文件交换方式,分别用数据库管理系统、工作格式管理模块以及系统转换器来实现。系统运行时,通过数据管理界面按所选定的数据交换方式进行产品数据的交换。

中间层为系统的基本功能层,包括几何造型、特征造型、尺寸公差处理、图形编辑显示等基本功能。这些功能在应用上具有一定的广泛性,即每一功能可能被不同的应用系统所调用。实际上,该层为 CAD/CAM 应用系统提供了一个开发环境,应用系统可以通过功能界面来调用系统的各个具体功能。

最上面一层为应用系统层,包括产品设计、工艺规程设计、工程分析和数控编程等各种不同的应用,可以完成从产品设计、工程分析到产品加工准备过程中的各项生产作业任务。用户通过用户操作界面直接使用系统所提供的各种应用功能,并可调用系统的基本功能层和数据管理层中的各个功能模块。

由于底层采用了统一的数据管理办法,当产品模型发生改变时,数据的管理方式可保持不变,所以对系统的软件结构也不会造成什么影响。由于系统采用分层结构,各层具有相对的独立性,并且拥有自身的标准界面,这样当需要对某层进行功能扩展时,对其他层的影响较小。此外,由于各层相互独立,使得各个层次的系统开发人员不必了解其他层的内部细节,只要了解各个界面所提供的功能接口即可进行相互间的功能调用。

9.1.3 CAD/CAM 集成的关键技术

CAD/CAM 集成的目的就是按照"产品设计—设计验证—工艺生产制造"的实际过程

在计算机内实现各应用系统所需的信息处理和交换,形成连续、协调的信息流。为了达到这一目的,必须解决产品建模技术、集成数据管理技术以及产品数据交换接口技术等 CAD/CAM 集成的关键技术。这些关键技术的实施水平是衡量 CAD/CAM 系统集成度高低的重要依据。

1. 产品建模技术

为了实现 CAD/CAM 信息的高度集成,一种共享的产品数据模型是至关重要的。一个完善的产品数据模型是 CAD/CAM 系统进行信息集成的基础,也是 CAD/CAM 系统数据共享的核心。基于传统实体造型的 CAD/CAM 系统仅仅是局限于对产品几何形状的描述,缺乏产品加工制造所需的生产工艺信息,难以实现 CAD/CAM 系统的集成。将具有工程语义的特征概念引入 CAD/CAM 造型系统,建立基于特征的产品数据模型,这不仅支持从产品设计到加工制造各个产品生产阶段所需的产品信息,包括几何信息、工艺信息,而且还提供了符合人们思维方式的工程描述语言特征,能够较方便地实现 CAD/CAM 之间的数据交换和共享。就目前技术水平而言,基于特征的产品数据模型是解决产品建模关键技术的比较有效的途径。

2. 集成数据管理技术

在 CAD/CAM 集成系统中,除了涉及一些结构型数据之外,还有大量如图形、图像、甚至语音等非结构型数据;除了产品结构数据之外,还有大量的工艺数据、加工装配数据和生产管理数据等。CAD/CAM 集成系统所涉及的数据类型多,数据处理工作量大,数据管理日趋复杂,常见的商用数据库系统是难以胜任的,必须借助工程数据库管理系统的支持。工程数据库系统能够处理复杂数据类型和复杂数据结构,具有对工程数据的动态定义和动态建模的能力,支持网络分布式设计环境,向用户提供透明性且支持所有应用系统对全局数据的存取。通过工程数据库管理系统,从产品设计、工程分析直到制造过程中所产生的全部数据都能维护在同一数据库环境中。

3. 产品数据交换接口技术

所谓产品数据交换是指在不同的计算机、不同操作系统、不同数据库和不同应用系统之间进行数据的通信。由于 CAD、CAE、CAM 技术是各自独立发展起来的,各系统内的数据表示形式不可能完全统一,致使不同系统间的数据交换难以进行,影响了各应用系统功能的发展,难以进一步提高 CAD/CAM 系统的工作效率。解决产品数据交换技术的途径,是制定国际性的数据交换规范和网络协议,开发各类系统接口,保证在各种环境下数据交换的正确性和可靠性。

9.1.4　CAD/CAM 系统集成的方法

CAD/CAM 系统的集成并非是各个应用系统模块叠加式的组合,而是通过不同的数据结构的映射和数据交换,利用各种接口将 CAD/CAM 的各应用程序和数据库连接成一个集成化的整体。CAD/CAM 的集成涉及网络集成、功能集成和信息集成等诸多方面,其中的网络集成是要解决异构和分布环境下网内和网间的设备互联、传输介质互用、网络软件互操作和数据互通信等问题；功能集成应保证各种应用互通互换、应用程序互操作以及系统界面一致性等；而信息集成是要解决异构数据源和分布式环境下的数据互操作和数据共享等问题。信息集成是 CAD/CAM 集成的核心，是多年来受工业界和学术界非常关注的课题。

1. 利用专用数据接口实现集成

通过专用格式文件的集成方式即在两应用系统之间，通过专用格式的数据文件进行系统信息的交换。在这种方式下，对于相同的开发和应用环境，各系统之间可协调确定统一的数据格式文件，便可实现系统间的信息互联；而在不同的开发应用环境下，如图 9.4 所示，则需要在各系统与专用数据文件之间开发专用的数据转换接口，进行前置和后置处理，以实现系统间的集成。该信息集成方法原理简单，转换接口程序易于实现，运行效率较高。但由于各应用系统所采用的模型结构各不相同，且相互间的数据交换仅作用于两个系统之间，所以由多个子系统组成 CAD/CAM 集成系统需要设计较多的专用格式转换接口，若以 N 个子系统双向传输为例，则需要 $2N$ 个前/后置处理接口。显然，这种方法无法实现广泛的数据共享，数据的安全性和可维护性较差，仅适用于范围小、结构简单的 CAD/CAM 系统的信息集成。

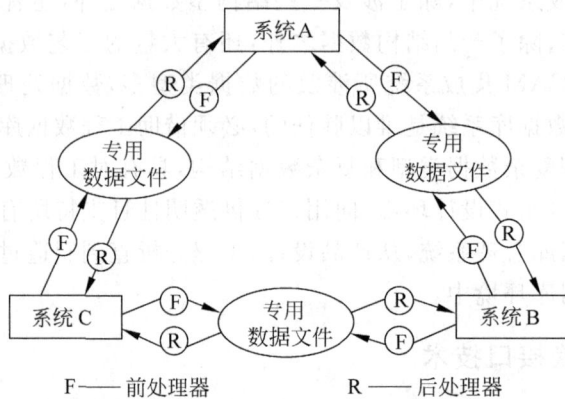

F——前处理器　　　　　R——后处理器

图 9.4　通过专用格式数据文件的集成方法

2. 利用数据交换标准的中性格式接口文件实现集成

通过标准格式中性数据文件的集成方式即采用统一格式的中性数据文件作为系统集成的工具，各个应用子系统通过前置和后置数据转换接口进行系统间数据的交换。如图 9.5 所示，每个子系统只与大家公认的标准格式中性文件打交道，无须知道其他系统的具体结构，大大减少了集成系统内的数据转换接口数，降低了接口维护难度，便于应用系统的开发和使用。

若有 N 个子系统集成，其转换接口数仅为 $2N$ 个。可见，这种通过标准格式数据文件的集成方式可以在较大的范围内实现数据的共享，是目前 CAD/CAM 集成系统应用较多的有效方法之一，许多图形系统的数据转换就是采用这种中性的标准格式数据文件实现，如

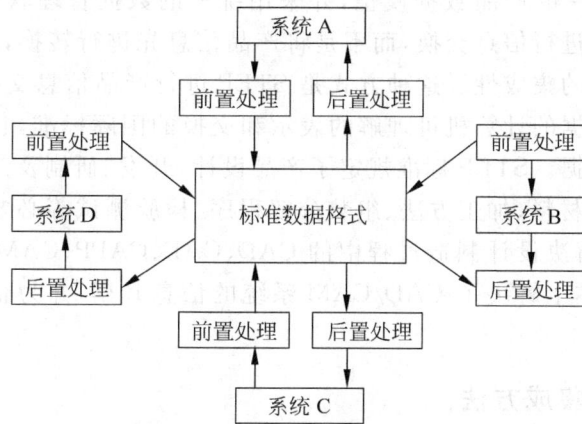

图 9.5 通过标准格式数据文件的集成方式

IGES、DXF 等图形转换标准。然而,由于各子系统之间仍须通过各自转换接口进行数据的转换,降低了系统运行效率,也可能影响数据转换的可靠性和一致性。

3. 利用工程数据实现集成

利用公用工程数据库进行系统集成,这是一种较高水平层次的数据共享和集成方法,各子系统通过用户接口按工程数据库要求直接存取或操作数据库。与用文件形式实现系统集成的方法相比,大大提高了集成系统的运行速度,提高了系统集成化程度,既可实现各子系统之间直接的信息交换,又可使集成系统真正做到数据的一致性、准确性、及时性和共享性,该集成方法原理如图 9.6 所示。近年来,随着高速信息网络的应用和网络多媒体数据库的出现,以及远程设计、并行设计环境的建立,这为通过工程数据库实现异地系统间信息资源的共享和集成提供了更多的技术支持。

4. 利用统一产品数据模型实现集成

这是一种将 CAD、CAE、CAM 作为一个整体来规划和开发,从而实现信息高度集成和共享的方案。如图 9.7 所示为基于统一产品模型和数据库的集成。从该图中可见,集成产品数据模型是实现集成的核心,统一工程数据库是实现集成的基础。各功能模块通过公共数据库及统一的数据库管理系统实现数据的变换和共享,从而避免了数据文件格式的转换,消除了数据冗余,保证了数据一致性、安全性和保密性。

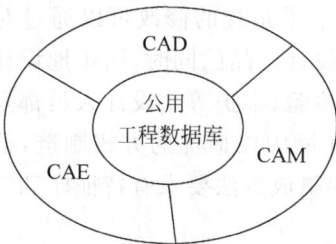

图 9.6 通过标准格式数据文件的集成方式

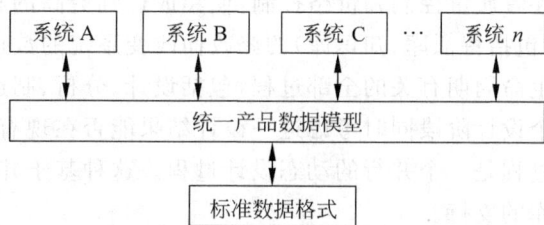

图 9.7 基于统一产品模型和数据库的集成

这种方式采用统一的产品数据模型,并采用统一的数据管理软件来管理产品数据。各子系统之间可直接进行信息交换,而不是将产品信息先进行转换,再通过文件来交换,这就大大提高了系统的集成性。这种方式是 STEP 进行产品信息交换的基础。STEP 标准提供了关于产品数据的计算机可理解的表示和交换的国际标准,它能够描述产品整个生命周期中的产品数据。STEP 标准规定了产品设计、开发、研制及产品生命周期中包括产品形状、解析模型、材料、加工方法、组装分解程序、检验测试等必要的信息定义和数据交换的外部描述,能解决设计制造过程中的 CAD、CAE、CAPP、CAM、CAT、CAQ 等子系统的信息共享,从根本上解决了 CAD/CAM 系统的信息共享,并为企业内外的互联与集成提供了可能。

5. 基于特征的集成方法

该方法通过引入特征的概念,建立特征造型系统,以特征为桥梁完成系统的信息集成。基于特征的产品建模把特征作为产品定义模型的基本构造单元,并将产品描述为特征的有机集合。特征兼有形状(特征元素)和功能(特征属性)两种属性,具有特定的几何形状、拓扑关系、典型功能、绘图表示方法、制造技术和公差要求等。基本的特征属性包括尺寸属性、精度属性、装配属性、工艺属性和管理属性。这种面向设计和制造过程的特征造型系统,不仅含有产品的几何形状信息,而且也将公差、粗糙度、孔、槽等工艺信息建在特征模型中,所以有利于 CAD/CAM 的集成。

基于特征的集成方法有两种,即特征识别法和特征设计法。特征识别法又分为人机交互特征识别和自动特征识别。前者由用户直接拾取图形来定义几何特征所需的几何元素,并将精度等特征属性添加到特征模型中。后者是从现有的三维实体中自动地识别出特征信息。这种集成方法对简单的形状识别比较有效,而且开发周期短,也符合人们对产品与工艺设计的思维过程。但当产品形状复杂时进行特征识别就比较困难,而且一些非几何形状信息也无法自动获取,要靠交互补充辅助获取。

基于特征设计的方法与传统的实体造型方法截然不同,它是按照特征来描述零件,应用特征进行产品设计。特征设计是以特征库中的特征或用户定义的特征实例为基本单元,建立产品特征模型,通过建立特征工艺知识库,可以实现零件设计与工艺过程设计的并行。

6. 面向并行工程的集成方法

面向并行工程的方法可使产品在设计阶段就可进行工艺分析和设计,并在整个过程中贯穿着质量控制和价格控制,使集成达到更高的程度。每个子系统的修改可以通过对数据库(包括特征库、知识库)的修改而改变系统的数据。它在设计产品的同时,同步地设计与产品生命周期有关的全部过程,包括设计、分析、制造、装配、检验、维护等。设计人员都要在每一个设计阶段同时考虑这一设计结果能否在现有的制造环境中以最优的方式制造,整个设计过程是一个并行的动态设计过程。这种基于并行工程的集成方法要求有特征库和工程知识库的支持。

9.2　产品数据交换标准

9.2.1　产品数据交换标准的产生与发展

产品数据交换接口技术是实现 CAD/CAM 系统集成的关键技术之一,也是实现制造业信息化的重要基础。为此,经过人们不断探索和研究,先后提出了众多相关的数据交换标准。

随着图形学和 CAD 技术的快速发展,需要在不同图形系统之间进行图形数据的交换和共享。早在 20 世纪 70 年代,美国国家标准和技术局(National Institute of Standards and Technology,NIST)开始研究初始化图形交换标准 IGES(initial graphics exchange specification),经过 9 年多的努力,到 1987 年年底先后推出了多个版本。IGES 定义了产品图形数据交换的文件结构、语法格式以及几何要素与拓扑关系的表达方法,在图形数据交换方面作出了重要的贡献。然而,IGES 仅仅是一种图形几何信息交换的标准,还不能用于产品信息的交换,若要实现产品数据的交换,还需要研究和开发针对产品数据的交换标准。为此,在近 20 多年来世界各国相继推出了众多有关产品数据交换的标准。

1. CAD＊I 标准接口

该标准源于欧洲 FSPRIT 计划于 1984 年设置的一项 CAD＊I(CAD Interface)开发项目,其目的是在 CIMS 环境下有效地集成 CAD/CAM 系统。它采用人工智能的方法实现数据的共享与交换。

2. 产品定义数据接口

产品定义数据接口(product data definition interface,PDDI)由美国麦道飞机公司于 1982 年 11 月开始实施。它是在 IGES 1.0 的基础上开发的,目的在于传递设计和制造的产品定义数据,着重建立完整的产品定义数据的方法。设计产品模型与工艺、数控、质量控制、工具设计等生产过程之间的接口。该标准在 CAD/CAM 集成系统的应用过程中取得了较好的效果。

3. 产品数据交换规范

产品数据交换规范(produce data exchange specification,PDES)源于美国国家标准和技术局(NIST)所属的 IGES/PDES 组织领导的 PDES 计划,NIST 于 1989 年 4 月公布了 PDES 1.0 标准。PDES 为美国工业带来了可观的经济效益。

4. 数据交换规范

数据交换规范(standard d'exchange et de transfer,SET)是法国宇航局开发的与 IGES 对应的规范,它作为法国的国家标准,其特点是文件结构紧凑,数据交换的效率高。

5. 产品模型数据交换标准

在国际贸易、技术交流以及市场竞争的促进下，国际标准化组织（ISO）的 TC/184SC/14 工作组以 PDES 为基础，开发了产品模型数据交换标准（standard for the exchange of product model data，STEP）。其目的是研究完整的产品模型数据的变换技术，最终实现在产品生命周期内对产品数据进行完整一致的描述与数据交换，以便无须人工解释就能使各应用系统直接接受并共享这些信息。STEP 规定了与 IGES 类似的中性文件形式，以实现数据的共享。作为一个国际标准，STEP 受到了广泛的重视。

9.2.2　IGES 标准

1. IGES 模型

IGES 模型是用于描述产品所有几何实体信息的集合，它通过实体对产品的形状、尺寸以及产品的特性信息进行描述。实体是 IGES 的基本信息单位，它可能是单个的几何元素，也可能是若干个实体的集合。实体可分为几何实体和非几何实体。在 IGES 标准中，每个实体都被赋予一个特定实体类型号。某些实体类型还包括一个作为属性的格式号，格式号用来进一步说明该实体类型内的实体。

几何实体是定义与物体形状有关的信息，包括点、线、面、体以及实体集合的关系，非几何实体提供了将有关实体组合成平面视图的手段，并用注释和尺寸标注来丰富完善平面视图模型；此外，它还向单个实体或一个实体组提供特有的属性或特征，以及组合实体的定义与实例。

2. IGES 文件结构

IGES 标准规定了作为图形交换的 IGES 中性文件的格式形式。IGES 文件采用 ASCII 码格式和两种替代格式，即压缩 ASCII 码格式和二进制格式。ASCII 码格式的 IGES 文件由若干行组成，每行有 80 列。1～64 列为具体内容描述，65～72 为指针，73～80 为列标识。整个 IGES 文件由 6 个段组成，各段的具体内容和要求说明如下所述。

（1）标志段：用来指明 IGES 文件所采用的格式形式，对于传统的 ASCII 码格式可以不设标志段，二进制格式的标志段用字母 B 标识，压缩 ASCII 格式的标志段用 C 标识。

（2）开始段：为人们提供可读的文件序言，至少占有一个记录，该段用字母 S 标识。

（3）全局参数段：包含描述前/后处理器的信息以及处理该 IGES 文件的后处理器所需要的信息。全局参数段用字母 G 标识。

（4）目录条目段：IGES 文件中的每个实体在目录条目段中都有一个目标条目，它起到一个索引作用，并含有各个实体的属性信息。目录条目段用字母 D 标识。

（5）参数数据段：包含各实体参数，参数数据以自由格式存放，其第一个域存放实体类型号，各实体类型号如表 9.1 所示。参数数据段结构如图 9.8 所示，参数数据段用字母 P 标识。

表 9.1　IGES 3.0 中的实体

1. 几何元素	2. 标注图形元素(annotation)	3. 属性和结构
100 圆弧(circular arc)	202 角度尺寸标注（angular dimension)	302 相关性定义（associativity definition)
102 组合线段(composite curve)	206 直径尺寸标注（diameter dimension)	304 线型定义(line font definition)
104 二次曲线（conic arc)	208 标识注解(flag note)	306 宏定义(macro definition)
106 数据集（copious data)	210 一般标注(general label)	308 子图定义(subfigure definition)
108 平面（plane)	214 箭头标注(leader 或 arrow)	310 字体定义(text font definition)
110 直线（line)	216 直线尺寸标注（linear dimension)	312 文本显示方式（text font definition)
112 参数样条曲线（parametric spline curve)	218 坐标尺寸标注（coordinate dimension)	314 颜色定义（color definition)
114 参数样条曲面（parametric spline surface)	220 点尺寸标注(point dimension)	320 网络子图定义（network subfigure definition)
116 点(point)	222 半径尺寸标注（radius dimension)	402 相关性实例（associativity instance)
118 直纹面(ruled surface)	228 一般符号(general symbol)	404 图纸(drawing)
120 旋转面(surface of revolution)	230 剖面区域（section area)	406 特性（property)
122 列表柱面(tabulated cylinder)		408 单子图实例（singular subfigure instance)
124 变换矩阵（transformation matrix)		410 视图(view)
125 几何元素显示标记(flash)		412 方阵子图实例（rectangular array subfigure instance)
126 有理 B 样条曲线（rational B-spline curve)		414 圆周阵子图实例（circular array subfigure instance)
128 有理 B 样条曲面（rational B-spline surface)		416 外部基准(external reference)
130 等距曲线(offset curve)		418 节点加载和约束（nodal load and constraint)
132 连接点(connect point)		420 网络子图实例（network subfigure instance)
134 有限元节点(node)		600～699 宏实例(macro instance)
136 有限元元素(finite element)		10000～99999 用户宏定义（macro definition (user))
138 节点的位移或旋转（node displacement and rotation)		
140 等距曲面（offset surface)		
142 参数曲面上的曲线（curve on a parametric surface)		
144 剪裁曲面(trimmed parametric surface)		

1	64	66　72	73　80
<实体类型号><参数分界符><参数><参数分界符><参数>…		DE 指针	P000001
…<参数><参数分界符><参数><参数分界符><指针参数值1><指针参数值2><记录分界符>		DE 指针	P000002
<实体类型号><参数分界符><参数>…		DE 指针	P000003

图 9.8　参数数据段的结构

　　(6) 结束段：文件的最后一行，并用字母 T 识别。结束段包含前述各段的标识字母 (S、G、D、P) 及其各自所占用的记录数。

　　图 9.9 描述了一个由线段组成的简单图形 ASCII 码格式的 IGES 文件。从最后一行结束段可知，该文件开始段为 1 行，全局参数为 2 行，目录条目段 12 行，即该图形由 12 个图形实体组成，且全部为直线，参数段为 9 行，记录了与实体相关联的参数。

```
LINE TEST CASE 3                                                           S    1
1H..1H..SHLINE3.4HCHN.6H2.1.2.16.8.24.8.56..1.0000000.1.4HINCH.0..13       HG   1
810713.191733……;                                                          G    2
        110    1    1    1    0    0    0    0    0    0    0    0          D    1
        110    0    0    2    0    0    0                                   0D   2
        110    3    1    1    0    0    0    0    0    0    0    0          D    3
        110    0    0    2    0    0    0                                   0D   4
        110    5    1    1    0    0    0    0    0    0    0    0          D    5
        110    0    0    2    0    0    0                                   0D   6
        110    7    1    1    0    0    0    0    0    0    0    0          D    7
        110    0    0    1    0    0    0                                   0D   8
        110    8    1    1    0    0    0    0    0    0    0    0          D    9
        110    0    0    1    0    0    0                                   0D  10
        110    9    1    1    0    0    0    0    0    0    0    0          D   11
        110    0    0    1    0    0    0                                   0D  12
110.-520.0000000.100.0000000.0.0.500.0000000.100.0000000.0.0.0.            1P   1
0;                                                                         1P   2
110.-440.0000000.-290.0000000.0.0.-440.0000000.40.0000000.0.0.0.           3P   3
0;                                                                         3P   4
110.-180.0000000.-270.0000000.0.0.520.0000000.60.0000000.0.0.0.            5P   5
0;                                                                         5P   6
110.30.0080011.-94.9990042.0.0.28.9990005.-94.9990082.0.0.0;               7P   7
0;                                                                         7P   8
110.30.0000019.-94.9990082.0.0.30.0010014.-95.0000076.0.0.0;               11P  9
S        1G        2D       12P        9                                   T    1
```

图 9.9　ASCII 码格式 IGES 文件实例

3. IGES 的前、后置处理程序

IGES 是一种中性文件,通过该中性文件在不同 CAD/CAM 系统之间进行数据交换的原理如图 9.10 所示。即将某系统的输出经前置处理程序处理转换成 IGES 文件,再经后置处理程序处理后被读入另一系统。因此,利用 IGES 文件传递产品的信息一般要求各种应用系统必须具备相应的前、后置处理器。前、后置处理器一般由 4 个模块组成,即①输入模块,用于读入由 CAD/CAM 系统生成的 IGES 文件;②语法检查模块,对读入的文件数据进行语法检查并生成相应的内存表;③转换模块,该模块具有语义识别功能,能将一种模型的数据映射成另一模型;④输出模块,把转换后的模型转换成输出格式,即 IGES 文件格式或某个 CAD/CAM 系统的数据模型格式。

4. IGES 在应用中的问题和发展

IGES 标准在国际范围内获得了广泛的应用,其成功应用的典型例子是:①不同 CAD 系统之间工程图纸信息的交换;②通过传递的几何数据实现运动模拟和动态试验;③CAD 与 NC 系统之间的连接;④CAD 与 FEM 系统的连接等。其中图形信息的交换应用是最多的。

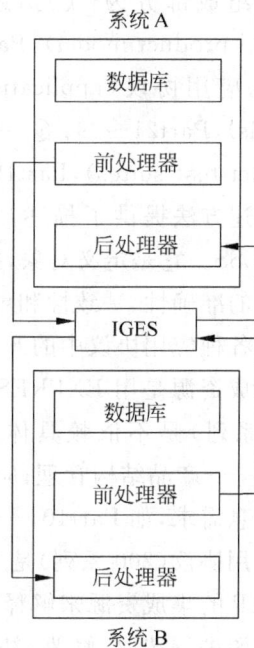

图 9.10　不同系统通过 IGES 的数据交换

模型之间进行数据交换的前提条件是保证所有数据都能完整地、准确无误地进行传递。然而时至今日,IGES 还不能完全满足这一点。在实际应用中,IGES 还存在一些问题,例如:

(1) 元素范围有限:IGES 定义的主要是几何方面的信息,因而无法保证一个 CAD/CAM 系统的所有数据与另一个系统进行交换,有时发生数据丢失现象。

(2) 占用的存储空间较大:由于选择了固定的数据格式和存储长度,IGES 数据文件是稀疏的。

(3) 时常发生传递错误:错误的产生主要是由于语法上的二义性造成解释上的错误等。

9.2.3　STEP 标准

STEP 技术为 CAD/CAM 系统提供了一种中性机制,它规定了产品设计、制造以至于产品全生命周期内所需的有关产品形状、解析模型、材料、加工方法、装配顺序、检验测试等方面信息的定义和数据交换的外部描述。因此 STEP 标准能够解决生产过程中产品信息的共享以及从根本上解决 CIMS 信息的集成问题。

1. STEP 的组成

STEP 标准的所有内容可分为 7 类,每一类又包括若干部分(part),定义的 7 种类别及相应的组成部分为:① 描述方法(description methods),Part11~19;② 通用产品模型(general product model),Part41~49;③ 应用集成资源(integrated resources),Part101~199;④ 应用协议(application protocols),Part201~1199;⑤ 实现方法(implementation methods),Part21~29;⑥ 一致性测试(conformance testing),Part31~39;⑦ 抽象测试集(abstract test suites),Part1201~2199。

描述方法提供了描述产品数据模式的方法,其中最重要的是形式化数据规范语言EXPRESS。它是定义对象,描述概念模型的形式化建模语言,利用这种形式化语言能够保证描述的准确性、一致性和可读性,它不仅提供了对集成资源中产品模型的描述机制,而且也支持各种应用协议中的产品信息描述。

集成资源是用 EXPRESS 描述的集成产品模型,它分为通用资源和应用资源。通用资源(40 系列)是不依赖具体应用的通用产品信息描述,如 Part42——几何和拓扑表示,Part44——产品结构管理;应用资源(100 系列)是通用资源的引用和延伸,是为多种应用服务的信息需求,如 Part101——绘图、Part104——有限元分析等。

应用协议(200 系列)是 STEP 支持广泛应用领域的基础,它以文件方式说明如何用标准 STEP 的集成资源来解释不同应用系统的信息需求,即根据不同应用领域的实际需要,对集成资源进行选取、修改,补充特殊的约束、关系、属性,形成应用解释模型(AIM)。例如ISO 已发表的应用协议 AP203 可用于企业间三维产品的数据交换,AP214 是关于汽车机械设计过程的应用协议。

实施方法是指形成符合 STEP 标准的信息和数据的存取与交换方法或格式。一致性测试的目的是测试软件的可信度及检验应用程序是否符合应用协议中一致性的要求,一般分为结合应用程序实例的测试和抽象测试两类。

2. STEP 体系结构

STEP 采用全新的设计思想,将 7 个系列文件构成如图 9.11 所示的三个层次结构:应用层、逻辑层、物理层。

应用层采用形式定义语言描述各应用领域的需求模型,支持 IDEF(ICAM definition method)功能建模方法 IDEFO 为基础的功能分析,并在此基础上利用 IDEF 的信息建模方法 IDEFIX 语言建立面向具体应用的信息模型,包括应用协议及对象抽象测试集,逻辑层对建立的需求模型进行分析,找出共同点,协调冲突,形成由通用形式化语言EXPRESS 描述的统一的产品信息模型,包括通用资源和应用资源。物理层是通过一定规则,将 EXPRESS 描述的产品信息模型转变成易懂的正文编码(clear text encoding)形式,包括具体的数据交换实现方法。目前已定义了该层物理文件对数据库的标准数据存取界面(SDAI)。STEP 的这种三层结构的明显优点是将产品的信息描述与为进行数据交换而采用的实现方法分开处理。这种模式使得 STEP 独立于应用,独立于计算机系统及采用的语言。

```
┌─────────────────────────────────────────────┐
│  ┌────────────────────────────────────────┐  │
│  │ 应用协议                                │  │———— 应用层
│  ├────────────────────────────────────────┤  │
│  │ #201      #202      #205          ...   │  │
│  │                     #203      #204      │  │
│  └────────────────────────────────────────┘  │
│                                               │
│  ┌────────────────────────────────────────┐  │
│  │ 信息模型（集成资源）                    │  │———— 逻辑层
│  │  ┌──────────────────────────────────┐  │  │
│  │  │ 应用资源                          │  │  │
│  │  ├──────────────────────────────────┤  │  │
│  │  │ #101      #102      #103     #104 │  │  │
│  │  │ Drafting Ship  Electronic  Analysis│ │  │
│  │  │              structure  application│ │  │
│  │  └──────────────────────────────────┘  │  │
│  │  ┌──────────────────────────────────┐  │  │
│  │  │ 通用资源                          │  │  │
│  │  ├──────────────────────────────────┤  │  │
│  │  │ #46          #44                  │  │  │
│  │  │ Prcsentation  product             │  │  │
│  │  │              structure            │  │  │
│  │  ├──────────────────────────────────┤  │  │
│  │  │ #43    #48        #45      #47    │  │  │
│  │  │ Shape  Features  Material  Tolerance│ │ │
│  │  │ interface                         │  │  │
│  │  ├──────────────────────────────────┤  │  │
│  │  │ #42                               │  │  │
│  │  │ Geometry    Topology     Shape    │  │  │
│  │  ├──────────────────────────────────┤  │  │
│  │  │ #41                               │  │  │
│  │  │ Generic Product Data Moldel       │  │  │
│  │  │ 和其他资源                        │  │  │
│  │  └──────────────────────────────────┘  │  │
│  └────────────────────────────────────────┘  │
│                                               │
│  ┌────────────────────────────────────────┐  │
│  │ #21    Working Database Knowledge Base  │  │———— 物理层
│  │        Physical Format File             │  │
│  ├────────────────────────────────────────┤  │
│  │ 实现方法                                │  │
│  └────────────────────────────────────────┘  │
└─────────────────────────────────────────────┘
```

图 9.11 STEP 的三层结构

3. 数据交换实现方法

STEP 标准中规定的实现方法有 3 种：文件交换；应用编程接口（API）；数据库。

（1）文件交换是最常应用的一种交换方法。它是通过 WSN 语言（wirth syntax notation）将 EXPRESS 语言描述的产品数据模型转换成易读的正文编码中性文件。这是一个由标题段和数据段两部分组成的顺序文件。

（2）应用编程接口法也称标准数据访问接口法（SDAI），应用程序利用 STEP 提供的 SDAI 来获取和操作数据，而不必关心原有应用软件及其数据结构的定义形式。

（3）数据库交换是通过共享数据库来实现的，数据库的内部格式与应用解释模型的格式一致，应用系统可以直接向数据库进行查询、存储数据。

4. STEP 规范中的产品模型描述

STEP 采用面向对象的信息建模方法，它所描述的产品信息分成基本模型和应用模型两部分。基本模型是各种应用模型的基础，它与产品应用领域无关，包括下述部分信息模型：几何模型（Geometry）、拓扑模型（Topology）、形状模型（Macrogeometry）、形状特征模型(Form Feature)、公差模型(Tolerancing)、表面状况模型(Surface Condition)、材料模型(Material)、显示模型(Presentation)。

应用模型是在基本模型上的附加信息,这些附加信息对产品的一定应用领域是必不可少的,它涉及建筑、工程、结构、机械、电子及船体等有关领域。因此,STEP 标准为许多应用领域提供了统一产品信息描述方法。

STEP 标准作为产品模型描述的标准格式其应用越来越广泛,虽然它还不够完善,但已表现出强大生命力。有的学者认为 STEP 标准的制定是产品建模领域和产品数据交换领域的一个里程碑,STEP 标准将成为全球工程技术人员在计算机环境下进行交流的标准语言。

5. STEP 的应用

STEP 的应用领域很广,它可应用于机械、电子、航空航天、汽车、船舶等各个工程领域。STEP 的应用是为了满足市场竞争机制下工业发展的需求,具体的应用场合可分为两大类:①来自产品开发部门的需求,包括设计部门内群体的合作、多学科交叉、产品全生命周期设计、集成化产品的开发、分布及并行作业、产品数据的长期存档;②来自计算机辅助应用系统供应商和 DBMS 供应商的需求,包括接口的标准化和产品概念模型的标准化,使系统人员和供应商能把精力集中于存储技术、特定应用程序的算法及数据的不同物理表示上,以解决跨企业、多平台、多种存储机制、多种网络结构的管理等方面的问题。

STEP 在 CAD/CAM 集成环境下的应用如图 9.12 所示。

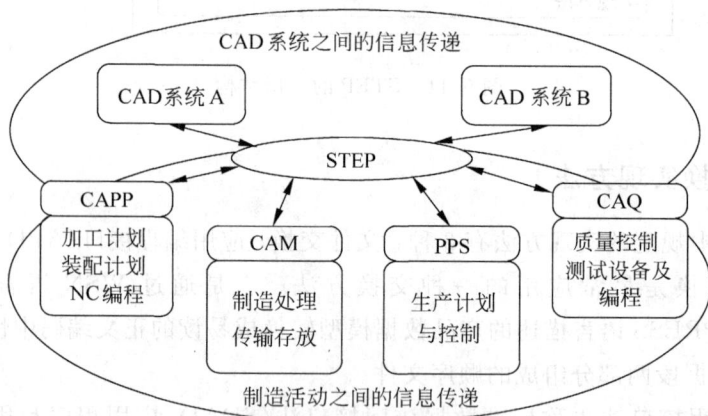

图 9.12 STEP 的应用

9.3 产品信息的描述与集成数据模型

长期以来,由于社会、生产分工的不同,产品生命周期内不同阶段的工作是由不同部门、不同工作人员完成的,因此建立了很多局部应用模型,如功能模型、装配模型、几何模型、公差模型、加工工艺模型等,这些模型缺乏统一的表达形式,所以很难实现信息集成、过程集成或功能集成。为了实现 CAD/CAM 各模块之间数据资源共享,必须满足两个条件:一是要有统一的产品数据模型定义体系;二是要有统一的产品数据交换标准。这是实现 CAD/CAM 集成及 CIMS 的关键。

9.3.1　集成产品数据模型

集成产品模型可定义为与产品有关的所有信息构成的逻辑单元,它不仅包括产品的生命周期内有关的全都信息,而且在结构上还能清楚地表达这些信息的关联。因此研究集成产品数据模型就是研究产品在其生命周期内各个阶段所需信息的内容以及不同阶段之间这些信息的相互约束关系。

结合 CAD/CAM 集成技术,这里重点讨论面向产品生产过程的集成产品数据模型结构。图 9.13 为面向生产过程的集成产品数据模型所包含的内容。这是一个由很多局部模型组成的关联模型,它可以满足各生产环节对信息的不同需求。但为将这些局部模型有机集成,对数据的描述和表达应满足如下几点要求:①数据表达完整,无冗余,无二义性;②建立数据之间的关联结构,当一部分数据修改时,与之相关部分数据也能相应变动;③数据结构简单,便于查询、修改和扩充。

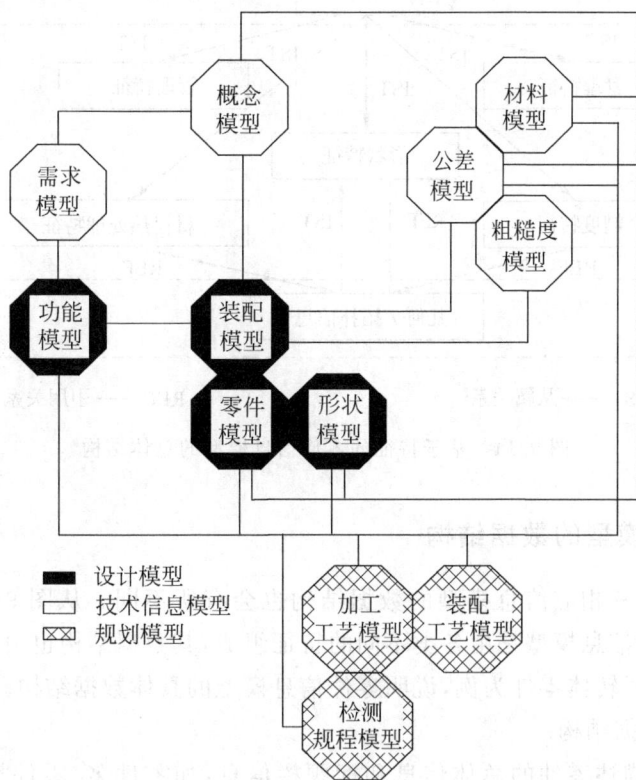

图 9.13　集成产品数据模型包含的内容

9.3.2　零件信息模型

1. 零件信息模型的总体结构

零件信息模型是描述零件各类信息的数据集合。零件信息模型应能表达零件的各类特征信息,包括管理特征信息、形状特征信息、精度特征信息、材料热处理特征信息和技术特征信息等。

基于特征的零件信息模型总体结构是一个层次型结构,如图 9.14 所示,它包含有零件层、特征层和几何层 3 个不同的层次。零件层主要反映零件的总体信息;特征层包含零件各类特征信息及其相互间关系;几何层记录了零件的点、线、面等几何信息和拓扑信息。零件的几何信息和拓扑信息是整个零件信息模型的基础,同时也是零件图绘制、有限元分析等应用系统所关心的对象。而特征层则是零件信息模型的核心,特征层中各类特征之间的相互联系反映了特征间的语义关系,使特征成为构造零件的基本单元。这样的零件信息模型具有高层次的工程含义,可以方便地提供高层次的产品信息,从而能够支持面向制造的各类应用系统对产品数据的需求,如 CAPP、NC 编程、加工过程仿真等系统。

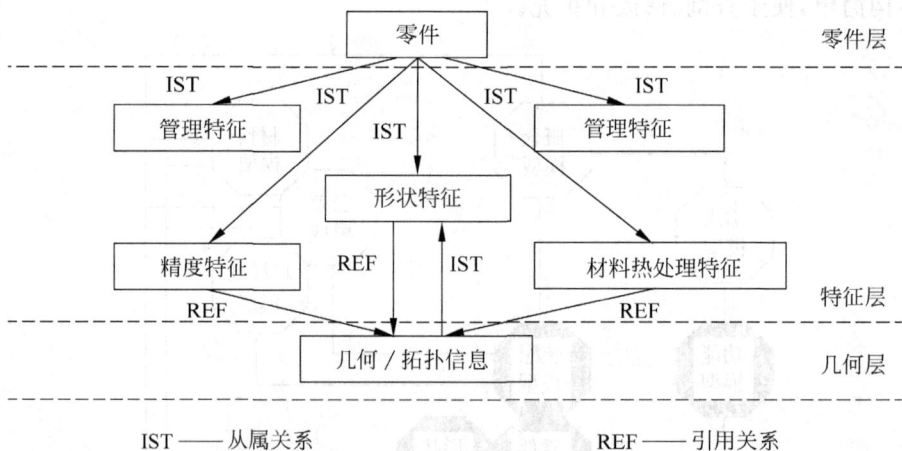

图 9.14　基于特征的零件信息模型的总体结构

2. 零件信息模型的数据结构

零件类型不同,其相应信息模型的数据结构也会有所不同。从图 9.14 可以清楚地看到,基于特征的零件信息模型是由各类不同的特征组成,其数据结构也由各类特征的数据结构来体现。下面以回转体零件为例,说明零件信息模型的具体数据结构。

1) 管理特征数据结构

管理特征主要描述零件的总体信息和标题栏信息,如零件名、零件类型、图号、毛坯类型、GT 代码、重量、件数、材料名、设计者、设计日期、最大直径/最大长度等,其数据结构如图 9.15 所示。

零件类型	零件名	图号	GT 代码	件数	材料名	设计者	设计日期	其他
E	S	S	S	I	S	S	S	S

E——枚举数据类型；I——整型数据类型；S——字符数据类型

图 9.15　管理特征的数据结构

2）形状特征数据结构

形状特征数据结构如图 9.16 所示。它包括零件的几何属性、精度属性、材料热处理属性以及关系属性等不同的属性。几何属性用来描述形状特征的公称几何体,包括形状特征本身的几何尺寸以及形状特征的定位坐标和定位基准。精度属性是指几何形体的尺寸公差、形状公差、位置公差和表面粗糙度等。材料热处理属性是指形状特征上具有某些特殊的热处理要求,如某一表面的局部热处理要求。关系属性是指形状特征之间的联系是邻接关系还是从属关系。形状特征与精度特征、材料热处理特征之间是相互引用关系。

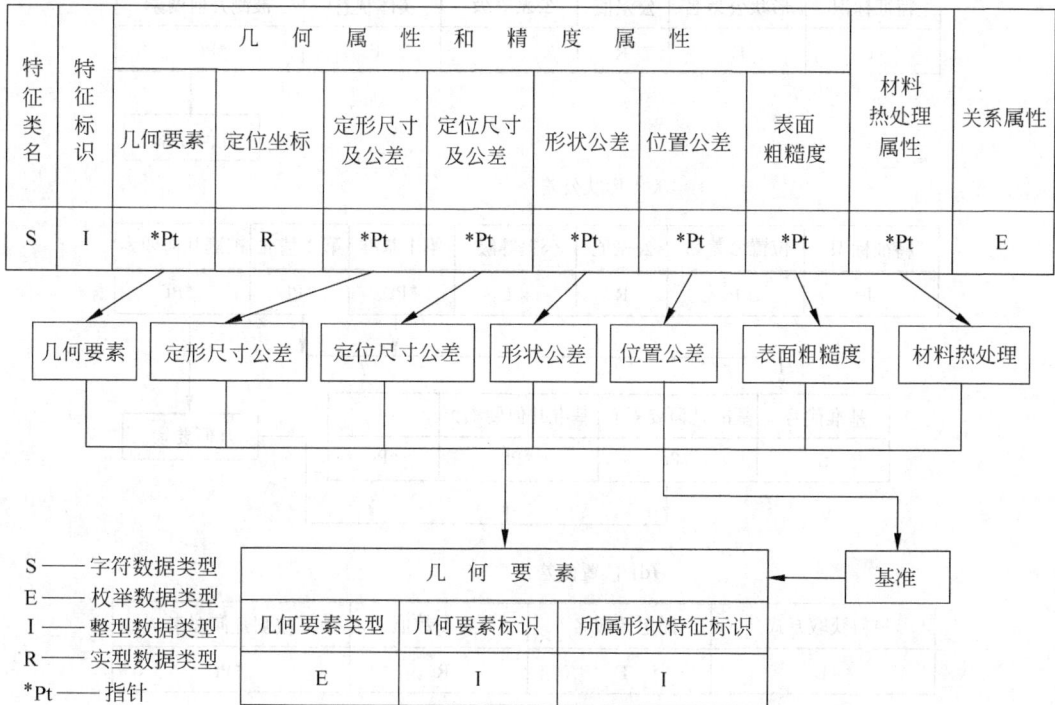

S——字符数据类型
E——枚举数据类型
I——整型数据类型
R——实型数据类型
*Pt——指针

图 9.16　形状特征的数据结构

3）精度特征的数据结构

精度特征的信息内容大致分为下列三部分：①精度规范信息,包括公差类别、精度等级、公差值和表面粗糙度,尺寸公差包括公差值、上偏差、下偏差、公差等级、基本偏差代号等；②实体状态信息,是指最大实体状态和最小实体状态；③基准信息,对于相互关联的几何实体,则必须具有基准信息。

精度特征的数据结构如图 9.17 所示。

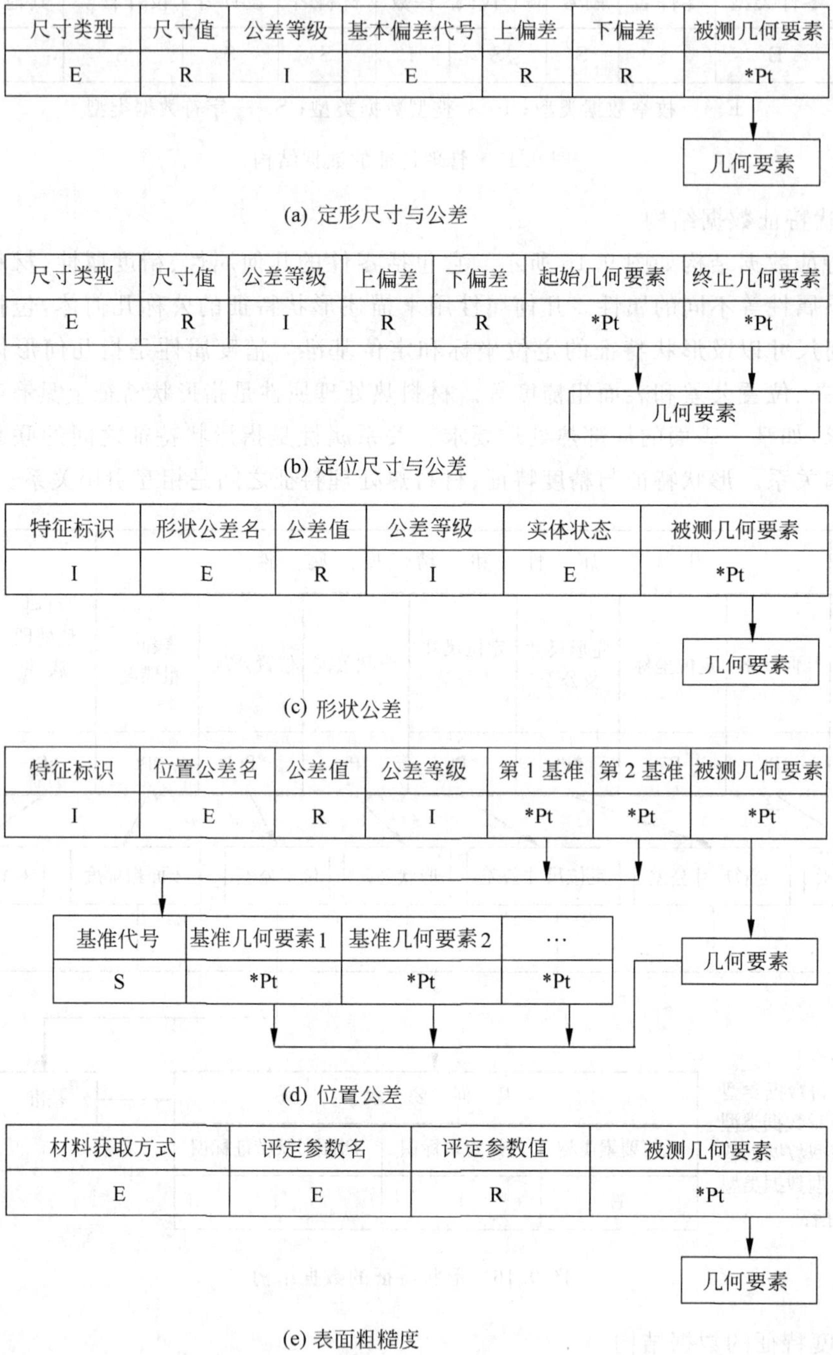

尺寸类型	尺寸值	公差等级	基本偏差代号	上偏差	下偏差	被测几何要素
E	R	I	E	R	R	*Pt

几何要素

(a) 定形尺寸与公差

尺寸类型	尺寸值	公差等级	上偏差	下偏差	起始几何要素	终止几何要素
E	R	I	R	R	*Pt	*Pt

几何要素

(b) 定位尺寸与公差

特征标识	形状公差名	公差值	公差等级	实体状态	被测几何要素
I	E	R	I	E	*Pt

几何要素

(c) 形状公差

特征标识	位置公差名	公差值	公差等级	第1基准	第2基准	被测几何要素
I	E	R	I	*Pt	*Pt	*Pt

基准代号	基准几何要素1	基准几何要素2	…
S	*Pt	*Pt	*Pt

几何要素

(d) 位置公差

材料获取方式	评定参数名	评定参数值	被测几何要素
E	E	R	*Pt

几何要素

(e) 表面粗糙度

图 9.17　精度特征的数据结构

4) 材料热处理特征的数据结构

材料热处理特征包括材料信息和热处理信息,其中材料信息有材料名称、牌号和机械性能等参数;热处理信息有热处理方式、硬度单位和硬度值的上下限等。材料热处理特征的数据结构如图 9.18 所示。

材料名	力学性能参数	性能上限值	性能下限值		
S	E	R	R		
热处理方式	热处理工艺名	硬度单位	最高硬度值	最低硬度值	被测几何要素
E	E	E	I	I	*Pt(几何要素类)

图 9.18　材料热处理特征的数据结构

5) 技术特征的数据结构

技术特征包括零件的技术要求和特性表等信息。由于技术特征信息没有固定的格式和内容,因而很难用统一的模型来描述。

3. 基于特征的零件信息模型的应用举例

根据上述零件信息模型的结构特点,可对如图 9.19 所示的轴类零件建立基于特征的零件信息模型,如图 9.20 所示。

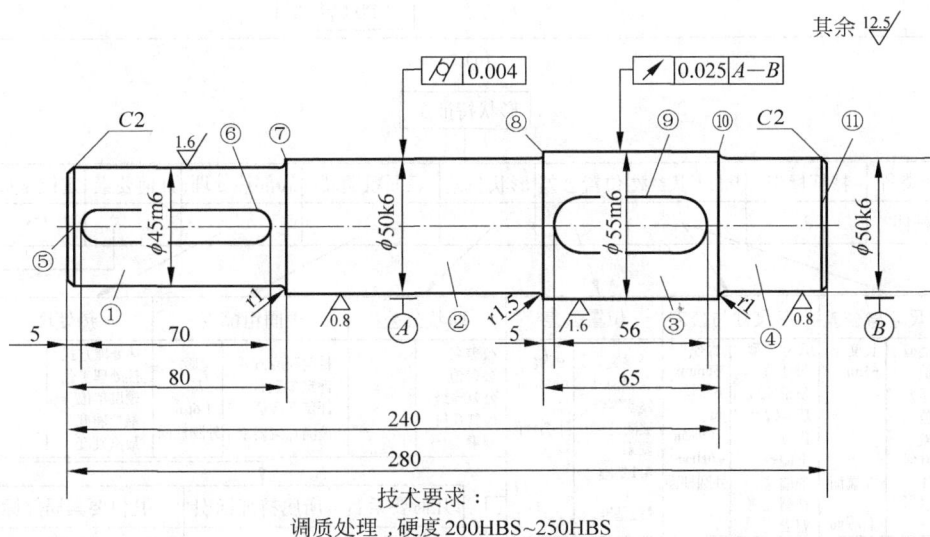

技术要求:
调质处理,硬度200HBS~250HBS

图 9.19　轴的零件图

9.3.3　产品信息模型

产品制造过程是将原材料转变为成品的转换过程,零件信息模型仅限于单个零件的几何信息和工艺信息,而不能反映整个产品的结构组成、备零(部)件之间的装配关系、相互间的约束以及产品的装配工艺信息等,这就要求采用更高层次的产品信息模型进行描述。

所谓产品信息模型是指产品从毛坯到成品的整个设计和制造过程所需要的信息总和,它是由产品结构信息模型和产品工艺信息模型组合而成的复合模型。

图 9.20(a) 顶层信息分类

管理信息	几何信息	定位尺寸与公差	整体热处理信息	表面粗糙度	技术特性信息

管理信息

零件类型	实心轴
零件名	轴
材料	45
图号	JA401
设计者	
设计日期	

定位尺寸及公差

尺寸类型
尺寸值
公差等级
上偏差
下偏差
起点形状特征号
起点几何要素名
终点形状特征号
终点几何要素名

热处理特征

热处理方式	整体
热处理工艺名	调质
硬度单位	HBS
最低硬度值	220
最高硬度值	250

表面粗糙度

材料获取方式	切除
评定参数名	Ra
评定参数值	1.6μm
被测几何要素	外圆柱面

形状特征

- 圆柱面1 → 倒角5, 键槽6, 过渡圆角7
- 圆柱面2 → 过渡圆角8
- 圆柱面3 → 键槽9, 形状特征3
- 圆柱面4 → 过渡圆角10, 倒角11

(a)

形状特征3

特征类名	特征标识	几何形状参数	位置公差	形状公差	表面粗糙度	局部热处理	几何要素	定位坐标
圆柱体	3							175

定位尺寸与公差

尺寸类型	长度
尺寸值	65mm
公差等级	
上偏差	
下偏差	
被测几何要素1	左端面
被测几何要素2	右端面

定形尺寸与公差

尺寸类型	直径
尺寸值	55mm
公差等级	6
基本偏差代号	m
上偏差	0.030mm
下偏差	0.011mm
被测几何要素	外圆柱面

位置公差

公差名	圆跳
公差值	0.025mm
公差等级	7
被测几何要素	
第1基准	
第2基准	

形状公差

公差名
公差值
公差等级
被测几何要素

表面粗糙度

材料获取方式	切除
评定参数名	Ra
评定参数值	1.6μm
被测几何要素	外圆柱面

热处理

热处理方式
热处理工艺
硬度单位
最低硬度
最高硬度

几何要素名	所属特征标识	几何要素局部标识
左端面	3	1
外圆柱面	3	2
右端面	3	3
中心线	3	4

基准

基准代号	A—B
几何要素1	
几何要素2	

几何要素名	所属形状特征标识	几何要素局部标识
中心线	2	4
中心线	4	4

(b)

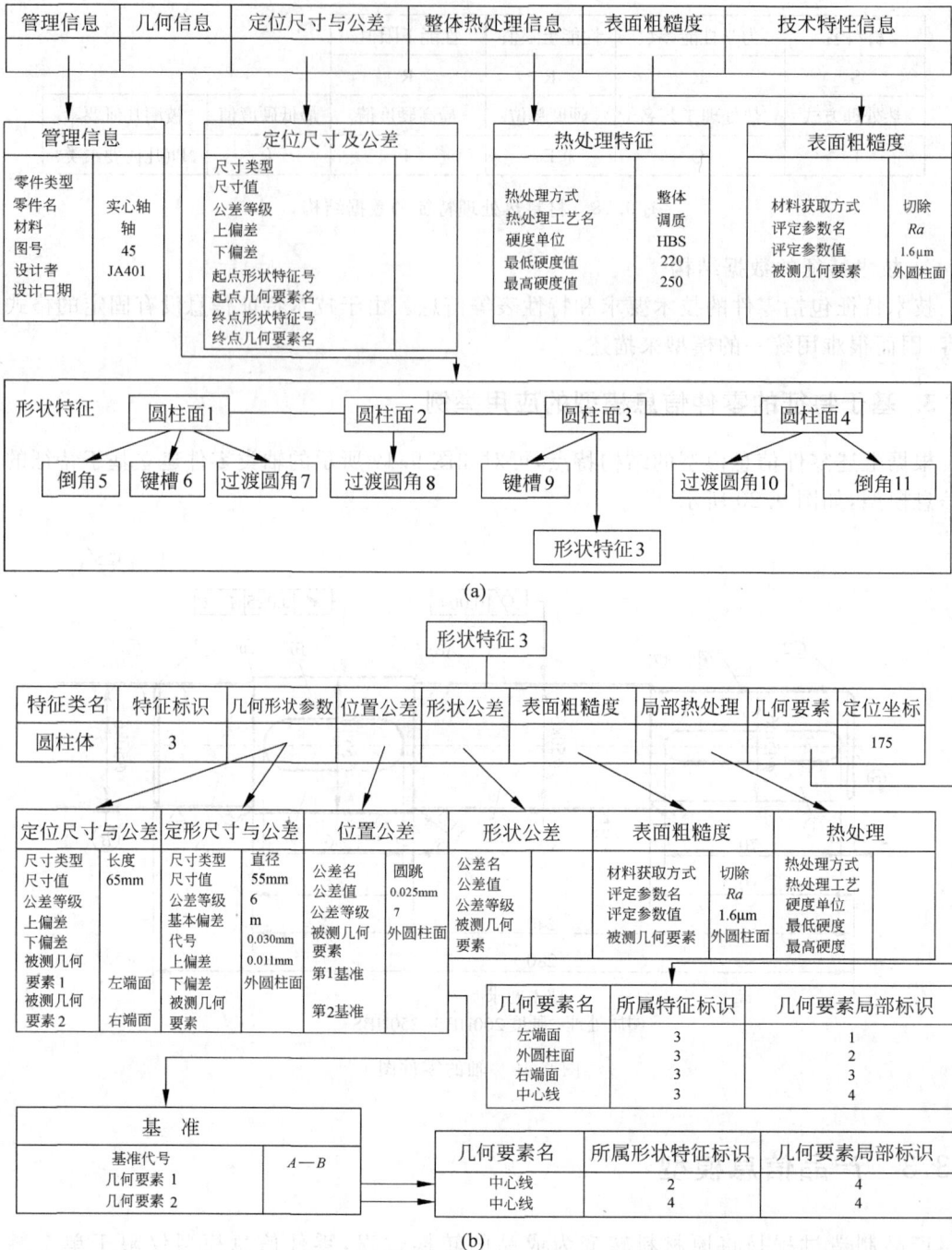

图 9.20　基于特征的零件信息模型的数据结构实例

1. 产品结构信息模型

1）产品结构信息模型概述

产品结构信息模型是描述产品的结构组成以及各组成元素相互关系的信息总和。如

图 9.21 所示,构成产品的组成元素包括部件、组件和零件。部件的父件是产品,其子件可以是组件也可以是零件,需要有装配工艺完成其装配工作;组件的父件是部件也可以是组件,其子件可以是组件也可以是零件,组件在进行装配以后,还可能需要进行机械加工;零件的父件是组件、部件或产品,一般情况下,零件不需要进行装配而仅需进行诸如毛坯准备、机械加工、热处理等各种机械加工过程。

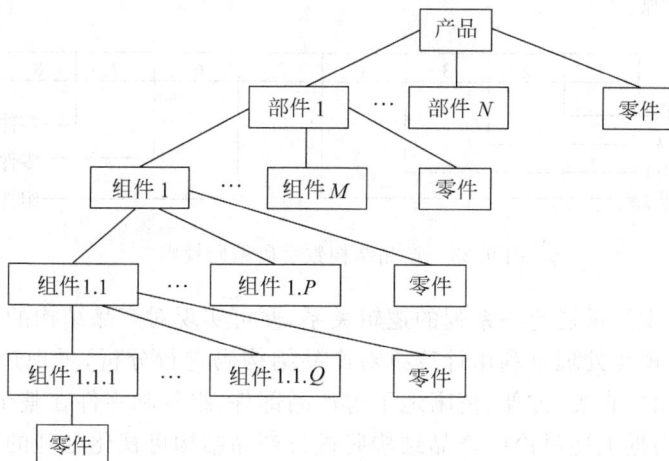

图 9.21 产品结构示意图

产品结构信息应包含以下三类:①工程图形信息,装配图对应的是产品、部件、组件,而零件图对应的是零件;②基本属性信息,包括产品、部件、组件及零件的图号、名称、规格、来源(自制件、标准件、外协件,外购件等)、重量、数量、计量单位等;③装配信息,用以描述产品与部件、部件与组件、组件与零件之间的装配结构关系。

产品结构信息模型可以用产品 BOM 表进行描述。产品 BOM 表不仅反映了产品的结构组成,还清楚地包含了产品各组成元素间的层次关系。产品 BOM 表的结构形式为:

        零部件代码 零部件基本信息(图号、材料、规格、来源等)父件代码

其中,"零部件基本信息"是根据 CAPP 系统和 MIS 系统应用需要所包含的产品基本信息;"父件代码"字段标识零部件在产品结构中的层次;"零部件代码"可根据"父件代码"字段和 MIS 系统的需要实现自动编码。

2) 产品结构的自动编码及可视化处理

对产品结构进行自动编码,将有利于 CAPP 和 MIS 等系统对产品层次及装配工艺信息进行识别和操作。其自动编码流程如图 9.22 所示。

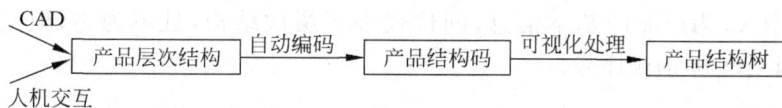

图 9.22 产品零部件的自动编码

由于数字码具有结构简单、使用方便、排序容易等特点,因而产品结构一般采用层次数字码进行描述。在具体产品结构数字码中,应包含产品代号、零件在产品结构中的位置、零

件来源等信息。

图 9.23 为某企业产品结构数字码的编码规则。由图示可见,每个数字码由 8 位数组成(根据企业具体情况而定),每一位数字范围为 0~9;第 1、2 位表示产品,若产品品种较多,也可以采用 3 位或更多位;第 3 位表示部件,若产品组成部件较多可以多考虑几位;第 4、5、6 位分别表示第 1、2、3 组件层上的组件,也可以根据具体情况进行扩充;第 7 位表示零件;第 8 位表示零件来源。

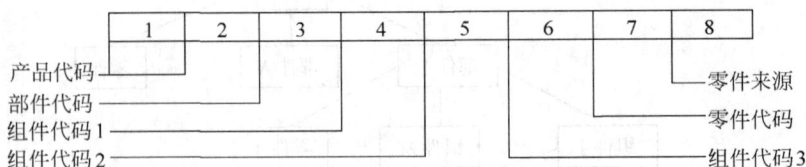

图 9.23 产品结构数字码编码规则

将上述的编码规则描述为一系列的逻辑关系,便可实现对产品结构的自动编码。

产品结构的可视化处理是利用计算机对产品结构码进行分析,再现产品结构树的处理过程,从而可以使用户直观、方便、清晰地了解产品部件、组件和零件在整个产品结构中的位置。图 9.24 即为根据上述讨论的产品结构码进行产品结构可视化处理的原理图。

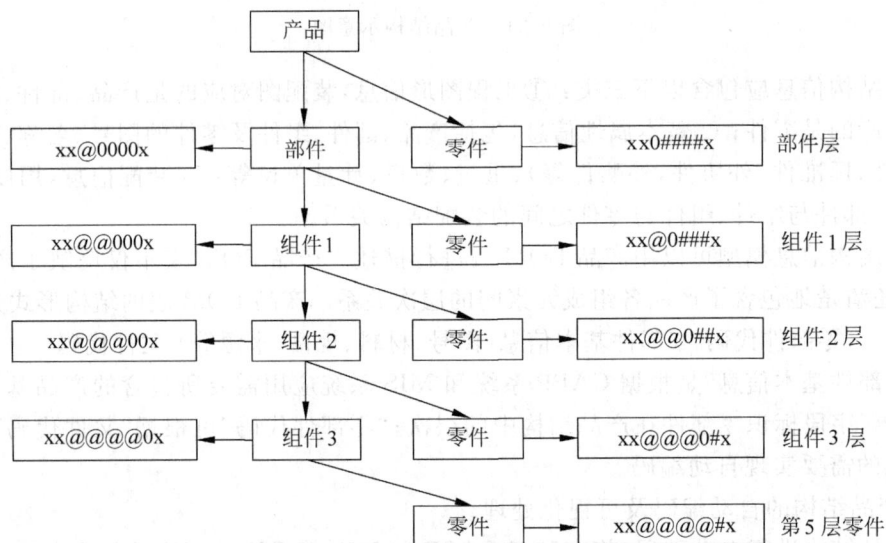

图 9.24 产品结构的可视化处理示意图

图 9.24 中 xx 为产品的基本信息;@位代表了层次结构,且不为零;#位为顺序号,如 ####表示 0001~9999 的顺序号。

2. 产品工艺信息模型

产品工艺信息模型是表示构成产品的零部件从毛坯到成品的全部工艺过程信息,如图 9.25 所示。

由图 9.25 可见,产品工艺信息模型能够完整地反映产品制造全过程的工艺信息。该模

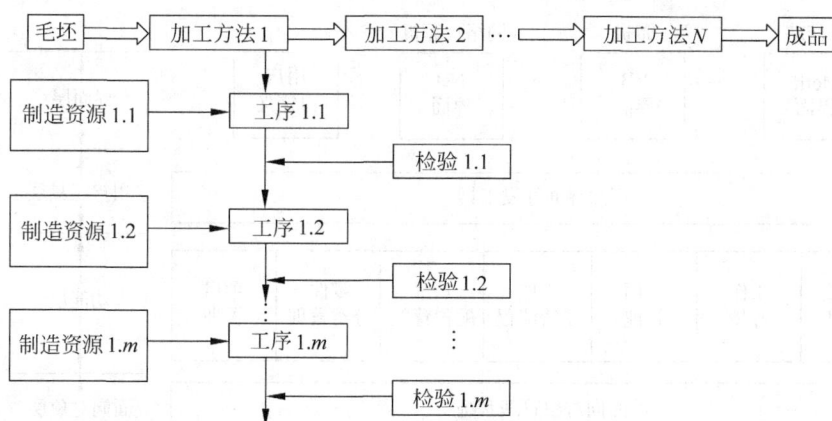

图 9.25　产品工艺信息示意图

型含有零部件工艺路线信息、加工车间路线信息(图中双箭头所示)、工艺规程信息和制造资源等信息。

9.4　基于 PDM 的 CAD/CAM 集成系统与实例

9.4.1　PDM 的体系结构与功能

1. PDM 的基本概念

按照专门从事 PDM 和 CIM 相关技术咨询业务的国际公司——CIMdata 公司总裁 Ed Miller 在 *PDM today* 一文中给出的 PDM 的定义是:PDM 是管理所有与产品相关的信息和过程的技术;与产品相关的所有信息,即描述产品的各种信息,包括零部件信息、结构配置、文件、CAD 档案、审批信息等;与产品相关的所有过程,即对这些过程的定义和管理,包括信息的审批和发放。这一定义意味着 PDM 在工业上的应用范围非常广阔。

1995 年 9 月 Gartner Group 公司的 D. Burdick 在所作的《CIM 策略分析报告》一文中定义为:"PDM 是为企业设计和生产构筑一个并行产品艺术环境(由供应、工程设计、制造、采购、销售与市场、客户构成)的关键使能技术。一个成熟的 PDM 系统能够使所有参与创建、交流、维护设计意图的人,在整个信息生命周期中自由共享和传递与产品相关的所有异构数据。"

2. PDM 的体系结构

PDM 系统是建立在关系型数据库管理系统平台上的面向对象的应用系统,PDM 的体系结构如图 9.26 所示,共由 4 层组成。

第一层是支持层,目前流行的通用商业化的关系型数据库是 PDM 系统的支持平台。关系型数据库提供了数据管理的最基本的功能,如存、取、删、改、查等操作。

第二层是面向对象层,由于商用关系型数据库侧重管理事务性数据,不能满足产品数据

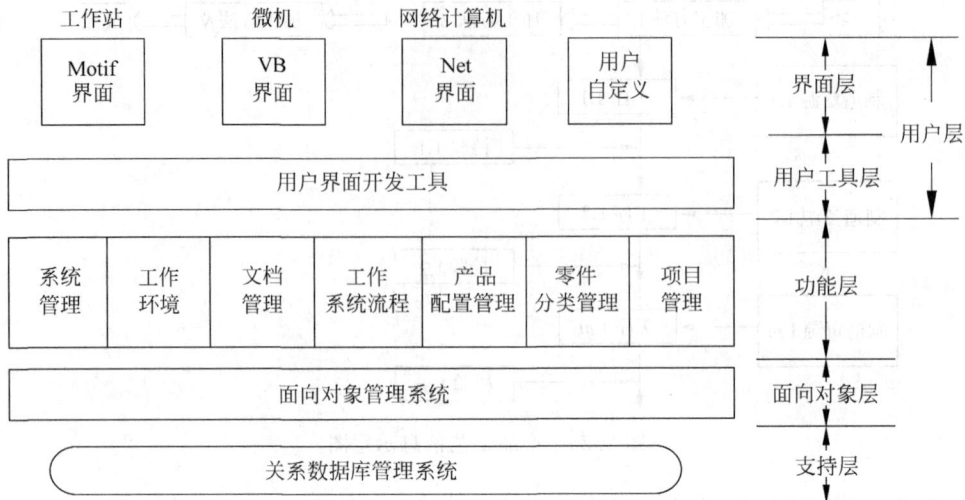

图 9.26   PDM 的体系结构

动态变化的管理要求。因此,在 PDM 系统中,采用若干个二维关系表格来描述产品数据的动态变化。PDM 系统将其管理动态变化数据的功能转换成几个,甚至上万个二维关系型表格,实现面向产品对象管理的要求。如可以用一个二维表记录产品的全部图形目录,但不能记录每一个图形的变化过程,再用一个二维表专门记录设计图形的版本变化过程。两张表就可以描述产品设计图形的更改的流程。

第三层是功能层,面向对象层提供了描述产品数据动态变化的数学模型。在此基础上,根据 PDM 系统的管理目标,可以建立相应的功能模块。在 PDM 系统中有两大类功能模块。一类是基本功能模块,包括文档管理、产品配置管理、工作流程管理、零件分类和检索及项目管理等;另一类是系统管理模块,包括系统管理和工作环境。系统管理主要是针对系统管理员如何维护系统,确保数据安全与正常运行的功能模块。工作环境是使各类不同的用户能够正常地、安全地、可靠地使用 PDM 系统,既要方便、快捷,又要安全、可靠。

第四层是用户层,包括用户工具层和界面层。不同的用户在不同的计算机上操作,PDM 系统都要提供友好的人机交互界面。根据各自的经营目标,不同企业对人机界面也会有不同的要求。因此,在 PDM 系统中,除了提供标准的不同硬件平台上的人机界面外,还要提供开发用户化人机界面的工具,以满足各类用户的专门的特殊要求。

整个 PDM 系统和相应的关系型数据库(如 Oracle)都建立在计算机的操作系统和网络系统的平台上。同时,还有各式各样的应用软件,如 CAD、CAPP、CAM、CAE、CAT、文字处理、表格生成、图像显示和音像转换等。在计算机硬件平台上,构成了一个大型的信息管理系统,PDM 将有效地对各类信息进行合理地、正确地和安全地管理。

PDM 系统为企业提供了一种宏观管理和控制所有与产品相关信息的机制,覆盖了产品生命周期内的全部信息。与产品相关的信息包括任何属于产品的信息,如 CAD/CAM 文件、材料清单(BOM)、产品配置、事务文件、产品订单、电子表格和供应商清单等。与产品有关的过程包括加工工序、加工指南、相关标准、工作流程和机构关系等处理程序。

据 CIMdata 公司的提法,PDM 系统主要包括以下几个功能:电子资料室(data vault)和文档管理(document management)、产品配置管理(product configuration management)或称产品结构管理、工作流程管理(workflow or process management)、分类与检索功能和项目管理等。基于这种技术,PDM 系统能够实现分布式环境中的产品数据共享,为异构计算机环境提供一种集成的应用平台,从而较好地实现新一代的计算机集成应用系统。

3. 电子资料室及文档管理

电子资料室是 PDM 的核心,它一般是建立在关系型数据库如 Oracle 基础上,主要保证数据的安全性和完整性,并支持各种查询与检索功能。通过建立在数据库之上的相关联的文本型记录,用户可以利用电子资料室来管理存储于异构介质上的产品电子数据文档,如建立复杂数据模型、修改与访问文档、建立不同类型的或异构的工程数据(包括图形、数据序列和字处理程序所产生的文档等)之间的联系,实现文档的层次与联系控制、封装管理应用系统(如 CAD、CAPP、字处理软件、图像管理与编辑等),方便地实现以产品数据为核心的信息共享。

电子资料室通过权限控制来保证产品数据的完整性,面向对象的数据组织方式能够提供快速有效的信息访问,实现信息透明、过程透明。

电子资料室通过封装应用软件,使得用户可以快速准确地访问数据,而无须了解应用软件的运行路径、安装版本以及文档的物理位置等信息。它为 PDM 控制环境和外部世界(用户和应用系统)之间的传递数据提供一种安全的手段,一个完全分布式的电子资料室能够允许用户迅速无缝地访问企业的产品信息,而不用考虑用户和数据的物理位置。

4. 产品配置管理

产品配置管理以电子资料室为底层支持,以材料清单(bill of material,BOM)为其组织核心,把定义最终产品的所有工程数据和文档联系起来。对产品对象及其相互之间的联系进行维护和管理,产品对象之间的联系不仅包括产品、部件、组件、零件之间的多对多的装配联系,而且包括其他的相关数据,如制造数据、成本数据、维护数据等。产品配置管理能够建立完善的 BOM 表,并实现产品版本控制,高效、灵活地检索与查询最新的产品数据,实现产品数据的安全性和完整性控制。

产品配置管理能够使企业的各个部门在产品的整个生命周期内共享统一的产品配置,并且对应不同阶段的产品定义,生成相应的产品结构视图,如设计视图、装配视图、工艺视图、采购视图和生产视图等。

5. 工作流程管理功能

工作流程管理主要实现产品的设计与修改过程的跟踪与控制,包括工程数据的提交与修改控制或监视审批、文档的分布控制、自动通知控制等。它主要管理当一个用户对数据进行操作时会发生什么,用户与用户之间的数据流动以及在一个项目的生命周期内跟踪所有事务和数据的活动。这一模块为产品开发过程的自动管理提供了保证,并支持企业产品开发过程的重组以获得最大的经济效益。

6. 分类及检索功能

任何一个设计都是设计人员智慧的结晶,日益积累的设计结果是企业极大的智力财富,企业发展的一个重要方面是对现有设计进行革新,创造出更好的产品。PDM 的检索和零件库功能就是最大程度地支持现有设计的重新利用,以便创建出新的产品,它包括零件数据库的接口、基于内容的而不是基于分类的检索和构造电子资料室属性编码过滤器的功能。

7. 项目管理功能

一个功能很强的项目管理器能够为管理者提供到每分钟的项目和活动的状态信息,通过 PDM 与流行的项目管理软件包的接口,还可以获得资源的规划和重要路径报告能力。

综上所述,PDM 系统的文档管理是基础,产品管理的重要环节是产品配置管理,工作流程管理面对的是各种简单的或复杂的工作流程。项目管理和零件分类管理的重要作用是有助于 PDM 与 MIS、MRP II 进行信息交换。

实现以上功能需要一些工具和用户界面的支持。外部的应用系统要封装到 PDM 系统中,并可在 PDM 环境下运行,以便于使得不同的应用系统之间能够共享信息以及对应用系统所产生的数据进行统一的管理。封装涉及与各应用相关的规则辨识以及对产生的数据类型的辨识,同时也规定了应用系统运行时的条件及应用系统产生的数据在 PDM 中的自动存储方式。

有人认为查看和圈阅功能、扫描和成像功能及电子协作功能也应纳入 PDM 的管理功能中,这些功能具体如下。

(1) PDM 为计算机化审批检查过程提供支持。用户可以利用它查看电子资料室中存储的数据内容,特别是图像或图形数据,如果需要的话,用户还可利用图形覆盖技术对文件进行圈点和注释。它支持多种标准格式文件的查看,支持目前流行的 CAD 系统,如 AutoCAD、Pro/Engineer 等,对本系统类型文件的查看用红线圈点或图形覆盖,并支持第三方软件的查看。

(2) 扫描和成像功能可以把图形或缩微胶片通过扫描转换成数字化图像,并把它置于 PDM 系统的控制管理之下。在 PDM 发展的早期,以图形重构为中心的扫描和成像系统是大多数技术数据管理系统的基础。但在目前的 PDM 系统中,这部分功能仅是 PDM 中很小的辅助性子集,而且随着计算机在企业中的推广应用,它将变得越来越不重要,在不久的将来,几乎所有的文档都将以数字的形式存在。

(3) 电子协作主要实现人与 PDM 之间高速、实时地交互数据的功能,包括设计审查时的在线操作、电子会议等,较为理想的电子协作技术能够无缝地与 PDM 系统一起工作,允许交互访问 PDM 对象,采用消息的发布和签署机制把 PDM 对象紧密结合起来。

9.4.2 基于 PDM 集成 CAD/CAM 系统

1. 基于 PDM 构筑 CAD/CAM 集成平台

PDM 系统是建立在关系型数据库管理系统基础上的面向对象的产品数据管理应用系

统,其体系结构和功能特点在第 2 章已予以叙述。PDM 是一项管理所有与产品相关的信息和过程的技术,它是以软件技术为基础,以产品为核心,将产品设计、工艺规划、生产制造和质量管理等方面的信息集成在一起,对产品整个生命周期内的数据进行统一管理。PDM 为实现企业信息的集成提供了信息传递的平台和桥梁,在这个平台上可以集成或封装 CAD/CAPP/CAM/CAE 等多种开发环境和工具,将产品不同阶段的信息作为全部产品数据信息的一个子集,按不同的用途和目的分门别类地进行信息集成管理,所有的信息传递与交换都通过 PDM 平台来完成,而 CAD/CAPP/CAM 之间无须直接发生联系,从而实现真正意义上的 CAD/CAPP/CAM 无缝集成。

PDM 平台的核心功能之一是支持产品工程设计自动化。对各个子系统实现集中的数据管理和访问控制,并通过过程管理提供工作流程控制。基于 PDM 系统集成的各功能单元可实现多用户的交互操作,并支持分布、异构环境下不同软件平台、不同网络和不同数据库的作业;可实现产品的异地设计,为企业的产品设计与制造建立了一个并行化的产品设计和制造的协调环境,能够使所有参与产品设计开发的人员自由共享和传递与产品相关的所有数据。

2. 基于 PDM 平台 CAD/CAM 系统集成模式

基于 PDM 的 CAD/CAM 应用系统集成可以有多种不同的集成模式,若按集成的难易程度分,有应用封装、接口交换以及紧密集成三种不同的集成层次。

1) 应用封装模式

基于 PDM 的应用封装与面向对象技术中的对象封装的概念有相似之处,被封装的内容包括应用工具本身以及由这些工具产生的文件。通过封装,一方面 PDM 系统能自动识别、存储并管理由应用工具产生的文件;另一方面当被存储的文件在 PDM 中激活时,可启动相应的应用工具,并在该应用工具中对源文件进行编辑修改。这样,可使应用工具与它们产生的文件在 PDM 环境下相互关联起来。

例如,当一个二维 CAD 系统被封装后,在 PDM 系统中可以查询并执行这个二维 CAD 系统,然后进行设计绘图;当设计结束后,所获得的图形文件可自动在 PDM 系统中存储和管理。若需要对所设计的图形进行修改,则可在 PDM 系统中找到该图形文件,用鼠标点取后便可启动该二维 CAD 系统,实现对图形的修改。

作为一个集成平台,PDM 具有对 CAD/CAM 应用系统的封装能力,可以使不同的应用系统具有统一的模型界面,提供从一种应用转换到另一种应用的功能,实现信息的共享,并对它们产生的数据进行统一的管理。通过应用封装进行应用系统的集成,简单方便,易于实现。但应用封装模式只能满足文件整体共享的应用集成,即 PDM 只能管理应用系统产生的文件整体,不能操作管理文件内部的具体数据。当数据共享必须处理各应用系统生成的内部数据关系时,应用封装方法就显得无能为力了,这时就要采用接口交换或紧密集成的模式。

2) 数据接口交换模式

与应用封装模式比较,数据接口交换是一种更高层次的集成模式,它把应用系统与PDM 系统之间需要共享的数据模型抽取出来,然后把它定义到 PDM 的整体模型中去。这样,在 PDM 与应用系统间就有了统一的数据结构。每个应用系统除了拥有这部分共享的数据模型之外,还可以拥有自己私有的数据模型。这样,应用系统与 PDM 系统在共享数据模型的指导下,通过数据交换接口,实现应用系统的某些数据对象自动创建到 PDM 系统中去,或从 PDM 系统中提取应用系统所需要的数据对象。

例如,在三维 CAD 系统与 PDM 系统的集成中,除了要管理三维 CAD 系统产生的文件外,还需要从三维 CAD 系统生成的装配树中获取如零部件的标识、名称和数量等零部件的描述信息及层次结构关系信息,通过接口送往 PDM 系统,在 PDM 中建立产品结构树;或者从 PDM 中的产品结构树中提取最新的产品结构关系,通过接口去修改 CAD 系统中的装配树,使二者保持异步的一致性。这样,在接口开发过程中,既要了解产品结构在 CAD 系统中的组织形式,也要了解在 PDM 系统中的组织形式,然后做好双向转换;在操作界面上,CAD 中要有 PDM 的功能菜单,PDM 中也要有 CAD 的功能菜单。因此,实现数据接口交换的工作难度大大高于应用封装。

3) 紧密集成模式

紧密集成模式允许应用系统或 PDM 系统互相调用有关服务,执行相关的操作,形成更紧密的关系,真正实现一体化。要做好这样的集成,首先针对共享的数据内容,在应用系统中与 PDM 系统之间建立一种互动的共享信息模型,使其在应用系统或 PDM 系统中创建或修改共享数据时,在一方也能进行自动修改,以保证双方数据的一致性;其次,在应用系统中需插入 PDM 中有关的数据对象编辑与维护功能,这样在应用系统中编辑某一对象时,在 PDM 中也能对该对象进行自动修改。

紧密集成是每个实施 PDM 的企业所期望达到的目标,也是 PDM 开发商努力的方向。但是,要真正实现这种集成,在技术上取决于应用系统与 PDM 系统双方的开放性以及对系统内部结构了解的详细程度,同时需要有较大的资金投入。因此,紧密集成不是每个企业都能做到的。目前,能做到这种模式集成的是 CAD/CAM 应用软件与 PDM 系统软件源于一家,例如:IDEAS 与 METAPHASE、UG 与 IMAN 实现了 CAD/CAM 系统与 PDM 系统的紧密集成。

3. 基于 PDM 构建 CAD/CAM 集成系统实现方法

在一个企业中,可能存在不同供应商或不同版本的 CAD、CAE、CAM 系统。在这样一个复杂环境中,PDM 作为集成平台,一方面要为 CAD/CAEE/CAM 系统提供数据管理与协同工作环境,同时还要为 CAD/CAPP/CAM 系统的集成运行提供支持。图 9.27 所示为目前国内常用的基于 PDM 平台的 CAD/CAM 集成系统体系结构,从图示可以看出,该集成系统的最底层为计算机硬件与操作系统,可支持异构的计算机环境;网络和数据库技术提供了分布式计算机环境下的系统通信手段和数据管理能力;PDM 产品数据管理层为整个系统的核心,封装了各类应用系统,包含了各类数据库;上层为 PDM 图形化用户界面和相关接口,为用户提供了与 CAD、CAPP、CAM、CAE、CAQ、ERP 等各类应用系统友好的集成环境。

利用图 9.27 所示的集成环境,CAD 系统所产生的二维图样、三维模型、零部件的基本属性、产品明细表、零部件之间的装配关系、产品版本等,需要交由 PDM 系统来管理;而CAD 也需要从 PDM 系统获取设计任务书、技术参数、原有零部件图样、资料以及更改要求等信息。CAPP 系统产生的工艺信息,如工艺路线、工序、工步、工装夹具的设计要求以及对

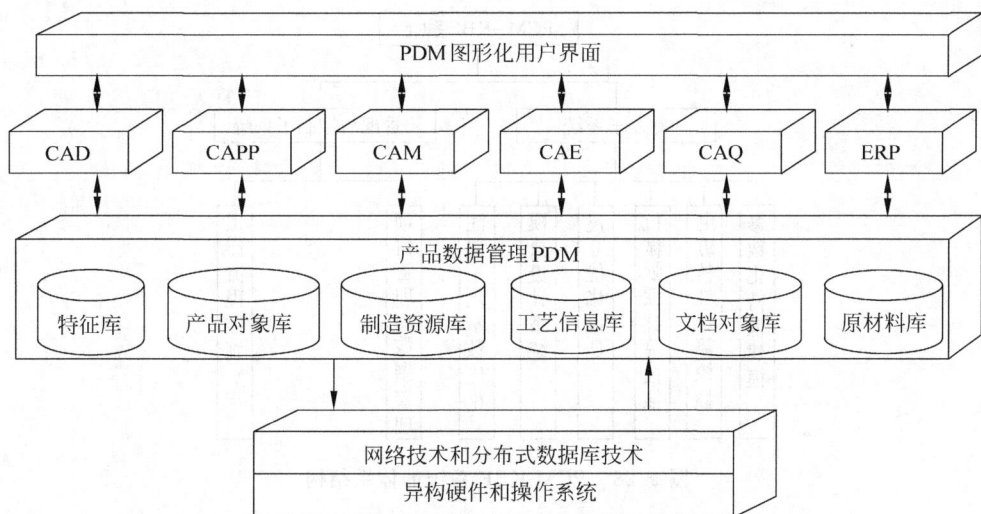

图 9.27　基于 PDM 集成 CAD/CAM 系统的体系结构

产品设计的修改意见等,可交付给 PDM 进行管理;而 CAPP 作业也需要从 PDM 系统中获取产品数据模型、原材料、设备资源等信息。同样,CAM 系统将其产生的刀位文件、NC 代码交由 PDM 管理,同时从 PDM 系统中获取产品数据模型信息和工艺信息等。

CAD 与 PDM 之间要保证产品结构数据的一致性,必须实现两者之间的紧密集成。即在 CAD 与 PDM 之间建立共享的产品数据模型,实现互操作,以保证 CAD 的修改与 PDM 中的修改的互动性和一致性,真正做到双向同步。

对于 CAM 与 PDM 之间的集成,因只有刀位文件、NC 代码、产品模型等文档信息的交流,因而,这两者之间采用应用封装的集成模式就可以满足两者之间的集成要求。

而 CAPP 系统的运行除了需要相关的产品模型文档外,还需要从 PDM 中获取设备的资源信息、原材料信息等。CAPP 所产生的工艺信息还需要分解成如工序、工步等基本信息单元,存放于 PDM 工艺信息库中,以供 CAM、ERP 等应用系统集成之用。所以 CAPP 与 PDM 之间的集成需要采用接口交换集成模式,即在实现基本应用封装的基础上,进一步开发数据交换接口以满足两者集成的需要。

9.4.3　基于 PDM 集成 CAD/CAM 系统的开发实例

下面结合某公司集成产品开发平台的实施给出一个平台实例。根据企业的需求,要求开发一个平台(称为 PCM-KBE 系统),实现 PCM 产品的集成设计。在实际调研与分析的基础上,确定了平台的功能需求,提出了如图 9.28 所示的平台体系结构。根据功能要求,选择了 UG 公司的 iMAN 产品数据管理系统作为基础平台,选择 UG CAD/CAM 系统作为产品结构设计和计算机辅助制造工具,选择 moldflow 作为注塑工艺设计工具、MARC 作为有限元分析工具,开发了拥有自主知识产权的 PCM 产品机械强度计算与校核系统、PCM 产品电磁特性计算与校核系统、PCM 产品几何尺寸优化设计系统,如图 9.29 所示,构建了 PCM-KBE 系统。

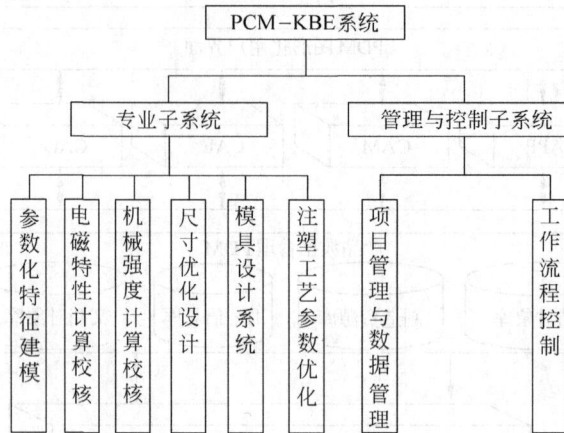

图 9.28　PCM-KBE 系统的体系结构

图 9.29　拥有自主知识产权的 PCMs、PCMe、PCMo 系统

现有一海外客户要求公司提供一种新的 PCM,订单量为 20 万套/月。客户对新产品的规格要求如下:①该产品用于 73 cm 纯平彩管,管径为 ϕ29.1 mm;②该产品无锁紧环,磁片旋转力矩为 0.02～0.08 N·m;③磁片抗折强度规格≥50 N;④磁片手柄切向强度在 5.0 kgf 以上;⑤磁片手柄轴向强度在 1.0 kgf 以上。针对这一任务,首先根据平台中 PDM 的工作流驱动机制,明确任务、分配角色,制定工作流程,如图 9.30 所示。

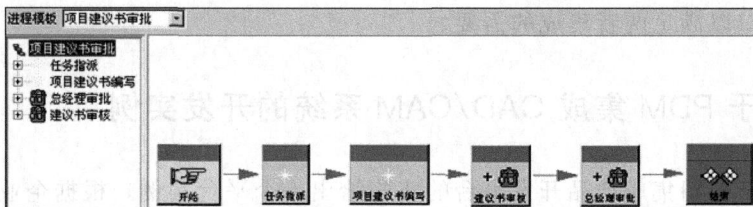

图 9.30　制定工作流程

方案设计工程师,根据按客户要求的主要性能指标和特征,在产品库中查找相近的已有产品,结果查到两个,如图 9.31 所示。

接着分析可用性,查看两种组件的相关技术规格以及所用各零件的技术规格和几何尺寸。进行方案决策:OCM-VM29 与 VM29L3 型 PCM 都能满足彩管上的装配要求,磁片强度都能满足规格;VM29L3 型 PCM 的 2P、4P 和 6P 磁片移动量规格与新产品全都不相同;

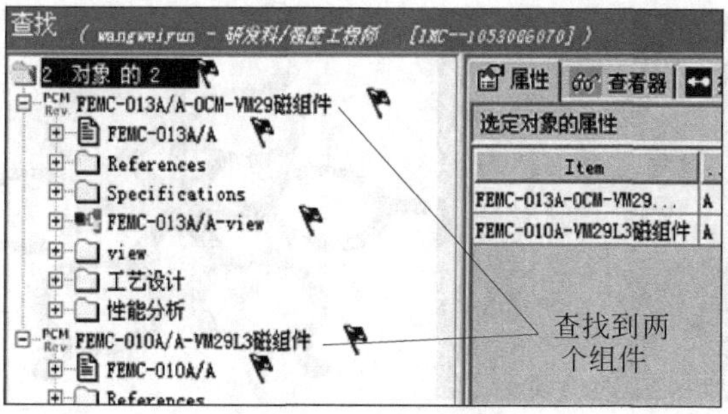

图 9.31　查找结果

OCM-VM29 型 PCM 的 2P、4P 磁片移动量规格与新产品相同，6P 磁片移动量小于新产品规格；根据上述三项，方案设计工程师决定采用 OCM-VM29 型 PCM 作为设计模板。因为 2P、4P 可直接借用，生产工艺可采用现有工艺，既可降低设计成本，也查降低制造成本。

接下来，结构设计工程需要确定 6P 磁片材料与关键尺寸：OCM-VM29 采用的是成本较高的高性能磁性材料，因新产品 6P 移动量规格值低，磁性能要求相对较低，设计工程师决定采用成本低的一种低性能磁性材料。首先根据性能指标的要求和材料性能参数，启动平台中的优化设计子系统，进行 6P 的结构参数优化设计，然后根据优化设计得到的优化结构，启动平台中的强度和电磁特性校核子系统，进行仿真计算和校核。看看优化后的结果是否满足要求，如满足要求，则在装配结构环境下，更新结构尺寸，完成新产品的结构设计，如图 9.32 所示。

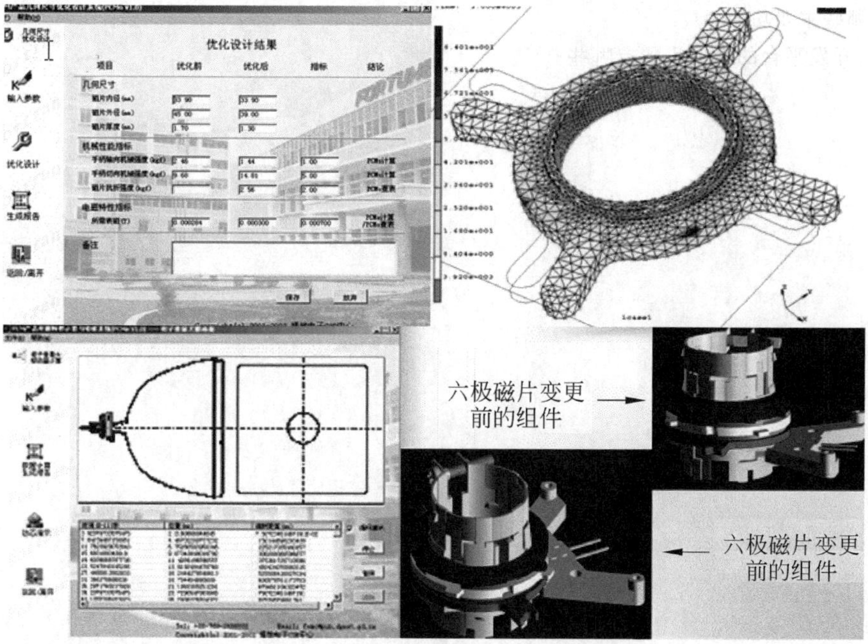

图 9.32　结构优化、校核与参数化设计

接下来，要设计注塑模具和注塑工艺参数，设计完成之后、实际生产之前，要进行仿真检验，如图 9.33 所示。

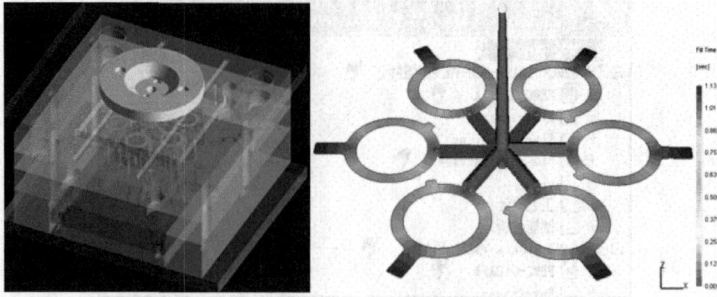

图 9.33　模具设计与注塑工艺仿真

　　至此,快速地完成了一个新产品的开发。由于使用了该平台,大大提高了设计质量、缩短了新产品开发周期。

习题

1. 简述产品集成设计平台的体系结构。
2. 简述 CAD/CAM 集成的技术与方法。
3. CAD/CAM 集成的关键技术有哪些?
4. 常用的产品数据交换标准有哪些? 各有何特点?
5. 产品信息的描述包括哪些方面?
6. 何谓产品集成数据模型?
7. PDM 有哪些主要功能?
8. 集成产品开发平台的开发步骤有哪些?

第 10 章

CAD/CAM 应用软件开发技术

教学提示与要求

　　CAD 应用软件是为了适应行业的特殊需要,用高级语言进行开发的特定软件系统。应用软件开发有各种各样的方法,每种方法可以用不同的软件系统实施。本章在开发技术上着重介绍基于通用平台的 CAD 专业软件的开发方法,并以 SolidWorks 三维软件平台为例,讲解如何在此平台上进行专业软件的二次开发。

10.1　应用软件开发技术概述

10.1.1　二次开发的概念、目的和一般原则

1. 二次开发的一般概念

　　所谓 CAD/CAM 软件的二次开发,是指在现有支撑软件的基础上,为提高设计质量和完善软件的功能,使之更符合用户的需求而做的开发工作。其根本目的是提高设计、制造质量,缩短产品的生产周期,充分发挥 CAD/CAM 软件的价值。二次开发将应用对象的设计规范、构造描述、设计方法等以约束关系的形式集成到通用 CAD 平台中去,以使应用对象的设计智能化、集成化。

2. 目的

　　CAD 软件系统大致可以分为 3 个层次,即系统软件、支撑软件和专业软件。一般来说,支撑软件提供最基本的应用软件,软件的适应范围较广。例如,交互式图形系统提供了图形处理方面最基本的功能,包括基本图素的生成功能、图形的各种交互式编辑功能等,可以广泛地应用于各类工程图样的生成。另一方面,支撑软件的功能又不可能设计得很具体。如交互式图形系统就不可能专门为机械设计人员专门设计一个齿轮生成命令。用户的要求是千变万化的,支撑软件只能解决其中带有共性的问题。因此,支撑软件的功能与用户的要求必然存在一定的距离,二次开发的任务之一就是要消除这个距离,在支撑软件和用户之间建起一座"桥梁"。在用户带有共性的要求中还存在一定的差别,有些用户还需要对支撑软件的某些功能作一些修改和补充。因此,要使某个软件为特定的用户所应用,必须修改和完善原系统中的一些功能。

3. 一般原则

二次开发要遵循工程化、模块化、继承性和标准化等一系列原则。

（1）工程化原则：二次开发应按照软件工程学的方法和步骤进行，突出工程化的思想。首先对所要解决的问题进行详细定义分析（由软件开发人员与用户讨论决定），并加以确切地描述，确定软件技术目标和功能目标，编写软件需求说明书、确定测试计划和数据要求说明书等，然后根据需求说明书的要求，设计建立相应软件系统的体系结构，编写软件概要设计和详细设计说明书、数据库或数据结构设计说明书、组装测试计划，从而保证软件的可靠性、有效性和可维护性。

（2）模块化原则：模块化原则要贯穿二次开发的全过程，它是将整个系统分解成若干个子系统或模块，定义子系统或模块间的接口关系。模块化可以使开发人员同时进行不同模块的开发，缩短软件开发周期；在软件需要维护和修改时，也仅对相关模块进行修改即可，避免了对整个程序的修改；在扩展时，只要把独立的功能模块集成即可运行。最后通过菜单调用把它们集成起来，与原系统组成一个有机的整体。

（3）继承性原则：二次开发不同于一般从底层做起的软件设计，是在已有软件基础上根据实际需要而进行的再开发，对支撑软件有很强的依赖性和继承性。继承性是二次开发的最大特点，它要求开发后的系统在界面风格和概念上与原软件保持一致，新加入的部分在功能、操作等方面与原系统实现无缝集成，从而保持系统的一致性和完整性。

（4）标准化原则：标准化是开发 CAD 软件的基础。首先，在开发过程要遵循 CAD 技术的基础标准，CAD 技术的发展之路同时也是一条标准化发展之路，面向用户的图形标准 GKS 和 PHIGS、面向不同 CAD 系统的数据交换标准 IGES 和 STEP 以及窗口标准等都是进行二次开发所必须依据的标准。其次，CAD 系统的二次开发不同于一般软件的设计，它的运行过程是对具体机械设计过程的模拟，必须符合机械工程设计的特点，机械设计过程也有着严格的国家标准的规定。

10.1.2 机械 CAD 软件的二次开发

1. 二次开发的内容

机械设计是一项复杂的工程。机械设计的内容很多，仅仅标准零件和常用符号就有几十种。因此要开发一个比较完善的机械 CAD 软件，工作量是很大的。机械 CAD 软件二次开发工作主要包括如下内容：

（1）交互式系统的完善。

（2）交互式系统、数据库管理系统、有限元分析系统间的连接和相互调用，主要是各个系统与高级语言的接口设计。

（3）参数化设计模块的设计，主要包括常见零件的参数化绘图、参数化设计计算和校核计算几个子程序。

（4）界面设计，主要包括图标菜单的设计、对话框设计等。

（5）国家标准数据库的建立。

(6) 工程符号和汉字的处理。

机械 CAD 软件二次开发的基本思路是：以交互式图形系统为主要支撑，以图形系统的用户语言为进程的控制者，以高级语言为系统连接及数据库转换的枢纽，开发一个集参数化设计零件、交互式编辑图形、数据的系统管理、零件的有限元分析为一体的机械 CAD 软件系统。

2. 开发软件应具备的功能

机械 CAD 软件二次开发的目的是开发一个完善的、符合我国国情及用户需要的机械 CAD 软件。该软件可以帮助机械设计师完成从设计计算、造型设计到数据管理、校核计算、有限元分析等一系列烦琐的工作，从而大大地缩短设计周期，减轻设计人员的劳动强度。具体地讲，该软件应具备以下功能。

(1) 交互图形处理功能：用于交互式地生成和编辑图形。

(2) 设计计算功能：在设计计算阶段，用户只需给出必要的原始参数，软件自动进行计算和查表工作，然后将计算结果显示给用户，由用户确定最终的设计参数。

(3) 参数化绘图功能：当给定必要的结构参数后，软件能自动地绘制出相应的零件工程图。

(4) 校核功能：能够按照给定的经验公式，对零件进行校核计算。

(5) 有限元分析功能：对重要的零件用有限元分析方法进行动(或静)态分析计算。

(6) 数据库管理功能：可以方便地管理、调用和维护机械设计中的各类数据。

3. 开发要求

一个成功的 CAD 软件应符合以下要求。

(1) 结果正确：获得正确的结果是对任何软件的基本要求。

(2) 操作方便：在整个设计过程中，设计者只需输入必要的参数，分析和选取设计结果，其余工作由程序自动完成。

(3) 友好的人机交互界面：形象直观的图标菜单是当前人机交互界面的主要形式。

10.2　CAD 软件开发流程与文档资料要求

随着技术的发展，CAD 软件系统功能越来越复杂，规模越来越大。为保证软件开发的质量，必须遵循科学的方法。目前，软件开发也成为由个体作业方式发展为一门专门的技术科学——软件工程学。根据软件工程学的方法，CAD 软件开发需遵循以下步骤。

1. 需求分析

在需求分析阶段的主要任务是：对产品的开发流程进行调研，收集和分析有关资料，了解用户和产品开发需求，确定系统开发的目标、性能要求和接口形式，建立系统的逻辑模型。

在需求分析阶段，数据流动图(data flow diagram)、状态转移模型(status transition model)和信息流图(message flow diagram)等是常用的分析工具，利用这些工具，可以清晰地表达出产品开发过程中的数据流程和逻辑功能,提炼出软件系统的数据内容和数据格式。

在这一阶段要上交的文档包括:系统目标以及所需的硬件、软件以及其他方面的限制;信息描述(系统的输入和输出,系统与其他部分,如硬件、软件、人员之间的接口);功能描述(描述系统的功能细节、功能之间以及功能与数据之间的关系);质量评审要求(规定软件的需求及测试极限)。

2. 系统设计

系统设计方法主要有结构化系统设计和面向对象系统设计两种方法。结构化设计起源于 20 世纪 70 年代,采用一组标准工具和准则进行系统设计。其中,结构图是主要工具,用于表达系统的组成结构和相互关系。

用结构化方法进行软件系统开发时,设计过程可分为概要设计和详细设计两种。概要设计是在系统分析的基础上,明确软件的总体结构和模块间的关系,定义各模块之间的接口,设计出全局数据库,确定系统与其他软件、用户之间的界面及其细节。详细设计主要是描述概要设计中产生的功能模块,并将各个功能模块进一步分成程序模块,设计其算法和数据结构。

结构化设计强调“自上而下”的分解,即将系统从上到下逐级分解为模块和子模块。模块划分时,应尽可能地降低模块之间的耦合程度,提高模块之间的内聚度。耦合性小说明模块之间的独立性好,相互之间的依赖程度低,而内聚度高指的是模块内部尽量降低模块之间的依赖关系,这样便于系统的修改和维护。

系统设计提交的文档就是系统设计说明书。

3. 程序设计

程序设计的主要任务就是将系统设计方案加以具体实施,即根据系统设计说明书进行编程,以某种语言实现各功能模块。

4. 软件系统测试

软件系统测试的主要任务是对软件进行检验,寻找功能和结构方面的缺陷。系统测试是保证软件质量的关键。为了保证系统的可靠性,必须对系统进行尽可能全面的测试。测试工作约占整个开发工作量的 40%。一般而言,软件系统测试包括测试和纠错两方面的内容。

通常,测试过程基于以下原则:

(1) 设计测试例题时,要给出测试预期效果,以便做到有的放矢;

(2) 为保证测试质量,开发和测试小组应相互独立;

(3) 要设计非法输入的测试例题,保证系统的容错性;

(4) 对程序进行修改后,要进行回归测试,以免由于修改程序所引出的新的错误;

(5) 在进行深入测试时,要集中测试容易出错的部分。

5. 软件维护

软件编制完成交付使用后,就进入了软件的维护阶段。维护阶段的主要任务是在软件的使用过程中对软件进行改错、完善及扩充,所以维护阶段又可以分为改正性维护、适应性维护和完善性维护等几个方面。

软件测试往往不可能找出系统中所有潜在的错误,在系统使用期间仍可能发现错误,诊断和改正这类错误称为改正性维护。

计算机软、硬件的不断升级和更新需要对系统进行修改,这类维护为适应性维护。

当系统投入使用后,用户有时提出增加新的功能,修改已有功能或其他改进要求,为满足上述要求而进行的维护称为完善性维护。

为减少维护工作量,提高维护质量,应在系统开发过程中遵循软件工程方法,保证文档齐全,格式规范。

6. 文档编制

在 CAD 软件开发的每一个阶段,都需要编制详细的开发文档。按照《计算机软件产品开发文件编制指南》(GB 8567—2006)规定,整个软件生存周期共应提交多种标准文档。各种文档编写工作与软件生存周期各阶段的关系如表 10.1 所示,其中有些文档的编写工作要在若干个阶段中延续进行。软件文档格式均应参照国家标准规范书写。

表 10.1　软件生成周期各阶段中的文档编制

文档 ＼ 阶段	可行性研究与计划	需求分析	设计阶段	实现阶段	测试阶段	运行维护
可行性研究报告	√					
项目开发计划	√	√				
软件需求说明书		√				
用户手册		√		√		
测试计划			√	√		
结构设计说明书			√			
详细设计说明书			√			
源程序清单				√		
测试分析报告					√	
开发进度月报	√	√	√	√		
项目开发总结报告					√	
操作手册				√		

10.3　CAD/CAM 应用软件编程基础

ISO 提供的三个应用程序接口标准不是面向微机环境的。过去由于微机的功能简单,不易实现这类图形标准所要求的复杂功能模块,所以很难在微机上开发基于这类标准的图形应用程序开发环境。现在随着微机功能的提高和基于微机的 CAD 软件系统的普及,出现了相应的图形接口标准。特别是随着基于 Windows 平台的图形操作系统的发展,OpenGL 在微机环境中迅速普及,许多微机上流行的图形应用软件都使用了它,使之成为事实上的标准。

10.3.1　OpenGL 标准

OpenGL(open graphics library)是个专业的图形程序接口,是一个功能强大、调用方便的底层图形库。OpenGL 是个与硬件无关的软件接口,它定义了一个跨编程语言、跨平台的编程接口的规格,可以在不同的平台如 Windows 95、Windows NT、Unix、Linux、MacOS、OS/2 之间进行移植。因此,支持 OpenGL 的软件具有很好的移植性,可以获得非常广泛的应用。由于 OpenGL 是底层图形库,没有提供几何实体图元,不能直接用以描述场景。但是通过一些转换程序,可以很方便地将 AutoCAD、3DS/3DS MAX 等 3D 图形设计软件制作的 DXF 和 3DS 模型文件转换成 OpenGL 的顶点数组。

OpenGL 是一个开放的三维图形软件包,因为独立于窗口系统和操作系统,以它为基础开发的应用程序可以十分方便地在各种平台间移植,此外它与 Visual C++ 紧密接口,使用简便,效率高。OpenGL 具有七大功能:

(1) 建模功能。OpenGL 图形库除了提供基本的点、线、多边形的绘制函数外,还提供了复杂的三维物体(如球、锥、多面体、茶壶等)以及复杂曲线和曲面(如 Bezier,NURBS 等曲线或曲面)绘制函数。

(2) 变换功能。OpenGL 图形库的变换包括基本变换和投影变换。基本变换有平移、旋转、变比和镜像 4 种变换,投影变换有平行投影(又称正射投影)和透视投影两种变换。

(3) 颜色模式设置。OpenGL 颜色模式有两种,即 RGBA 模式和颜色索引模式(color index)。

(4) 光照和材质设置。OpenGL 光源种类有辐射光(emitted light)、环境光(ambient light)、漫反射光(diffuse light)和镜面光(specular light)。材质是用光反射率来表示。场景中物体最终反映到人眼的颜色是光的红、绿、蓝分量与材质红、绿、蓝分量反射率相乘后形成的颜色。

(5) 纹理映射。利用 OpenGL 纹理映射功能可以十分逼真地表达物体的表面细节。

(6) 位图显示和图像增强。OpenGL 的图像功能除了基本的复制和像素读写外,还提供了融合、反走样和雾化的特殊效果处理。

(7) 双缓冲动画。双缓冲即前台缓存和后台缓存,简而言之,后台缓存计算场景、生成画面,前台缓存显示后台缓存已画好的画面。

此外,利用 OpenGL 还能实现深度暗示(depth cue)、运动模糊(motion blur)等特殊效果。

一个完整的图形处理系统,其最底层是图形硬件,第二层是操作系统,第三层是窗口,第四层是 OpenGL,第五层是应用软件。OpenGL 在网络上是透明的,适宜于在客户/服务器的体系中应用。

10.3.2　微机平台 OpenGL 的开发环境

尽管 OpenGL 不是 ISO 提供的图形标准,但是由于其丰富的功能和广泛的应用,使它成为三维图形软件事实上的标准开发工具。随着微机功能的提高,OpenGL 在微机环境中迅速普及。在 MS Windows 操作系统中,OpenGL 已作为一个标准模块集成其中,许多三维图形软件都使用这个标准库,如 SolidWorks、3DS MAX 等 CAD 软件和部分游戏软件。现在微机上使用的图形硬件(如各种带 3D 加速的显卡)大都内置了对 OpenGL 各种功能的硬件加速处理模块,操作系统的各种语言开发环境也配置了丰富的 OpenGL 开发工具,使 OpenGL 成为高效实用、稳定可靠、功能丰富、开发容易的图形软件系统开发环境。

Windows 中 OpenGL 的实现方式是一种网络透明的客户/服务器模式,即作为客户的图形应用程序向作为服务器的 OpenGL 内核发送请求,服务器解释绘图命令,将计算结果返回客户应用程序。客户应用程序与服务器可以在同一台计算机上,也可以通过网络分布在不同的计算机上。图 10.1 是 OpenGL 在 Windows 中的工作过程。

对程序员而言,OpenGL 是一些指令或函数的集合。OpenGL 图形库一共有一百多个函数,其中核心函数有 115 个,它们是最基本的函数,其前缀是 gl。

图 10.1　OpenGL 在 Windows 中的工作过程

OpenGL 实用库(OpenGL Utility Library,GLU)的函数功能更高一些,如用于绘制复杂曲线、曲面;高级 OpenGL 辅助库(OpenGL AUXilary Library)的函数是一些特殊的函数,包括用于简单的窗口管理、输入事件处理和某些复杂三维物体绘制等的函数,共有 31 个,前缀为 aux。此外,还有 6 个 WGL 函数非常重要,专用于 OpenGL 和 Windows 9x/NT 窗口系统的链接,其前缀为 wgl,作用是创建和选择绘图设备以及在窗口内任一位置显示位图字符。这些功能是对 Windows 9x/NT 和 OpenGL 的补充。另外,还有 5 个 Win32 函数用来处理像素格式(Pixel Formats)和双缓存,它们是对 Win32 系统的扩展。

Windows 平台下的 OpenGL 开发环境包括以下几个组成部分:

(1) 带 3D 加速的显卡及其驱动程序。许多显卡都内置了 OpenGL 的硬件加速,并且提供了相应的与 OpenGL 有关的驱动程序和服务端 OpenGL 函数库。

(2) 客户端的 OpenGL 动态函数库,包括操作系统提供的基本 OpenGL 函数库(OpenGL32.DLL)、OpenGL 实用库和高级 OpenGL 辅助库(GLU32.DLL)。多数 3D 加速显卡的驱动程序中为了充分发挥显卡的功能,也带了这两个函数库。

(3) 编程语言工具和客户端的 API 接口文件。现在流行的 Visual C++/Visual Basic,Borland C++ Builder/Delphi 都可以支持 OpenGL 图形系统开发。客户端的 API 接口库文件包括 OpenGL32.lib,Glu32.lib,Glaux32.lib。

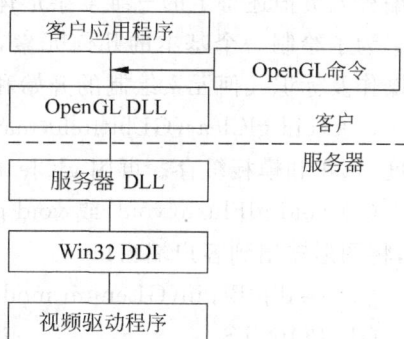

10.3.3　OpenGL 中基本图形的生成

计算机可以生成非常复杂的图形,但无论图形多么复杂,都是由基本图形组合而成的,大多数图形程序库和图形标准均内置了这些基本图形的生成功能。

1. 点和线

OpenGL 可以绘制的基本图形有点、线和有法线方向的多边形,用它们可以绘制各种复杂的二维、三维形体。OpenGL 同时也在实用库和辅助库中提供了一些高级图形函数,以方便编程人员描述特定的三维复杂形体。

为了绘制一个基本的几何元素,需要用到下面几个基本的 OpenGL 函数,它们完成清屏操作及标识几何元素绘制的开始和结束。

(1) void glClear(GLbitfield mask):清屏,但真正的操作意义是清除绘图窗口的颜色、深度、累积和模板缓存。可用 glClearColor()定义清屏后窗口的底色。

(2) void glFlush(void)或 void glFinish(void):通知 OpenGL 服务器完成本次绘图命令,将图形输出到客户端窗口。

(3) void glBegin(GLenum mode):指明将要绘制的几何元素类型,可以是以下 10 种:

GL_POINTS	点
GL_LINES	顺序两个点画一条直线段
GL_POLYGON	凸多边形
GL_TRIANGLES	每 3 点作一个三角形
GL_QUADS	每 4 点作一个四边形
GL_LINE_STRIP	不闭合的折线
GL_LINE_LOOP	首尾相接的折线
GL_TRIANGLE_STRIP	一组依次相连的三角形
GL_TRIANGLE_FAN	一组依次相连的三角形扇
GL_QUADS_STRIP	一组依次相连的四边形

(4) void glEnd(void):与 glBegin()配对使用,表示几何元素绘制结束。

(5) glVertex2f()、glVertex3f():定义二维和三维顶点,用于绘制几何元素。

(6) glColor3f():设定几何元素的绘制颜色。

用下面这段程序可以绘制如图 10.2 中 5 个颜色不同的点

图 10.2　基本图形:点和线

和一段红色的直线及一段虚线。程序中的双斜线及后面文字为程序注释而非程序中的内容项。

```
{HWND hWnd=GetSafeHwnd();                    //获取窗口信息
HDC hDC=::GetDC(hWnd);                        //获取窗口绘图区域信息
wglMakeCurrent(hDC,hglrc);                    //连接 OpenGL 绘图设备
glClearColor(1.0,1.0,1.0,0.0);               //用白色清除绘图区域
```

```
glClear(GL_COLOR_BUFFER_BIT|GL_DEPTH_BUFFER_BIT);
glfloat fLineWidth[2];
GlGetFloatv(GL_LINE_WIDTH_RANGE,fLineWidth);
GlLineWidth(fLineWidth[1]/6.0f);                    //设定直线的宽度
glColor3f(1.0f,0.0f,0.0f);                          //用红色画直线
glBegin(GL_LINES);                                  //开始画线
    glVertex3f(-0.7f,-0.7f,0.0f);
    glVertex3f(0.7f,0.7f,0.0f);
glEnd();                                            //结束画线
glEnable(GL_LINE_STIPPLE);                          //设定虚线的形式
glLineStipple(1,0x00FF);
glBegin(GL_LINES);                                  //开始画虚线
    glVertex3f(-0.7f,0.7f,0.0f);
    glVertex3f(0.7f,-0.7f,0.0f);
glEnd();                                            //结束画虚线
glDisable(GL_LINE_STIPPLE);                         //取消画虚线
glPointSize(26.0);                                  //设定点的大小
glBegin(GL_POINTS);                                 //开始画点
    glColor3f(1.0f,0.0f,0.0f);
    glVertex3f(-0.7f,-0.7f,0.0f);
    glColor3f(0.0f,1.0f,0.0f);
    glVertex3f(0.7f,-0.7f,0.0f);
    glColor3f(1.0f,0.0f,1.0f);
    glVertex3f(0.0f,0.0f,0.0f);
    glColor3f(0.0f,0.0f,1.0f);
    glVertex3f(0.7f,0.7f,0.0f);
    glColor3f(0.0f,1.0f,1.0f);
    glVertex3f(-0.7f,0.7f,0.0f);
glEnd();                                            //结束画点
glFlush();                                          //要求 OpenGL 立即执行绘图命令
SwapBuffers(hDC);                                   //交换 OpenGL 绘图缓存
wglMakeCurrent(NULL,NULL);                          //释放与 OpenGL 绘图设备的连接
```

2. 多边形

除了简单的点与直线，OpenGL 还可以绘制复杂的二维图形，如折线与多边形，但不能直接绘制圆和其他复杂曲线图形，这些复杂曲线只能被计算为折线段后才能由 OpenGL 绘制。

折线段的定义与直线段的定义相似，只需要将 glBegin 函数的参数改为 GL_LINE_STRIP 即可，而定义闭合折线为 GL_LINE_LOOP。闭合折线的首尾是相连的。如下的程序段可以绘制如图 10.3 所示的封闭折线，稍微改动一下还可以绘制不封闭折线。

```
glBegin(GL_LINE_LOOP);
    glVertex2f(-0.8f,0.6f);
```

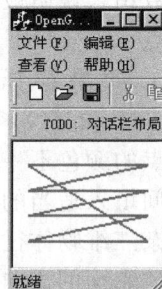

图 10.3　基本图形：折线

```
    glVertex2f(0.8f,0.6f);
    glVertex2f(-0.8f,0.2f);
    glVertex2f(0.8f,0.2f);
    glVertex2f(-0.8f,-0.2f);
    glVertex2f(0.8f,-0.2f);
    glVertex2f(-0.8f,-0.6f);
    glVertex2f(0.8f,-0.6f);
glEnd();
```

　　但是折线仅仅是线段,即使它围成了一个封闭的区域,也不具有任何面的性质。

　　OpenGL 中可以用凸多边形(GL_POLYGON)构造面。一个多边形至少有 3 个顶点。多边形的各顶点在同一个平面内且多边形的各边相互不能相交,即为简单多边形。多边形应构成单连通的凸区域,即任给多边形内部两点,其连线完全在多边形内部。但是,如果一个多边形是一个在三维空间中的简单凸多边形,由于投影关系的原因,在窗口中将投影为自相交或凹的多边形,这个多边形仍然是有效的。OpenGL 中也在高级辅助库中提供了两个绘制凹多边形的函数 gluBeginPolygon()和 gluEndPolygon(),但是这两个函数实际上是将凹多边形拆成三角形片来绘制凹多边形的。

　　一个多边形有前面和后面之分,并且前面和后面可以有不同的属性。比如,可以指定一个多边形的前面为红色而其后面为蓝色。在二维平面中,这似乎没有多大的意义,但是对于三维空间,却是十分重要的。比如,可以转动一个多边形以看到它的另一面。在对一个面进行光照时,前后面的区分也是很重要的。

　　一个多边形的前面和后面是需要指定的,我们可以通过定义其顶点顺序来确定。如果不特别指定时,默认顶点的排列顺序是逆时针的侧面为该多边形的前面,顶点的排列顺序是顺时针的侧面则为该多边形的后面。事实上,这是可以改变的。OpenGL 提供了一个函数 glFrontface(),该函数有一个参数,可以是 GL_CW 或 GL_CCW 中的一个。GL_CW 表示按顺时针方向顶点顺序定义的是多边形的前面,GL_CCW 则表示按逆时针方向顶点顺序定义的是多边形的前面。GL_CCW 是这个函数的默认参数。由于要区分前面和后面,这就使定义多边形缺乏一些灵活性,因为必须明确应采用什么样的顺序来排列其顶点。尽管如此,这种区分会给我们带来许多便利。比如,一个盒子内部看起来就应该和外部不一样;一张纸有前面和后面之分。

　　一个多边形可以进行填充,也可以不填充。我们可以采用 glPolygonMode()函数对多边形的绘制模式作出说明。该函数有两个参数,第一个参数可以是 GL_FRONT,GL_BACK,GL_FRONT_AND_BACK 中的一个,用来指定多边形的前面、后面或前后两面;第二个参数用来说明被指定面的绘制模式。GL_POINT 告诉 OpenGL 只在多边形的顶点位置上画点,GL_LINE 则告诉 OpenGL 只画多边形的边,而 GL_FILL 告诉 OpenGL 要填充多边形。如果选择填充多边形,可以用 glEnable(GL_POLYGON_STIPPLE)和 glPolygonstipple()函数指定填充的图形,也可以在各个顶点处指定颜色。有趣的是,如果各个顶点的颜色不一样,并且使用函数 glShadeModel(GL_SMOOTH),则 OpenGL 将在各个顶点间填入适当的过渡颜色。

　　复杂三维物体往往是由很多简单的多边形构成的。在处理三维物体的光照效果时需要知道物体表面的法向量。多边形是一个平面,所以一个多边形的法向量可以在其顶点处指定。定义多边形顶点的法向量的函数为: void glNormal3f(N_x,N_y,N_z)。用 glEnable(GL_

NORMALIZE)指定 OpenGL 将各顶点的法向量计算为模为 1 的单位向量。以下是一个绘制如图 10.4 有过渡颜色填充的多边形的例子：

```
glLineWidth(2.0f);
glShadeModel(GL_SMOOTH);
glPolygonMode(GL_FRONT,GL_FILL);
glFrontFace(GL_CCW);
glBegin(GL_POLYGON);
glColor3f(1.0f,1.0f,1.0f);
glVertex2f(-0.3f,0.3f);
glColor3f(1.0f,1.0f,1.0f);
glVertex2f(-0.7f,-0.2f);
glColor3f(0.0f,1.0f,1.0f);
glVertex2f(-0.3f,-0.4f);
glColor3f(0.0f,1.0f,1.0f);
glVertex2f(0.4f,-0.4f);
glColor3f(1.0f,0.0f,1.0f);
glVertex2f(0.8f,-0.2f);
glColor3f(1.0f,0.0f,1.0f);
glVertex2f(0.4f,0.3f);
glEnd();
```

图 10.4　有过渡颜色的多边形

OpenGL 中有两种特殊的多边形：四边形和三角形。值得一提的是，用三角形和三角形片构造的多边形一定是简单凸多边形，所以有很多图形应用系统使用三角形片构造复杂的三维物体。在绘制复杂的平面多边形时，有一些边是两个多边形的交线，这些边应该不绘出。OpenGL 可以用 glEdgeFlag(FALSE)设置这些边不可见，使其隐藏。同样，在绘制复杂三维形体时，应用程序可以肯定多边形的前面或后面一定不可见，可以不用绘制。隐藏多边形的不可见边和物体的不可见面可以提高 OpenGL 绘制复杂物体的速度。

任意复杂的三维形体都可以用简单多边形绘制，但是比较复杂。OpenGL 中特意提供了一些基本三维形体的绘制。如图 10.5 就是一些复杂形体绘制的示例。

图 10.5　复杂三维形体的生成

10.3.4　VC 6.0 中 OpenGL 开发环境配置

设置编程环境及其安装必备文件的步骤如下所述。

1. 选择一个编译环境

现在 Windows 系统的主流编译环境有 Visual Studio，Borland C++ Builder，Dev-C++ 等，它们都是支持 OpenGL 的。这里选择 VC++ 6.0 作为 OpenGL 的环境配置示例。

2. 安装 GLUT 工具包

GLUT 不是 OpenGL 所必需的，但它会给学习带来一定的方便，推荐安装。

Windows 环境下安装 GLUT 的步骤：

将下载的压缩包解开，将得到 5 个文件，下面以 VC 的安装目录为："d:\Program Files\Microsoft Visual Studio\VC98"为例进行说明。

（1）把解压得到的 glut.h 放到 GL 文件夹里"d:\Program Files\Microsoft Visual Studio\VC98\include\GL"。没有 GL 文件夹可以自己建一个。

（2）把解压得到的 glut.lib 和 glut32.lib 放到静态函数库所在文件夹，即"d:\Program Files\Microsoft Visual Studio\VC98\lib 文件夹"。

（3）把解压得到的 glut.dll 和 glut32.dll 放到操作系统目录下面的 system32 文件夹内（典型的位置为：C:\Windows\System32）。

3. 创建工程

（1）创建一个 Win32 Console Application（以工程名为 GLtest 为例）。

（2）链接 OpenGL libraries：在 Visual C++ 中先单击 Project，再单击 Settings，再找到 Link 单击，最后在 Object/library modules 的最前面加上 opengl32.lib，Glut32.lib，Glaux.lib，glu32.lib。

（3）单击 Project Settings 中的 C/C++ 标签，将 Preprocessor definitions 中的_CONSOLE 改为_WINDOWS。最后单击 OK。

4. 创建一个最简单的 OpenGL 程序

```
#include <windows.h>          //Windows 的头文件
#include <gl\gl.h>            //OpenGL32 库的头文件(核心库函数)
```

核心库函数个数最多，均以"gl"为前缀，它们提供了最基本的功能，如实现三维建模、建立光照模型、反走样及纹理映射等功能。

```
#include <gl\glu.h>           //GLu32 库的头文件(实用库函数)
```

实用库函数均以"glu"为前缀，它们在核心函数的上层。其实质是对核心函数进行组织和封装,提供比较简单的函数接口和用法,可减轻开发者的编程负担。

```
#include <gl\glaux.h>                        //GLaux 库的头文件(辅助库函数)
```

辅助库函数均以"aux"为前缀。应用程序只能在 Win32 环境中使用这些函数,可移植性较差,在 Windows 应用程序中一般用于窗口管理、输入输出处理及绘制一些简单的三维形体:

```
#include <gl/glut.h>                         //OpenGL 实用工具包
```

10.4　专业 CAD 软件开发方法

用户利用计算机所提供的各种系统软件、支撑软件编制的解决用户各种实际问题的程序称为应用软件。目前,在模具设计、机械零件设计、机械传动设计、建筑设计、服装设计以及飞机和汽车的外形设计等领域都已开发出相应的应用软件,但都有一定的专用性。应用软件种类繁多,适用范围不尽相同,但可以逐步将它们标准化、模块化,形成解决各种典型问题的应用程序。这些程序的组合,就是软件包(package)。开发应用软件是 CAD 工作者的一项重要工作。

目前专业 CAD 系统的开发可分为三种方式:

(1) 完全自主版权的开发,一切需从底层做起;

(2) 基于 CAD 几何造型核心平台的开发,如 ACIS,PARASOLID,OPEN CAS,CADE 等平台的开发;

(3) 基于某个通用 CAD 软件系统的二次开发,如基于 Solidworks,UG,Pro/Engineer 等软件的开发。

其中,第一种方式从零开始,难度最大,这种开发方式需要比较强大的开发能力和资金的支持。第二种和第三种在我国目前的开发中较常用。

10.5　基于通用平台的 CAD 专业软件开发方法

随着 CAD 应用领域的不断扩大和应用水平的不断提高,用户需求与 CAD 系统规模之间的矛盾日益增加,没有一个 CAD 系统能够完全满足用户的各种需求。作为商品化的 CAD 软件产品,是否拥有一个开放的体系结构,是衡量该软件的优劣性、适用性和生命力的重要标志,而是否拥有一个开发简便、运行高效的二次开发平台又是开放式体系结构的核心和关键。目前,主流的 CAD 软件都具有用户定制功能并提供二次开发工具。

10.5.1　CAD 软件二次开发平台的体系结构

通过 CAD 软件的二次开发工具可以把商品化、通用化的 CAD 系统用户化、本地化,即以 CAD 系统为基础平台,在软件开发商所提供的开发环境与编程接口基础之上,根据自身的技术需要研制开发符合相关标准和适合企业实际应用的用户化、专业化、知识化、集成化软件,以进一步提高产品研发的效率。在通用 CAD 基础上融入专业知识构建专用 CAD 系统是当前深化 CAD 应用的潮流。

把用户的设计思想转化为特定的新功能需要以下基本要素,这些基本要素构成了 CAD 软件二次开发平台的基本结构。

(1) 通用 CAD 软件——管理层。通用 CAD 软件是整个开发的基础,是二次开发应用程序的宿主。它应具有比较完备的基本功能,即使没有二次开发应用程序,它也能满足基本的使用需求。在二次开发平台结构中,通用 CAD 软件属于管理层,它所负责的工作主要包括用户界面定制、图形显示、文档数据管理、交互流程控制、消息分发和应用程序的管理等。

(2) 编程开发环境——开发层。开发者采用某种计算机高级语言(如 C/C++ 等)在特定的开发环境中进行应用程序的开发。由于通用的集成开发环境(如 VC++、VB 和 Delphi 等)具有功能强大、使用简单、可靠性强和生成代码效率高等优点,目前一般都在通用的集成开发环境中进行二次开发。在二次开发平台结构中,编程开发环境属于开发层,它主要包括应用程序源代码的编辑、编译、链接、调试和代码优化等。

(3) 应用程序编程接口(API)——支持层。编程开发环境仅提供了一般性的语言支持,在二次开发过程中,还需要提供相应的 API 支持。通过这些 API 接口,二次开发应用程序可以建立与原软件应用程序的链接,使新开发的功能和原有的功能无缝集成。在二次开发平台结构中,应用程序编程接口属于支持层,它是用户开发的应用程序与 CAD 软件之间进行链接、通信和互操作的通道。

(4) 开发者的设计思想——知识层。一般来说,CAD 软件开发商通过以上 3 个层的引入就为用户提供了二次开发的工具和方法。此外,二次开发应用系统还需要融入开发者的设计思想。开发者将其设计思想通过二次开发工具和方法,并结合原有的 CAD 系统功能,才能构成具有实用价值的应用程序。在二次开发平台结构中,用户设计思想属于知识层,它是开发者知识和能力的体现,是二次开发技术的应用和实践。

10.5.2　CAD 软件二次开发技术

1. OLE 技术

1991 年,微软公司开发并公布了一种称为对象链接和嵌入(object linking and embedding,OLE)的技术——OLE1.0。利用这项技术可以将一种类型文档链接到另一种类型的文档中。OLE1.0 存在两个局限:首先嵌入的数据不能被应用程序所编辑;其次,没有标准化的系统用于存放嵌入的信息。1993 年,微软公司发布了 OLE2.0 的规范。OLE2.0 获得了巨大的成功,它的意义已经远远超出了复合文档的范畴,事实上,OLE2.0 已经成为基于组件对象的 windows 编程的基础。但 OLE2.0 仍然存在一些局限性,最为明显的是任何时候要对一个嵌入的数据进行编辑都得重新打开一个窗口。对这一点的改进,生成了

OLE 的一个新版本,称为 OLE 自动化。

在 Windows 平台下,应用程序并不是处于分割独立的状态,用户通常想使它们互相联系。OLE 自动化是 Windows 应用程序之间相互操纵的一项技术,它允许在一个应用程序内部操作另一个应用程序提供的对象。被操纵的一端称为自动化服务器,而操纵自动化服务器的一端称为自动化客户或自动化控制器。一个自动化服务器由一个应用程序提供被另一个应用程序使用的服务。自动化控制器是指使用自动化服务器提供服务的控制应用程序,它通过 OLE 接口工作,这个接口向控制应用程序开放可用的服务。因此,OLE 自动化的实质就是使对象在应用程序之间可以方便地共享。自动化的最大优势是它的语言无关性。可以使用 Delphi、C++ 等高级语言或脚本语言如 VBScript 和 JavaScript 来驱动自动化服务器,而不必考虑用于编写它的语言,从而实现应用程序间的互操作性。

自动化服务器的应用有两种形式:一种称为进程内服务器(in-process),一种称为进程外服务器(out-of-process)。进程内服务器是 DLL 函数,可以创建服务器对象供宿主应用程序使用,DLL 程序与调用它的应用程序使用以创建服务器对象,它们与客户程序不在同一进程中,而是在它们自己的进程中。

目前,越来越多的应用程序对外界提供自动化服务器,如 Microsoft Word、Excel、Pro/Egineer、MDT、SolidWorks 等。使用自动化服务器提供的服务,实际上是通过访问自动化服务器提供的自动化对象的数学方法实现的。有关自动化对象的接口、属性和方法等信息称为类型信息。提供自动化服务器的应用程序一般把自动化对象类型信息保存在类型库中。自动化服务器的类型库可以作为资源链接到服务器应用程序或动态链接库中,也可以单独保存在一个外部文件中。类型库中包括的自动化服务器中的类、接口、数据类型等信息,供自动化客户创建实例、调用接口使用。

2. COM 技术

COM 即"组件对象模型",是一种说明如何建立可动态互变组件的规范,此规范提供了为保证能够互操作,客户和组件应遵循的一些二进制和网络标准。通过这种标准将可以在任意两个组件之间进行通信而不用考虑其所处的操作环境是否相同、使用的开发语言是否一致以及是否运行于同一台计算机。开发 COM 的目的是为了使应用程序更易于定制、更为灵活。

COM 规范就是一套为组件架构设置标准的文档。COM 中的组件,其实用积木形容再恰当不过了。在拼积木时,将积木一块一块垒加起来拼成头脑中所想象的东西。我们可以将组件看成一块积木或一个小单元,这些小单元成为应用程序的各个独立部分。这种做法的好处不言自明,它可以随着对应用程序的不断发展而使用新的组件来取代原有的组件,就像堆积木一样,用更漂亮的积木搭成更漂亮的建筑。

传统应用程序的组成部分是分立的文件、模块或类,这些组成部分经过编译并链接之后才形成应用程序。要想推出应用程序的新版本,就需要将这些组成部分重新编译,既费时又费力。有了组件的概念,就可以将改进的新组件插入到应用程序中,并替换了原来的旧组件,从而赋予应用程序新的活力。

由此也可以有这样的想法,把许多已经做好的组件放到一起形成一个组件库,好比一个类库。当制作应用程序时,如果要用到不同的组件,只需要从刚建好的组件库中调出所需要的组件,然后将它们插入到适当的位置,来获得所需要的功能。

3. ActiveX 控件

不妨认为 ActiveX 是 OLE 3.0,事实上 ActiveX 是 OLE 在网络上的扩展,它使用了 OLE 技术并且使它超过了本地机的范围,进入了一般的企业网和 Internet。

ActiveX Automation 是 Microsoft 公司提出的一个基于 COM 的技术标准,以前被称为 OLE 技术,其宗旨是在 Windows 系统的统一管理下,协调不同的应用程序,准许这些应用程序之间相互沟通、相互控制。它通过在两个程序间安排对话,达到一个程序控制另一个程序的目的。其过程为:首先一个应用程序决定引发 ActiveX Automation 操作,这个应用程序自动成为客户程序(Client),被它调用的应用程序称为服务程序(Server)。接着,Server 收到对话请求后,决定暴露哪些对象给 Client。

在给定时刻,由 Client 决定实际使用哪些对象,然后 ActiveX Automation 命令被传给 Server,由 Server 对命令作出反应。Client 可以持续地发出命令,Server 忠实地执行每一条命令。最后由 Server 提出终止对话。

10.6　基于 SolidWorks 的三维 CAD 软件开发方法

目前三维实体造型软件已逐步取代二维软件,因此对三维软件的二次开发也将成为研究的重点。针对当前我国中、小型企业以微机平台为主的现状,选用 SolidWorks 为二次开发平台。

10.6.1　SolidWorks 的对象层次结构

不管是用 VC++、VB 还是 Delphi 对 SolidWorks 进行二次开发,都是通过调用 SolidWorks 的对象体系结构来进行的。基于 OLE 技术的 SolidWorks 利用 API 将 SolidWorks 的各种功能封装在 SolidWorks 对象之中供编程调用。作为一个对象,它包括类型、属性、方法三方面的内容。

开发者通过操纵对象的属性和调用对象的方法建立自己的应用程序,实现二次开发。

例如,建立一个长方体,可以访问零件实体模型,则 SolidWorks 提供对象类型为 PartDoc,它包含的属性有 MaterialIDName、MaterialUserName、MaterialProperty-Values,它提供的方法有 CreateNewBody(创建一个新实体)、EditRebuild(重新编辑实体)、FeatureByName(返回实体特征名)等。SolidWorks 开发系统图如图 10.6 所示,SolidWorks 的对象层次体系如图 10.7 所示。

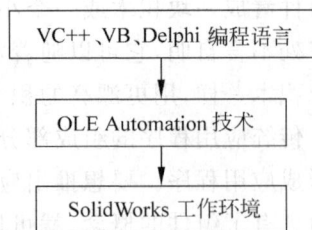

图 10.6　SolidWorks 开发系统图

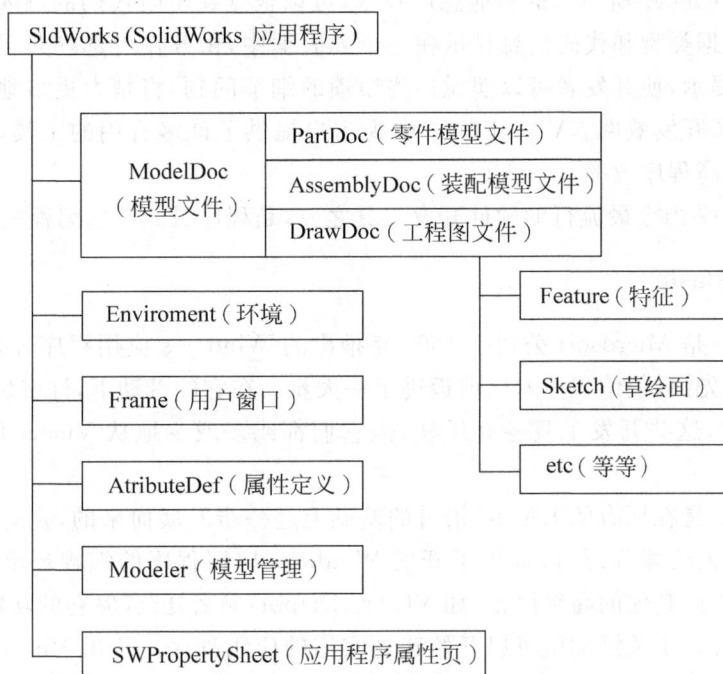

图 10.7　SolidWorks 的对象层次体系

10.6.2　SolidWorks 二次开发的工具

任何支持 OLE 和 COM 的编程语言都可以作为 SolidWorks 的开发工具。SolidWorks 二次开发分为两种：一种是基于自动化技术的，可以开发 EXE 形式的程序；另一种开发方式是基于 COM 的，可以生成 ∗.dll 格式的文件，也就是 SolidWorks 的插件。

总之，SolidWorks 的二次开发工具很多，开发者可以根据自身条件、工具的特点，选择一种合适的开发工具。下面，对几个 SolidWorks 的二次开发工具做一概述。

1. Visual C++

Visual C++ 是 Microsoft 推出的应用非常广泛的可视化编程语言，它提供了功能强大的集成开发环境，用以方便有效地管理、编写、编译、跟踪 C++ 程序，大大减少了程序员的工作量，提高了程序代码的效率。它提供了一套称为微软基本类（Microsoft foundation class，MFC）的程序类库，这套由 Microsoft 开发的类库已经成为设计 Windows 应用程序事实上的"工业标准"。MFC 类库都是使用 C/C++ 创建的，Visual C++ 当然能够最方便地使用 MFC 所提供的强大功能。

Visual C++ 开发环境十分友善，其高度的可视化开发方式和强大的向导工具（AppWizards）能够帮助用户轻松地开发出多种类型的应用程序。大多数情况下，用户只需向自动生成的程序框架中填充定制的代码即可，而且使用 ClassWizard 还能够大大简化这个过程。Visual C++中所引入的智能感应技术,可以根据编辑时代码的输入状态自动将属性、参数信息、数据类型和代码信息显示在一个列表框中,供开发者选择并自动完成单词的输入,或者给出提示,使开发者可以摆脱一些烦琐的细节问题,将精力更多地专注于程序设计上,从而提高了开发效率。Visual C++中为用户提供了许多有用的工具,能够帮助用户寻找出错误和提高程序效率。

Visual C++是当今最流行的软件开发工具之一,是程序员的首选编程利器。

2. Visual Basic

Visual Basic 是 Microsoft 公司于 1991 年推出的 Windows 应用程序开发工具,它开创了可视化编程的先河,使编程技术向前迈进了一大步。在它的带动下,许多优秀的可视化开发工具相继问世,这些开发工具各有千秋,但它们都或多或少地从 Visual Basic 中汲取了营养。

Visual Basic 是在原有的 BASIC 语言的基础上进一步发展而来的,是运行在 Windows 环境下的一个可视化编程语言,提供了开发 Windows 应用程序的编程环境。Visual Basic 语言规则简单,不像其他的高级语言(如 VC++、Delphi)那么复杂,但它的功能很全、使用简捷,用户只需掌握几个关键词就可以开始建立实用的应用程序。使用 Visual Basic,用户不需编写大量代码去描述界面元素的外观和位置,只要把预先建立的对象拖放到屏幕上即可。利用 Visual Basic,即使是初学者,也可以编写出漂亮的应用程序来。

3. 宏录制工具

直到 20 世纪 90 年代,应用程序自动化的研究还是充满挑战性的领域。对每个需要自动化的应用程序而言,人们不得不学习一种不同的自动化语言。1993 年,Microsoft 公司首先推出了一种可以被多种应用程序共享的、针对应用程序内部可编程的、通用的可视化应用程序编程语言: Visual Basic For Application(VBA)。VBA 是一种自动化语言,它可以使常用的程序自动化,可以创建自定义的解决方案。可以认为 VBA 是非常流行的应用程序开发语言 Visual Basic 的子集。实际上 VBA 是"寄生于"VB 应用程序的。

要运行 VB 开发的应用程序,用户不必安装 VB,因为 VB 开发出的应用程序是可执行文件(∗.EXE),而 VBA 开发的程序必须依赖于它的"父"应用程序。一般而言,使用 VBA 可以做到:

(1) 使重复的任务自动化;

(2) 定制和扩展客户应用程序功能;

(3) 将客户应用程序及数据集成到其他应用程序中。

在 SolidWorks 中,VBA 最常见的用途即是宏录制。能够利用宏录制命令在 SolidWorks 环境中录制 SolidWorks 的相关操作,并可以调用 SolidWorks API 接口提供的所在对象、方法及属性,也可记录 SolidWorks 环境中的鼠标、菜单和键盘操作。

4. Delphi

Delphi 是 Borland 公司的产品,是基于 Object PASCAL 的开发工具。它是一个运行在

Windows 下的可视化编程环境,可以创建 Windows 应用程序。它具有高性能的 32 位本地优化代码编译器,其应用程序可以直接运行,能够最终生成可单独执行的 DLL 与 EXE 文件。另一方面,使用 Delphi 可方便迅速地建立强大的数据库应用程序。Delphi 的数据库应用程序可以和 Paradox、Sybase、Microsoft SQL Server、Informix、InterBase 和 ODBC 数据源等一起使用。总之,Delphi 作为一种面向对象的可视化开发工具,其主要特点有:

(1) 能快速开发应用程序;

(2) 具有高效的可视化构建库与面向对象的架构;

(3) 具有集成的快速报表生成工具和集成的图表构建,能将企业数据转换成决策信息;

(4) 能可视化地创建构建,以及通过鼠标拖放生成构建模板;

(5) 具有多种操作向导,可加速程序编写和减少语法错误;

(6) 具有开放式数据库架构,可轻松链接企业内的各种数据库结构;

(7) 具有集成的数据库开发工具、强大的客户机/服务器运算开发功能;

(8) 具有可伸缩的多层面数据库架构,便于维护和增加重用性;

(9) 具有 Web 数据库应用程序开发的能力;

(10) 具有先进的分布式数据管理;

(11) 能一步生成 COM 和 CORBA 对象。

10.6.3　SolidWorks 二次开发的一般过程

前面介绍了 4 种常用的 SolidWorks 二次开发工具——VBA、Visual C++ 、Visual Basic 和 Delphi,下面对使用这 4 种工具开发 SolidWorks 的过程作一简单说明。

1. 用 Visual C++ 开发 SolidWorks 的一般步骤

使用 Visual C++ 6.0 作为开发工具,进行开发的步骤如下:

(1) 从 SolidWorks 公司的网站下载向导文件 Swizard.awx,将其复制至 Microsoft Visual Studio\Common\MSDev98\Template 目录下。

(2) 在 Visual C++ 中用该向导创建 DLL 工程,加入相关代码,编译生成 *.dll 文件。在 Visual C++ 中编译和链接时,不同的操作系统采用不同的设置:Windows95/98 应该采用 MBCS 设置,Windows NT/2000 应该采用 Unicode 设置,单步调试时应该采用 PseudoDebug 设置。

生成需要的 *.dll 文件后,就可以单击 SolidWorks 菜单栏中的"文件"→"打开"命令,在过滤器中选择"Add-Ins(*.dll)",加载自己的 DLL。若该 DLL 在注册表中注册成功,还可单击菜单栏中的"工具"→"插件"命令进行一次性加载,以后启动 SolidWorks,就可以自动加载该 DLL,无须进行加载操作,十分方便。

用户二次开发的应用程序,可直接挂在 SolidWorks 的菜单下,形成统一的界面。一般来说,开发人员首先需要在 SolidWorks 的界面上添加自己的菜单项,以此作为激活用户程序的接口,完成与用户的数据交换。在上述过程中,用户程序必须响应 SolidWorks 的一些消息通知,以保证各个操作的合法性,即要检测文档类型等。

（3）连接 DLL，将必要的用户程序输出。

2. 用 Visual Basic 开发 SolidWorks 的一般步骤

用 Visual Basic 6.0 作为开发工具，因为采用的是 DLL 动态链接库方式，必须先在 Visual Basic 中导入所需要的三种类型库：SldWorks 2007 Type Library、SolidWorks Constant type Library、SolidWorks exposed type libraries for add-in use。然后才能调用 SolidWorks 的对象、方法和属性。程序完成后载入动态链接库时，既可以直接用 SolidWorks 打开所编好的 dll 文件，也可在插件模块添加新编写好的后缀名为 dll 文件的插件模块。但是每次程序的重新编译，都必须在 SolidWorks 中重新导入插件模块。因为每次程序的重新编译，都意味着需要对象类在系统中重新注册。

具体进行开发的步骤如下：

（1）安装 SolidWorks 和 Visual Basic 6.0。

（2）启动 Visual Basic 6.0，新建一个工程，导入所需要的三种类型库，然后编写代码。在任何情况下，编写的代码应该类似于由 SolidWorks 的宏工具所产生的代码。在 SolidWorks 中，应用记录宏（"工具"→"宏操作"→"录制"）来获得程序头部和应用程序的代码是十分有用的。

如果日常事务仅仅是访问 SolidWorks API，则不必编译应用程序，只需用 Visual Basic 创建应用程序，文件扩展名设为 .swp 而不是 .bas 即可。SolidWorks 的宏文件（*.swp）可以识别 Visual Basic 命令（SolidWorks 中有两种格式的宏文件，一种是 .swp，另一种是 .swb）。

为查看 Visual Basic 会话的每个对象，可单击 Visual Basic 菜单栏中"视图"→"对象浏览器"命令，右键单击对象浏览器的"类"或"成员"窗口。在显示的菜单中，单击"显示隐含成员"命令。此时可以浏览每个 SolidWorks API 对象及相关的属性和 Visual Basic 安全数组传递的方法。

（3）在 Visual Basic 里，选择文件，生成工程 .exe 文件即可。

用 Visual Basic 编写的应用程序能够在许多地方运行。若在 SolidWorks 中运行，则单击菜单栏中的"工具"→"宏操作"→"运行"命令，选择源文件即可；若为 .exe 文件运行，直接运行即可。如果 SolidWorks 已经运行，你的程序将附加在其中，否则 SolidWorks 打开一个新的会话；也可以创建一个宏文件来运行 Visual Basic。

3. 用 SolidWorks 宏录制工具的一般步骤

（1）启动 SolidWorks 并建立一个新的零件，使用默认的单位 mm。

（2）显示宏工具条。

（3）启动宏命令。

（4）创建一个圆柱体模型。

（5）保存宏文件，删除所有建立的特征和草图。

（6）测试宏文件。运行宏，选择相应的宏文件，并观察结果。

（7）创建"新建宏命令按钮"。单击菜单栏中的"工具"→"自定义"命令，系统弹出"自定义"对话框,单击"命令"标签,在"类别"列表框中选择"宏",将 ▓（新建宏按钮)拖动到宏工具栏中,如图 10.8 所示。

(8) 定义宏命令按钮。将 ▓（新建宏按钮)拖动到其他工具栏上面后,SolidWorks 会弹出"自定义宏按钮"对话框,如图 10.9 所示。单击"选择图像"按钮,从 SolidWorks 安装目录下选择"\data\user macro icons\trash. bmp",当然,可以选择自定义的图形,但不要太大,否则按钮图标会很难看。然后在"工具提示"和"提示"下面分别输入"圆柱体"和"自动建立圆柱体"。在"宏"文本框中,单击"浏览"按钮,选择录制的宏文件"circle. swp";在"方法"文本框中自动显示程序运行的方法,在这里其默认值为"Modulecircle. main"。执行本命令的快捷键可进行设置,也可以不设置。单击"自定义宏按钮"对话框中的"确定"按钮,再单击"自定义"对话框中的"确定"按钮。

(9) 自定义命令按钮建立完成后,显示状态为 ▷▪▮◉🗑📄📰。移动鼠标到此按钮下,显示内容如图 10.10 所示。

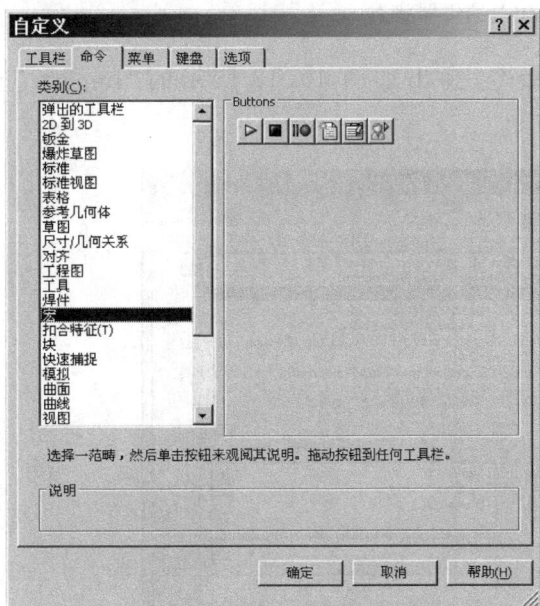

图 10.8　创建自定义按钮

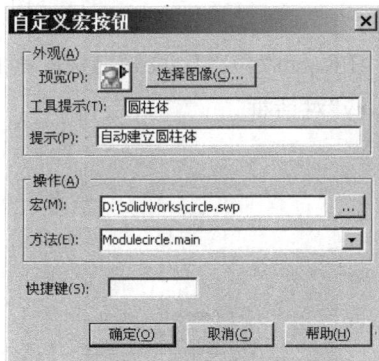

图 10.9　定义按钮的相应参数

图 10.10　自定义按钮显示状态

(10) 进入 VBA 编程器。单击宏工具栏中的 📰（编辑宏)按钮,进入 VBA 编程器,如图 10.11 所示,修改或浏览录制的程序代码。

通过上述系列操作,成功地录制了一个宏文件,并建立了相关的命令按钮。

4. 用 Delphi 开发 SolidWorks 的一般步骤

使用 Delphi 7.0 作为开发工具,进行开发的步骤如下所述。

1) 注册 SolidWorks 类型库

(1) SolidWorks 作为 OLE 自动化服务器,其提供自动化服务的类型库文件称为 sldworks. tlb,与 sldworks. exe 文件位于同一目录下。在 Delphi 编程环境下,单击菜单栏

图 10.11   VBA 编辑器状态

中的"Project"→"Import Type Library"命令,弹出如图 10. 12 所示的"Import Type Library"对话框。

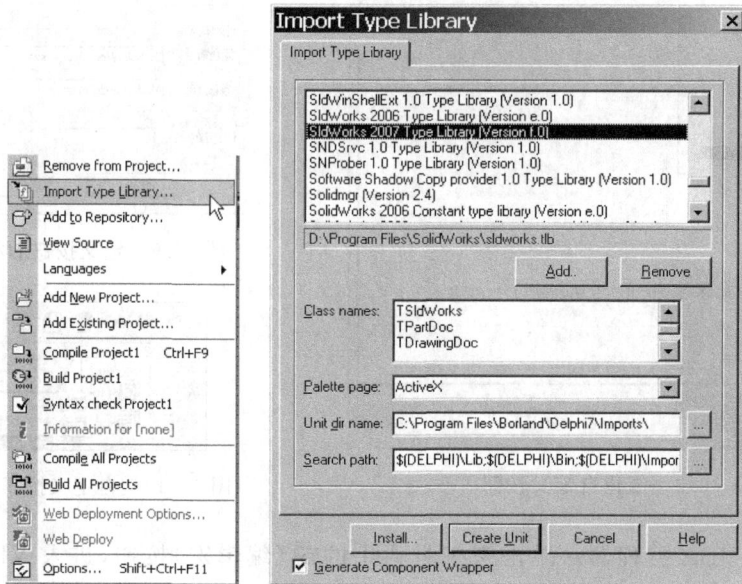

图 10.12   弹出"Import Type Library"对话框的过程

(2) 在弹出的"Import Type Library"对话框中对 SolidWorks 的类型库进行注册,将类型库文件装载到 Delphi 中。在"Import Type Library"对话框中选择"SldWorks 2007 Type Library(Version 1. 0)"。单击 Create Unit 按钮,Delphi 将在其 Import 子目录下生成该类型库的 Object Pascal 文件 SldWorks_TLB. pas,SolidWorks 提供的所有 API 函数都包括在这个文件中,如图 10.13 所示。接下来就可以利用 SldWorks_TLB. pas 文件进行二次开发了,也就是说在建立一个应用程序时,要将 SldWorks_TLB. pas 添加到工程中。

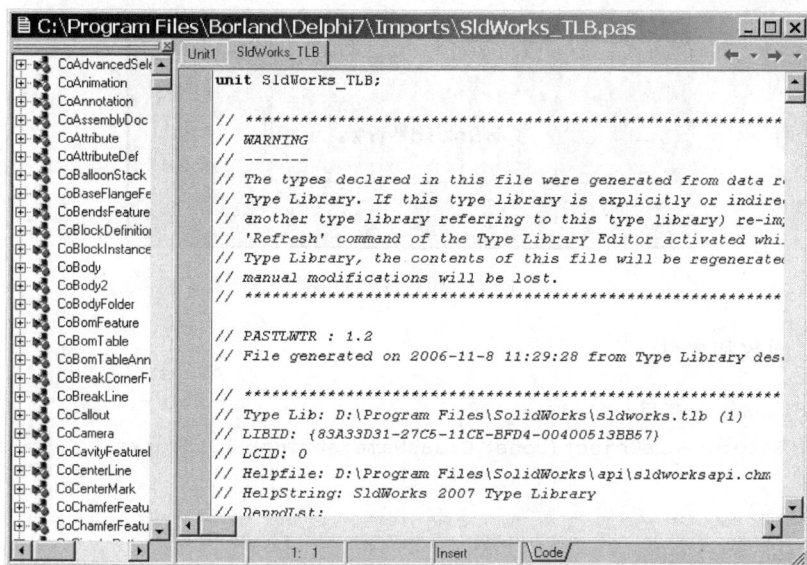

图 10.13　"SldWorks_TLB"单元文件

2) 安装 SolidWorks 控件

(1) 单击"Import Type Library"对话框中的 Install... 按钮,系统弹出如图 10.14 所示的对话框。单击"Into new package"标签,在"File name"文本框内输入包文件安装路径以及文件名。

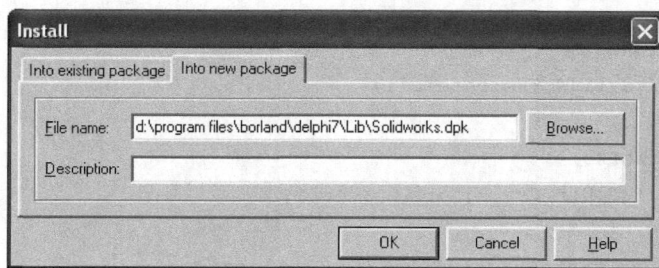

图 10.14　"Install"对话框

(2) 单击 OK 按钮。最后,按提示将 SolidWorks 控件安装到 Delphi 开发环境中,如图 10.15 所示。

图 10.15　SolidWorks 组件

注意:在安装 SolidWorks 控件时可能会弹出"重名"的警告,此时,只需更改其名称就行了,例如在其后加上一个下画线(_)。当然,安装 SolidWorks 控件这一步也可以不做,直接跳到第 3 步。

3) 在 Delphi 下新建一个工程,加入相关代码,生成.exe 文件或 dll 文件。

(1) 首先建立窗体,如图 10.16 所示。

图 10.16　建立窗体

（2）编写函数和事件。

```
//获得 SolidWorks 接口: ISldWorks
function GetorCreateObject(const ClassName:string):ISldWorks;
var
    ClassID:TGUID;
    Unknown:IUnknown;
begin
    ClassID:=ProgIDToClassID(ClassName);
    if Succeeded(GetActiveObject(ClassID,nil,Unknown)) then
        OleCheck(Unknown.QueryInterface(ISldworks,Result))
    else
    Result:=CreateOleObject(ClassName) as ISldWorks;
end;

    //调用 SolidWorks
procedure StartSolidWorks;safecall;
var
    SwApp:ISldWorks;
    SourceDir,TempDir,Prj_Path: widestring;
begin
    SwApp:=GetorCreateObject('SldWorks.Application');
    //SldApp.visible:=true;
    //SwApp:=SldApp.Idispatch;

    //swapp:=ISldWorks.create;
    //SwApp:=SldApp;
    SwApp.Visible:=True;
    TempDir:=Prj_Path+'temp\';
    if (not DirectoryExists(TempDir)) then
        CreateDir(TempDir);
    SourceDir:=Prj_path;
    try
        SwApp.SetCurrentWorkingDirectory(SourceDir);
    except
        ShowMessage('文件目录未找到');
```

```
        end;
    end;
```

（3）编写启动事件。

```
procedure TForm1.SpeedButton1Click(Sender:TObject);
begin
    StartSolidWorks;
end;
```

（4）编译程序。

（5）运行程序。

注意：在程序中须调用以下单元：ActiveX，ComObj，OleCtrls，SldWorks_TLB。

✎ 习题

1. CAD 应用软件二次开发的目的是什么？

2. 机械 CAD 软件进行二次开发都包含哪些内容？

3. 为什么要制定和采用计算机图形标准？指出 OpenGL 标准的主要功能。

4. 在 CAD 的开发中存在哪些问题？如何解决？

5. 基于 Delphi 编制在 SolidWorks 上自动绘制一个简单零件的程序。

6. 软件开发遵循哪些步骤？在每一阶段要上交哪些文档？

第11章

CAD/CAM 系统规划与实施方法

教学提示与要求

　　建立 CAD/CAM 系统,是与企业现实需要和长远发展都相关的较为复杂的系统工程,必须根据企业实际情况进行详细分析论证,明确 CAD/CAM 系统构建的总体目标和发展方向,在兼顾可行性、先进性和经济性的基础上,制定出切实可行的系统规划与实施方案,最大限度地保证系统的有序、有效实施,提高企业的经济和社会效益。本章包括 CAD/CAM 系统的规划和实施步骤、管理体制、应用培训等主要内容,并以东方电机 CIMS 工程实施为背景,对企业 CAD/CAM 系统构建进行了案例介绍。本章的基本教学要求是使学生了解 CAD/CAM 技术在企业环境下应用所应进行的系统规划与实施方法。

11.1　CAD/CAM 系统的规划和实施步骤

　　企业建立 CAD/CAM 系统时,应考虑以下几个方面的问题:

(1) 系统的应用范围,工作量的大小;

(2) 硬件和软件系统的类型、数量;

(3) 所采购的软硬件系统的管理和使用规定;

(4) 所采购软硬件系统的费用;

(5) 建立相应的网络系统;

(6) 软硬件系统的升级等相关服务问题。

　　建立 CAD/CAM 系统是与企业现实需要和长远发展都相关的较为复杂的系统工程,必须根据企业的实际情况进行详细的分析论证,明确应用目标和发展方向,制定出切实可行的规划方案。制定 CAD/CAM 系统发展规划时,应当保证规划的可行性、先进性和经济性。企业 CAD/CAM 系统应用,既有成功的案例,也有失败的教训,总体而言,在 CAD/CAM 系统方案设计和选型时应当遵循以下几条原则。

1. 紧密结合企业实际需求

　　CAD/CAM 技术不是实验工程,更不是"面子"工程,而是应用工程,其目的是在生产经营中快速应用 CAD/CAM 相关成熟技术和成果,创造经济效益。例如,通过实施 CAD/CAM,突破产品设计和生产"瓶颈",有效提升企业工程技术人员运用现代设计、生产方法进行产品开发、制造的技术水平,显著缩短产品开发周期,提高设计效率,提高企业快速响应市场需求的综合能力。同时,提高企业设计生产管理控制能力,减少不必要的纸质文档,在一定程度上实现电子化无纸设计和制造,实现企业经济和社会效益的双赢。因此,企业在建立CAD/CAM 系统时,一定要根据自身特点和需要,突出系统的实用性,着眼于解决企业产品设计和生产中的关键问题或薄弱环节。

2. 统一规划,分步实施

由于 CAD/CAM 系统既是一项涉及多学科、多专业和企业多个部门的复杂系统工程,又具有总体投资较大、实施周期较长、技术发展迅速的特点,因此,在具体实施之前必须制定一个完整的开放性总体规划。总体规划应来源于扎实的调查研究和需求分析,并且应当落实在企业的经济效益上;同时,动态地跟踪 CAD/CAM 技术的发展,预留足够的条件以便对规划进行必要的调整;提出有目标的自上而下的规划设计,自下而上地逐项实施,逐步建成并扩展为适合本单位设计生产条件的 CAD/CAM 系统。严谨而具有开放性特征的统一规划,将避免在 CAD/CAM 系统成长过程中可能出现的资源难以共享、设备重复性购置、软硬件投资浪费等高技术、低效益的结果。

3. CAD/CAM 技术队伍的建设

应用好 CAD/CAM 技术,使其实实在在地转变为企业经济和社会效益,影响因素很多,但最重要的是提高人的素质,建立起一支既精通专业技术知识,又能熟练运用 CAD/CAM 技术进行产品开发的技术队伍。因此,在引进 CAD/CAM 技术前,应当首先考虑培养或储备能够熟练地运用相关技术的人才,在此基础上根据人才成长的速度和效果进行引进技术,避免出现所引进的技术无人会用的情况,造成浪费。

4. 合理确定系统的起点

建立 CAD/CAM 系统前,必须进行认真调研,广泛搜集相关信息,广开思路,切忌闭门造车和好高骛远。应当借助相关研究部门和兄弟企业的经验,在已有的应用成果基础上起步和发展。选择具有较强技术实力的专业公司,在方案设计、产品选型、项目实施、人才培养和后续服务等方面提供协助和支持,有助于企业少走弯路、避免企业人力、物力和财力损耗。

5. 先进性与实用性相结合,合理配置软硬件环境

CAD/CAM 系统的软硬件环境对系统性能的影响很大,但并非配置越高越好,应当从企业实际需要和客观条件出发,强调实用性。一方面,不应盲目追求先进性,购买功能最全、技术最先进的软件系统和硬件设备。另一方面,又必须适当考虑软件系统和硬件设备的技术先进性,特别是原始开发商的技术实力、服务能力以及软硬件产品在未来不断升级的可能性。因此,企业在实施 CAD/CAM 系统之前,应当对本企业的现状进行详尽的调研和全面的分析,只有实现了需求的准确定位,才能在 CAD/CAM 软件系统和硬件设备选购时,做到有的放矢,避免失误,提高实施效率。

6. 组织实施与管理

建立相应的领导小组,对于顺利推进建立企业 CAD/CAM 系统是较为重要的。特别是

对于大中型企业,这一点更为重要,因为大中型企业体系较为庞大,生产组织方式较为复杂,如果没有统一的协调、组织和领导,各部门往往各行其是,导致混乱。从以往推广应用CAD/CAM 技术的经验来看,应当有一名厂级的技术领导干部负责领导和组织系统的总体实施,而在软件系统和硬件设备维护和使用方面,则可以采用集中管理、分散使用的原则。

11.2 需 求 分 析

一个用于工程或产品设计制造的 CAD/CAM 系统需要各种软件模块和硬件设备的支撑。简单的 CAD/CAM 系统,也存在硬件与硬件之间、软件模块之间、硬件和软件之间的耦合问题,中型或大型 CAD/CAM 系统的软硬件配置问题则更为复杂,而且随着 CAD/CAM技术应用领域的扩大,系统集成度日益提高、系统规模不断扩大,最终将形成一个结构复杂、功能齐全的庞大系统。对于这样的复杂系统,如果让其自发地形成,将耗费企业大量的人力物力,并且实施效果可能并不理想。因此,建立适合企业发展需要的 CAD/CAM 系统,必须事先进行详细的需求分析和可行性论证。制定 CAD/CAM 系统规划的依据,是切实的、科学的需求分析。这种分析一般应委托 CAD/CAM 方面的专家小组组织实施。需求分析的内容和步骤通常包括以下主要内容。

1. 需求的依据

需求任务书是进行需求分析的依据,任务书一般由企业的技术领导机关(如总工程师办公室)或直接由总工程师提出。需求任务书的主要内容包括:

(1) 企业管理、技术和人员概况;

(2) CAD/CAM 技术应用历史和现状;

(3) 应用 CAD/CAM 技术的对象部门;

(4) 本企业影响产品设计生产效率和效益的短板在哪里;

(5) 系统实施的目标、实现目标的期限及可能的投资强度;

(6) 目前 CAD/CAM 系统实施相关技术队伍状况等。

2. 需求分析的任务

对企业 CAD/CAM 系统实施进行需求分析时,应当解决下列问题。

1) 实施对象分析

对需要应用 CAD/CAM 技术的产品或工程项目进行全面系统的分析。明确如何应用CAD 和 CAM 技术来完成该产品(或工程)的设计和制造。这是需求分析中最基本的内容。

2) 系统总体分析

根据产品(或工程)设计和制造的需要,初步确定软件系统和硬件设备应当具备的基本功能和采购数量,以此为基础确定系统的总体规模和类型。

3) 确定系统实施的总目标和阶段性目标

由于建立一个中型或较大规模的 CAD/CAM 系统,往往需要较多的技术力量和较大的投资,因此系统构建一般都是分阶段实施、逐步完善,最后实现远景总目标的。所以在需求分析阶段需要大致确定系统实施分为几个阶段、每一个阶段的具体目标和工作任务,以便在实施过程中实现效果可见的逐层推进。

4）确定硬件和软件种类

实现同样功能的软件模块和硬件设备一般都具有非唯一性，购买哪一个公司的硬件和软件最为合适，应当从企业的实际需要出发，综合产品功能、性能、服务、成本甚至使用习惯等多方面因素，进行充分论证。

3. 需求分析的步骤

上面介绍了需求分析的依据和任务，但如何完成需求分析呢？需求分析并没有严格的规程，一般来说，包括以下基本步骤。

1）研究需求任务书

需求分析任务书是需求分析的依据，所以，需求分析人员一定要掌握需求任务书的内容和重点。为了达到这个目的，在需求分析开始时，应当由提供任务书的技术部门作一次详细的需求报告，在报告后再进行详细的讨论，如有不清楚的问题还可以给有关技术部门提出，要求其进行进一步的说明，以便需求分析人员全面理解任务书的内容及重点。

2）了解企业产品开发状况和基本生产过程

企业一般同时生产多种不同的产品或不同规格型号的同一产品。完成一类产品的设计制造过程是不同技术部门分工协作的结果。要用 CAD/CAM 技术来实施该产品的设计生产，一般要与现行的生产组织形式相适应，否则，各技术部门之间的分工合作关系就会随着系统实施的推进出现混乱状态。为了避免这种状况的出现，必须了解实际的产品设计生产过程，实现平稳过渡。

3）了解企业已经应用 CAD/CAM 技术的状况

有些企业在提出全面推广应用 CAD/CAM 技术之前，可能在个别技术部门已经局部应用了 CAD 或 CAM 技术。因此，为了发挥原来的设备和技术资源作用，必须了解现有的应用状况、软硬件环境、技术力量及原来的发展规划等情况。

4）确定重点

对重点推行应用 CAD/CAM 技术的技术部门要进行深入的了解。通常，企业的技术领导者（或核心决策部门）可能将限制企业发展的设计制造部门作为实施 CAD/CAM 系统的试点部门，以直接体现系统实施对企业发展的效果。因此，在进行需求分析的过程中必须对这样的部门进行深入细致的调查研究，找出影响其高效运行的关键问题，明确如何运用 CAD/CAM 技术来解决相关关键问题。

5）调动技术人员参与系统实施的积极性

推广应用 CAD/CAM 技术时，各级技术干部的认识和积极性是关键因素。由于大多数技术人员都处在产品设计生产第一线，对产品设计制造过程中存在的问题最为了解，对如何解决生产中的关键技术也可能有好的建议，同时，他们对如何推广应用 CAD/CAM 技术也可能提出一些好的建议和设想，这些材料对制定系统实施规划是很有价值的。另外，通过与技术人员的交流还能够了解到各级技术人员了解和掌握 CAD/CAM 技术的程度，为相应的人才培养提供辅助信息。

6）专家组分析讨论

完成上述工作之后，需求分析专家组应该已经较好地掌握了企业的生产情况、各技术部门组织生产的过程和它们对应用 CAD/CAM 技术的要求与关键技术等。在此基础上,专家组进行自下而上的分析讨论,即从技术的角度分析,在产品设计和制造过程中的各个阶段,如何应用 CAD 和 CAM 技术来代替原来的生产模式,从而确定系统的规模和总体目标;其次,对实现总体目标所应投入的软件系统、硬件设备、各技术部门之间的协调等相关问题进行研究;最后,确定整个系统应用的规模和目标。在全面分析上述问题,对各个技术部门乃至整个企业的需求规模和目标取得统一的认识后,由专家组向企业的技术领导机关和 CAD/CAM 技术主管和应用部门作全面的汇报,把需求分析的过程、内容和初步的设想进行详细的论述,并听取企业管理、技术和具体应用部门人员的意见。

4. 需求分析报告

需求分析报告是需求分析专家组在上述各项工作基础上形成的综合性技术论证报告,主要内容包括:

(1) 该企业推广应用 CAD/CAM 技术的必要性与可行性;

(2) 国内外相同或类似企业应用 CAD/CAM 技术的状况;

(3) 该企业在推广应用 CAD/CAM 技术后可能带来的经济和社会效益;

(4) 该企业建立 CAD/CAM 系统可能存在的管理、技术和应用风险;

(5) 该企业要建立的 CAD/CAM 系统的规模和总体功能图(见图 11.1)及实现过程设想;

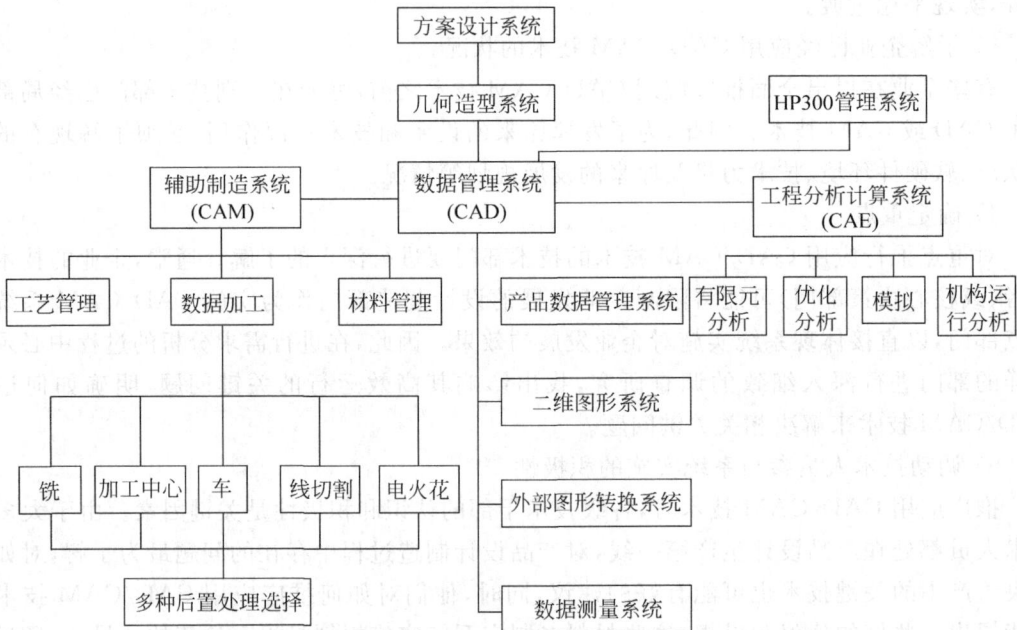

图 11.1　系统功能框图

(6) 该企业建立 CAD/CAM 系统所要重点突破的项目;

(7) 技术人员的需求与培养及投资预算等。

11.3　系统规划和实施步骤

1. 系统规划方案的拟定

根据企业提出的推广应用 CAD/CAM 技术的需求分析报告,按照产品设计制造过程中的数据流向和参与产品设计、制造的技术部门(如设计所、工艺所等),分门别类地将整个系统划分为相对独立的子系统,在此基础上确定实现子系统功能所需的软件模块和硬件设备的种类,进而确定上述各种模块、设备的性能指标和所需数量。同时,要考虑各子系统之间的数据通信和转换接口,使各子系统间的数据按需要顺畅交互。在前述工作基础上就可以设计出各子系统的软硬件配置及它们之间的联接关系,即总的系统规划图。

另外,为了使规划达到最优化,在拟定一个 CAD/CAM 系统规划时,一般应根据需要拟定多种方案,以便于对比和优选。特别是在设备配置方面,要注意性能价格比,合理兼顾实用性和前瞻性。

2. 实施步骤的拟定

对于达到同样功能要求的系统可能采用几种不同的方案,而对于同种方案也可分为不同的阶段实施。那么,系统的实施究竟要分几步来实现,并没有具体的规定,但可以从以下几个方面来考虑:

(1) 系统应用需求的迫切程度。如果非常急需,并且确定可以较快产生应用效果,解决产品设计制造实际问题,则应缩短实施时间,甚至一步到位。

(2) 系统实施各阶段特别是第一阶段所需达到的目标。明确各阶段目标,使系统实施具备明确的、可量化的考核指标,消除系统实施的盲目性。同时,阶段性目标的确定有助于及时发现和解决系统实施过程中出现的问题,确保实施过程有序、有效地进行。

(3) 投资强度和技术力量。如果投资强度不受限制,那么从事 CAD/CAM 工作的技术力量则成为系统实施第一步跨大跨小的关键因素。如果技术力量尚不足以支撑相关技术的大规模应用,将使软硬件设施利用率不高,造成经济上的浪费。所以在制定实施计划时,一定要考虑从事 CAD/CAM 工作的技术人员的数量和总体技术水平。

11.4　CAD/CAM 系统的管理体制

计算机辅助设计和辅助制造技术,是在计算机控制下进行的产品或工程的设计与制造工作。它与传统的生产方式不同,CAD/CAM 的实施,需要对有关技术部门(如设计、工艺部门)、生产部门以及与生产有关的组织机构进行相应的调整。如何建立与 CAD/CAM 系统相适应的生产模式,不少企业仍然在探索之中。本节主要讨论 CAD/CAM 系统的管理体制,包括相关管理机构的建立和它们的权利与职责等。

如前所述,实用的 CAD/CAM 系统是多学科多层次的复杂系统,其实施必须有足够的投资,也存在一定的风险,必须有组织、有领导地进行自上而下的规划和组织实施,不能让其无序发展。为此,应当建立常设的组织机构和相关管理体制,组织领导 CAD/CAM 技术方面的推广应用工作,否则,有可能使 CAD/CAM 的应用出现偏差,使企业通过 CAD/CAM 技术的应用提升设计制造能力的初衷无法实现。但具体采用什么样的组织方式和管理体制才能使系统有效运行,并提高企业经济和社会效益,并没有统一的模式,应当因地制宜,根据企业的实际情况进行具体的分析和构建。下面介绍系统实施领导机构和管理体制的一般形式。

1. 领导机构

企业推广应用 CAD/CAM 技术时,有必要建立相应的领导机构。有的企业称之为 CAD/CAM 技术推广应用领导小组,有的单位称之为 CAD/CAM 技术推广应用办公室等,通常由企业高层管理人员亲自领导,并委托相关工程技术人员负责具体领导并处理整个企业推广应用 CAD/CAM 的具体工作,如制定 CAD/CAM 系统实施的年度规划、设备购买、人员培训、组织新产品研制和技术交流等工作。在这一领导机构下,应分别设立若干工作组,如设备组、新产品开发研制组和人才培训与技术交流组等,如图 11.2 所示。

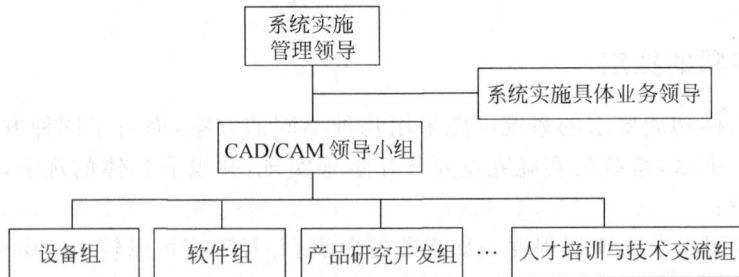

图 11.2　CAD/CAM 领导管理体制

CAD/CAM 实施各小组的职责包括以下几个内容。

(1) 拟定或调整实施方案。负责组织拟定整个企业推广应用 CAD/CAM 系统的技术规划和实施方案,必要时对规划和实施计划提出修改或调整意见,供决策层参考。

(2) 组织协调解决共性技术问题。在推广应用 CAD/CAM 系统过程中,企业的相关技术部门可能会遇到某些共同的技术问题,如计算机图形学、数据库、网络技术等,领导小组要组织协调处理有关共性基础技术问题,同时,避免出现技术或设备重复引进、各部门数据交互困难等问题。

(3) CAD/CAM 软硬件购买和维护。在推广应用 CAD/CAM 技术的过程中,企业各技术部门所需的软件和硬件的功能、性能和数量可能存在差异。购买时应当充分考虑软硬件环境的管理、维护和升级问题。应当制定软硬件使用、管理及维护制度,并监督实施。

除上述职责之外,CAD/CAM 实施各小组应定期向上级汇报推广应用 CAD/CAM 技术的情况,对重大问题,如修改(或调整)发展规划与实施步骤、关键软件和重要设备的购买等事项均应事先向主管领导汇报,以免造成损失。领导小组的成员一般是不脱离实际 CAD/CAM 工作的,而且应该都是相关领域技术骨干。

2. 管理体制

这里所指的管理体制,包含两个方面的含义:其一,是按 CAD/CAM 技术的特点组织技术人员进行产品的设计和制造;其二,是指设备的管理、使用和维护。

由于我国 CAD/CAM 技术的应用起步较晚,各企业应用 CAD/CAM 技术的程度也不同,有的企业只在某些部门用 CAD 完成计算机绘图工作,有的企业可能已在技术部门全面应用 CAD/CAM 技术,设备齐全。但总体而言,CAD 和 CAM 技术在产品设计和制造过程中仍然是作为设计师和工艺师的一种工具,还没有形成新的生产模式。绝大多数企业还是沿用了传统的生产方式,即技术人员还是按照设计部门、工艺部门等划分形式独立存在。从管理体制的角度,可分为两种典型形式:一种形式是把企业的 CAD/CAM 系统集中,设计人员和工艺人员联合进行 CAD/CAM 相关的工作;另一种形式是按照设计、制造、工艺等部门建立独立的 CAD 或 CAM 系统,相关人员在自己所在的部门分别进行 CAD、CAM 工作,而各技术部门所用的设备仍由企业 CAD/CAM 领导小组统一购置和维护。后一种形式中,对软硬件环境的要求相对较高,但使用较为方便,可称为"集中管理与分散使用相结合"的管理体制。随着计算机技术和网络技术的发展,地理上分散的企业或者技术部门,其 CAD/CAM 系统可通过网络联系在一起,各单位可根据自身特点开展 CAD/CAM 技术的实施,使系统逐步完善、集成度逐步提高,并通过网络实现企业或者企业联盟的硬件和软件资源共享。

11.5　CAD/CAM 系统和应用培训

伴随着信息技术的迅猛发展,CAD/CAM 技术也在不断地更新和发展,因此,人员的培训是推广应用 CAD/CAM 技术的重要问题之一。目前,工业发达国家在这一方面采用的方法包括以下两点。

(1) 对已经从业的工程技术人员,特别是对企业技术骨干分期分批地进行 CAD/CAM 技术方面的在职培训,使他们尽快地更新知识,掌握新的设计理论、方法和具体的技术开发手段。由于企业工程技术人员不仅有较丰富的实际工作经验,专业基础理论也比较扎实,他们一旦掌握了先进技术,在设计中立即可以发挥作用。

(2) 在高等学校,增设现代机械设计与制造自动化技术方面的课程(即 CAD/CAM 方面的课程),对在读的工科大学生进行相应的教育和培训,使其参加工作后能够应用这方面的知识,具备从事产品设计和制造工作的基本技术能力。

我国各级政府和各类企业对培养 CAD/CAM 技术人员十分重视,20 世纪 90 年代以来,CAD/CAM 已逐步成为相关科研人员、工程技术人员以及在校工科学生重要的教育和培训内容。从工作性质角度分析,保证 CAD/CAM 系统正常、有效运行的工作人员,大致可分为两类:一是系统管理人员,二是运用 CAD/CAM 系统进行产品设计制造的工程技术人员。系统管理人员需要掌握较多的计算机、网络知识;产品设计制造人员则不仅需要具有较扎实的专业知识,还需要具备较好的 CAD/CAM 方面的知识。相应的教育和培训工作应针对不同的工作性质,分为不同的类型和层次。

1. CAD/CAM 系统和软件应用维护人员培训

CAD/CAM 系统的正常、有效运行,为企业创造经济和社会效益,需要软硬件维护、图形处理、分析计算、计算机辅助设计与制造等多种不同专业的技术人员相互协作。

1) 系统软硬件维护和运行保障

CAD/CAM 系统主要由计算机(或工作站)和配套外部设备组成。系统的正常、有效工作,有赖于了解计算机和外部设备工作原理和结构知识的技术人员的维护和保障工作。同时,应配备专门的技术人员从事 CAD/CAM 系统的管理、操作、二次开发等方面的工作。因此,在 CAD/CAM 系统运行前,应选派专人进行相应的培训。

2) 图形处理系统的使用与维护

图形信息的处理与操作是 CAD/CAM 技术的基础。部分 CAD/CAM 系统,特别是部分从国外引进的系统,内含的图形软件没有嵌入我国国家标准和企业特定的标准,可能需要针对企业的实际需求进行二次开发。企业相关技术人员应当具有图形显示原理、几何造型、数据接口等相关基础理论和知识,以胜任系统的定制开发任务。

3) 分析计算软件的应用

分析计算是 CAD/CAM 系统的重要内容。尽管这些分析计算软件大多是引进国外成熟的软件,但一般是针对共性问题的平台性软件系统,企业产品设计制造过程中,对软件系统的运用,既存在需要解决的大量共性问题,也存在某些特殊问题,如管材切割中的相贯线多元函数的自动生成等。因此,在软件使用过程中,为了解决某些具体的、特殊的问题,有可能需要对软件进行相应的二次开发工作,以更好地满足企业需求。所以,要把这些软件应用好、最大限度地发挥其功效,企业应当积极培养既懂专业又能进行软件开发的复合型人才。

2. CAD/CAM 技术专业人员培训

CAD/CAM 技术是随着计算机技术、计算机图形学技术、网络技术等相关学科的发展而不断发展的新学科,技术升级快,软件平台的升级改版速度也非常快,新的软件平台往往使运用 CAD/CAM 软件进行产品设计制造的技术人员感到不习惯。因此,CAD/CAM 专业应用人员的培训往往是持续性的,对新的人员需要培训,对有一定使用经验的技术人员可能也需要进行培训。人员培训应分层次进行。

1) 企业领导和主要技术干部的培训

推广应用 CAD/CAM 技术与领导干部对该项技术的认识密切相关。在对企业领导和主要技术干部进行相应的培训时,主要目的是使他们了解 CAD/CAM 对产品设计、制造和企业管理工作的推动作用,包括该技术的特点、国内外研究应用现状和发展趋势、推广应用该技术的必要性以及如何组织推广应用等。培训期间应大量运用相关软件进行产品设计和制造方面的演示,增加培训对象对该项技术的感性认识,认识推广应用这项技术的必要性。

2) 技术应用型培训

培训对象是将要使用 CAD/CAM 相关软件进行产品设计制造的工程技术人员。培训内容为某种软件的具体操作与使用方法,包括:①软件系统技术文档介绍,例如,用户使用手册、说明书等,通过培训使用户尽可能多地了解该软件的结构和有关程序设计的风格,使用户能够在尽可能短的时间内掌握此软件的应用方法;②通过上机操作,让培训对象练习各种菜单项和相关命令的操作。在操作过程中,软件的开发人员应向用户讲解操作方法和技巧,直到受训者能正确使用为止。

3) 软件二次开发培训

CAD/CAM 软件系统中的一些基础功能模块往往是通用的,软件应用者可能希望对其进行改造,使其更适合本部门或本单位的实际使用要求,这种改造过程,一般称为软件的二次开发。二次开发实际上也是软件的一种应用,但其应用层次较高,开发人员不仅需要对所需改造的 CAD/CAM 软件系统有一定了解,还需要有一定的计算机编程水平。软件二次开发培训的主要内容包括软件开发的基础知识和基本过程、二次开发对象软件的结构和工作原理等。

11.6　CAD/CAM 系统建立案例

CAD/CAM 先进的信息化生产力是实现企业技术创新的重要技术基础,这已为国内外众多制造业信息化进程的实践所证实。

美国福特汽车公司为迎接 21 世纪而制定的革命性技术发展计划《FORD 2000》,是用一个统一的产品信息管理系统(PDM)把计算机辅助设计(CAD)、辅助分析(CAE)、辅助制造(CAM)集成起来(简称"C3P"),作为统一福特公司及其遍布全球的协作厂、供应商的信息技术系统。其目标是将新车型开发周期从 18 个月压缩到 12 个月,减少 90% 的实物模型,减少新产品的设计更改 50%,减少新车试制成本 50%,提高投资收益 30%。欧洲空中客车公司也大胆采用了新一代的 CAD/CAM 技术,即"电子产品定义(EPD)+并行工程(CE)+产品数据管理(PDM)",缩短了新一代空中客车的上市周期,在国际市场上赢得了大批订单,成为与波音公司匹敌的竞争对手。

我国在 20 世纪 90 年代初期开始 CAD/CAM 应用工程,大力倡导普及 CAD 技术,从而"甩掉图板",其目的就是要以智能化的信息技术支持新产品开发,提高企业的创新能力。近20 年的工程应用实践,已经显示出 CAD/CAM 巨大的投入产出增值效益。例如,德阳东方电机股份有限公司,是我国设计制造水轮发电机组、汽轮发电机等产品的重型装备制造企业,产品具有品种多、技术密集、结构复杂、设计工作量大等特点,该企业将在产品结构设计中取消图板、实现计算机化作为实施 CIMS 工程的基础,在产品关键零部件设计制造中广泛应用 CAD/CAM 技术,设计制造质量和效率明显提高。他们还将公司已有的技术与国外合作公司提供的专业应用技术组成实用的 CAD/CAM 系统,创造了与国外合作者异地联合设计和制造的条件,大大提高了产品市场占有率。本节以东方电机 CIMS 工程实施为背景,对企业 CAD/CAM 系统构建进行介绍。

1. 东方电机 CIMS 系统概况

东方电机股份有限公司是我国大型发电设备开发、设计与制造的重点企业,在产品设计、制造、生产经营管理方面迫切需要与国际先进水平接轨。为了提高产品设计制造质量和快速响应市场、参与国际市场竞争的能力,公司与技术依托单位四川大学于 1997 年初组建东方电机计算机集成制造系统联合设计组,针对东方电机产品技术密集、结构复杂、制造周期长的特点,在高起点上成功地设计了科学合理的东方电机计算机集成制造系统(DFEM-CIMS)体系结构,创建了在计算机网络和分布式数据库支持环境下,集技术信息分系统、管理信息分系统、计算机辅助质量信息分系统和包括 CAD/CAM 系统在内的制造自动化分系统为一体的计算机集成制造环境。东方电机在投标和在制机组等工程中全面应用 DFEM-

CIMS 的研究成果,缩短设计周期 3 个月,提高了产品开发整体技术水平与创新能力、一次成功率和设计制造质量,增强了竞争能力;创造了与国外合作厂家进行合作设计制造的条件,为东方电机研制大型发电设备、三峡水轮发电机组和 1000 MW 核发电机组提供了坚实的技术基础。

2. DFEM-CIMS 的组成

DFEM-CIMS 划分为 4 个功能应用分系统和一个支撑分系统,即技术信息分系统(TIS)、管理信息分系统(MIS)、计算机辅助质量信息分系统(CAQ)、制造自动化分系统(MAS)以及网络和数据库分系统(NET/DB)。DFEM-CIMS 4 个功能分系统是在网络和数据库构成的支撑环境下建立的,而网络和数据库支撑环境又建立在计算机系统硬件平台及操作系统软件平台上,由此构成的 DFEM-CIMS 体系结构,如图 11.3 所示。图 11.4 为 DFEM-CIMS 的总体结构。

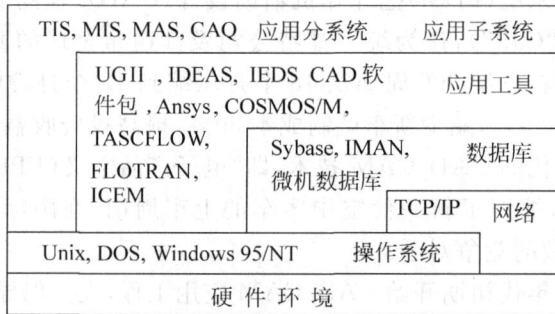

图 11.3 DFEM-CIMS 结构体系

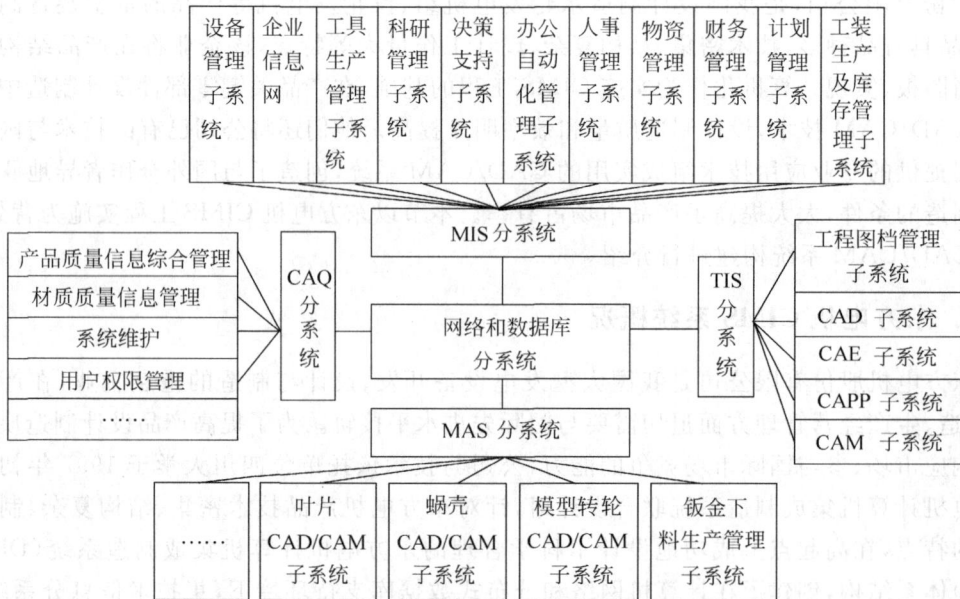

图 11.4 DFEM-CIMS 总体功能结构

1) 管理信息分系统(MIS)

DFEM-CIMS/MIS 分系统建立了辅助企业管理的物理平台,包括公司的 Internet 节点(对外互联网)及 Intranet 网络(企业信息网),为建立高效的电子信息采集、传递、利用提供了可行渠道;建立了完善的电子信息系统使用和管理模式,可充分利用 MIS 分系统获取信息,服务于企业的生产,加强企业经营管理。

DFEM-CIMS/MIS 分系统建成了包括物资管理子系统、企业信息网、设备管理子系统、科研管理子系统、决策支持子系统、计划管理子系统、财务管理子系统、工具生产管理子系统、工装生产及库存管理子系统、人事管理子系统、办公自动化管理信息子系统在内的 11 个子系统,并全面投入运行,服务于企业管理过程。

2) 技术信息分系统(TIS)

DFEM-CIMS/TIS 分系统建立在由 19 台图形工作站、250 台微机、3 个小型机服务器和 5 台子网服务器等构成的硬件平台以及由多类软件系统构成的软件平台上,具体包括操作系统、CAD/CAE/CAM 一体化软件(UGII/IDEAS)、工程分析软件(ANSYS、COSMOS,FLOTRAN、TASCFLOW、ICEM)、工程数据库软件(IMAN)和大量自行开发及合作开发的工程应用软件。在开放式计算机网络和分布式数据库的支持下,建立起贯穿产品设计、分析、工艺过程的开放性 CAD/CAE/CAPP/CAM 集成的技术信息系统,其体系结构如图 11.5 所示。图 11.6 为 TIS 功能分解图。

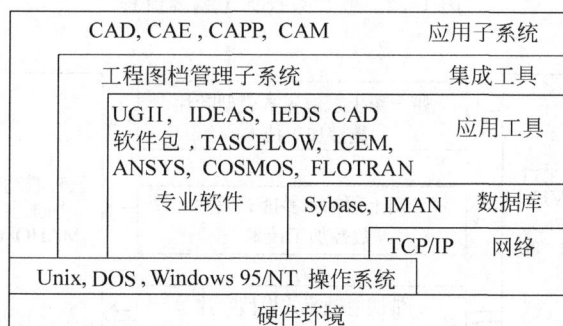

图 11.5　TIS 体系结构

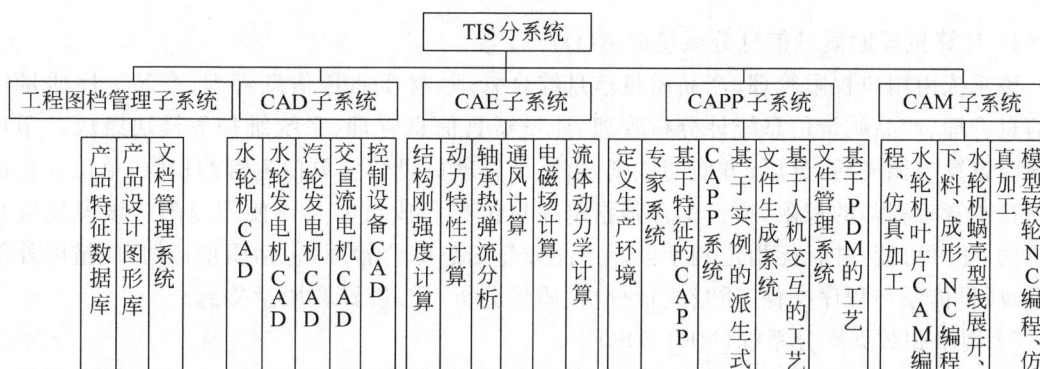

图 11.6　TIS 功能分解

3）制造自动化分系统（MAS）

DFEM-CIMS/MAS 分系统由叶片 CAD/CAM 子系统、模型转轮 CAD/CAM 子系统、蜗壳 CAD/CAM 子系统、钣金下料生产管理子系统、计算机辅助测试子系统组成。其中，叶片的自动编程步骤如图 11.7 所示，模型转轮 CAD/CAM 系统流程如图 11.8 所示。

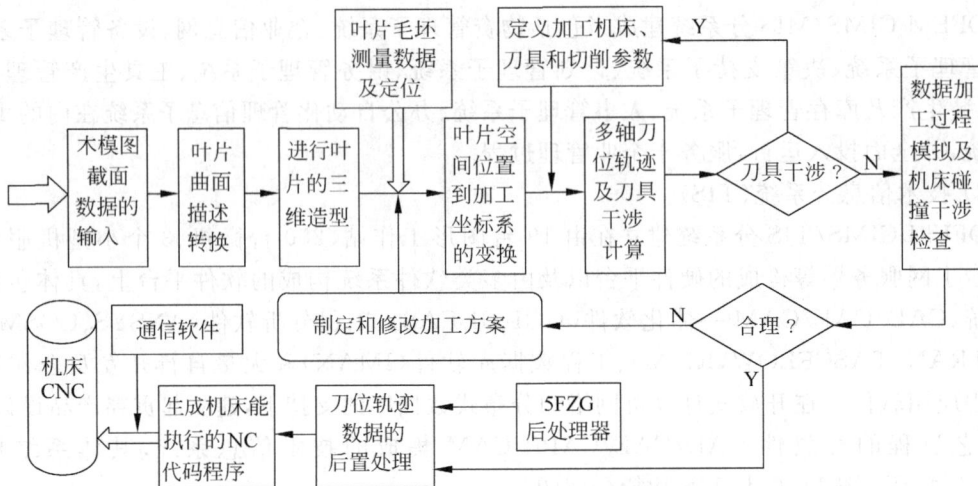

图 11.7　叶片数控加工编程流程

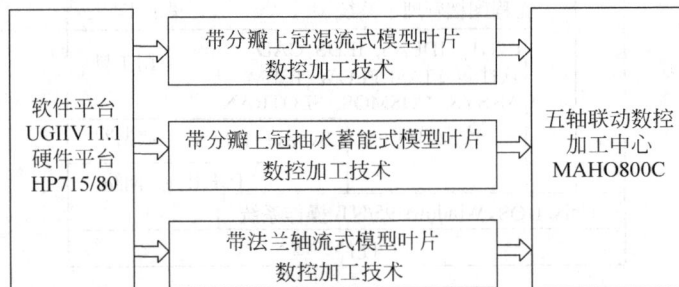

图 11.8　大型水轮机模型转轮数控加工流程

4）计算机辅助质量信息分系统（CAQ）

该系统由用户权限管理、产品质量信息综合管理、材质质量信息管理、产品工序质量检测信息管理、产品质量信息统计分析管理、计量器具信息管理、系统维护等模块组成。用户权限的设置遵循灵活、分层、方便的原则，由系统管理员设置各单位主管的权限，单位主管指定项目主管工程师的权限，项目工程师指定项目组长和成员的具体使用权限。该模块应是动态的，随时可变，并且能指定到字段。产品质量信息综合管理，包括质量计划、质量内外部信息、质量体系与程序文件、质量统计分析、质量分析、质量活动、质量奖惩。

5）网络和数据库分系统（NET/DB）

DFEM-CIMS 网络/数据库分系统的主要任务就是完成覆盖东方电机股份有限公司厂区的计算机网络主干网的设计和构建工作，实现以 TCP/IP 协议为主体的主要节点的互联。DFEM-CIMS 网络分系统提供对数据库系统的分布式管理的支持，为各应用系统提供文件传送(FTP)、远程登录(TELNET)、电子邮件(E-mail)、WWW 等服务。网络系统主体采用以 TCP/IP 网络协议为主体的、多协议并存的体系结构,支持异种机、异种网络操作系统互联,便于网络扩充,同时支持分布式数据库管理系统。采用 PSTN 公共交换电话网或通过电信局的 X.25/DDN 来满足分散远程站点的通信及与因特网的连接。网络分系统将用户划分为服务器、客户机及分散站点,分别采用不同的上网方案,以保证网络的正常有序运行。

公司采用的大型工程应用软件,如 CAD/CAM 软件(UGII,IDEAS)和 CAE 软件(ANSYS,COSMOS),具有分布式并行运算能力,在 CAD/CAE/CAM 设计时,可在服务器上计算、建模,也可在客户机上分布计算、建模,充分发挥分布式并行处理的性能,达到有效利用资源、提高效率的目的。

3. DFEM-CIMS 的实施

东方电机计算机集成制造系统的成功实施,提高了产品设计开发与创新能力,增强了企业的应变能力和竞争能力,实现了重大质量事故为零的突破,全面提高了产品质量。DFEM-CIMS 所取得的技术成果和建立的集成系统提高了我国大型发电设备的设计和制造水平,支撑企业在竞争激烈的国际、国内市场中处于更有利的地位。应用所取得的技术成果和建立的集成系统,东方电机成功地开发了一批水、火电发电设备和贯流机组、交流变频电机等新产品,先后赢得并成功地设计制造了大朝山水轮发电机组、山东胜利 300 MW 汽轮发电机、李家峡 400 MW 水轮发电机组、红岩子 30 MW 大型贯流机组、葛洲坝水电机组改造等机组。本系统在三峡 700 MW 巨型水电机组和 1000 MW 核发电机等巨型发电设备的设计制造中发挥了不可替代的作用。

该 CIMS 系统中,水轮机通流部件的 CAD/CAE/CAPP/CAM 实用集成系统,使东方电机拥有了国际上最先进的水轮机制造技术,进口高档数控机床也充分发挥了生产能力。采用该技术研制了迪什林机组模型转轮,赢得了我国最大的水电机组出口贸易。

4. DFEM-CIMS 的效益

DFEM-CIMS 的实施与应用取得了显著的经济效益和社会效益。

1) 经济效益

(1) 提高了开发与创新能力,缩短设计周期 3 个月,企业每百元产值降低成本 3 元。

(2) 在三峡、贵港、阿克拉等大型电力机组的国际招标中创收外汇 3500 万美元。

(3) 减少了库存积压,物资储备资金占用周转天数缩短 35 天/年,资金周转期缩短率为 17%。

(4) 蜗壳 4C 系统的应用,使每套机组节约 4000 个工时,节约预装用焊料和钢材 80 t,直接效益约为 500 万元。

2) 社会效益

(1) 取得的技术成果和建立的系统将有助于提高我国大型水轮发电机组的设计和制造水平。DFEM-CIMS 环境下形成的先进生产技术支持和经营管理指导思想,进一步使东方电机具备了设计制造三峡水轮发电机组和 700 MW 巨型水电机组的能力,并为实现东方电机之后的经营战略目标奠定了坚实的技术基础。

(2) 推进企业设计、制造和管理能力与国际先进水平接轨,具备国际交流、合作和竞争的技术基础和条件,提升了东方电机的企业形象和知名度,为传统制造企业向现代制造企业发展起到了良好的示范作用。

(3) 转变了观念,增强了信心,带来了组织方式、管理模式上的变化,提高了企业的管理水平和标准化水平;加速了从旧观念向集成、智能观念的转换和各类自主开发与引进的应用技术向实际生产力转换的过程。

(4) 加速企业发展,促进企业业务流程的全面优化和整体效益的提升。CIMS 已成为东方电机科技水平的重要标志、生产力的重要组成部分和创造更高综合效益的重要途径之一。

(5) DFEM-CIMS 在提高产品设计制造质量方面起到重要作用,为实现重大质量事故为零的突破作出了贡献。以 1998 年东方电机新装机总量计算,每少停机 1 h,就可多发电 460 万 kW·h,创造社会经济效益近 1 亿元。由于采用了 CIMS 技术,缩短了设计周期。1998 年综合产量为 4700.012 MW,按提前 3 个月投入发电计算(电厂每 kW·h 电量平均纯利润是 0.035 元),可能产生的社会经济效益约为 3 亿元。

5. DFEM-CIMS 实施的基本经验

(1) DFEM-CIMS 总体方案坚持了“效益驱动”的原则。

(2) 在实施步骤上坚持了“总体规划、分步实施、重点突破”原则。把计算机集成制造的基本原理同企业的战略目标和内外现实环境相结合,对现行的企业技术、生产、经营、管理系统进行系统分析,找准其中的瓶颈问题,选好突破口。

(3) 采用系统工程方法,按照总系统的要求,科学地设计各子系统体系结构,保证结构体系开放、可扩展。

(4) 在实施过程中,将长远与现实、需要与可能、投入与效益、技术先进性与工程适用性恰如其分地结合起来。

习题

1. 制定 CAD/CAM 系统规划时应遵循哪些基本原则?
2. 在建立 CAD/CAM 系统时需求分析要解决哪些问题?
3. 在拟定一个单位的 CAD/CAM 系统实施步骤时应考虑哪些问题?
4. 如何合理地配备 CAD/CAM 系统的技术人员?
5. 如何合理地培训 CAD/CAM 技术人员?

主要参考文献

1. 殷国富,刁燕,蔡长韬. 机械 CAD/CAM 技术基础. 武汉：华中科技大学出版社,2010
2. 殷国富,杨随先. 计算机辅助设计与制造技术原理及应用. 成都：四川大学出版社,2001
3. 张曦煌,杜俊俐. 计算机图形学. 北京：北京邮电大学出版社,2006
4. 伏玉琛,周洞汝. 计算机图形——原理、方法与应用. 武汉：华中科技大学出版社,2003
5. 陈传波,陆枫. 计算机图形学基础. 北京：电子工业出版社,2002
6. 焦永和. 计算机图形学教程. 北京：北京理工大学,2001
7. 王飞. 计算机图形学基础. 北京：北京邮电大学出版社,2001
8. 仲梁维,张国全. 计算机辅助设计与制造. 北京：中国林业出版社,2006
9. 殷国富,陈永华. 计算机辅助设计技术与应用. 北京：科学出版社,2000
10. 刘极峰. 计算机辅助设计与制造. 北京：高等教育出版社,2004
11. 李平,贾伟杰. 计算机辅助设计与制造. 武汉：华中科技大学出版社,2005
12. 殷国富,杨随先. 计算机辅助设计与制造技术. 武汉：华中科技大学出版社,2008
13. 殷国富,徐雷. SolidWorks 2007 二次开发技术实例精解——机床夹具标准件三维图库. 北京：机械工业出版社,2007
14. 宁汝新,赵汝嘉. CAD/CAM 技术. 北京：机械工业出版社,2006
15. 袁红兵. 计算机辅助设计与制造教程. 北京：国防工业出版社,2007
16. 周利平. 数控技术及加工编程. 成都：西南交通大学出版社,2007
17. 莫善畅. MasterCAM X2 完全学习手册. 北京：电子工业出版社,2007
18. James A. Rehg. 计算机集成制造. 北京：机械工业出版社,2007
19. MSC 公司. MSC_TRANIN_PATRAN_pat301 中文培训教程,2004
20. MSC 公司. MSC.Nastran Dynamic Analysis 中文培训教程,2004
21. 曾攀. 有限元分析及应用. 北京：清华大学出版社,2004
22. 傅永华. 有限元分析基础. 武汉：武汉大学出版社,2003
23. (美)钱德拉佩特拉,贝莱冈度. 工程中的有限元方法(附光盘第 3 版). 曾攀译. 北京：清华大学出版社,2006
24. 邱会朋,李小敏. CAD/CAE/CAPP/CAM 应用教程. 北京：清华大学出版社,2008
25. 陈宗舜,刘方荣,吴春燕. 机械制造装配工艺设计与装配 CAPP. 北京：机械工业出版社,2007
26. 赵汝嘉,孙波. 计算机辅助工艺设计. 北京：机械工业出版社,2003
27. 张涛,陆晓春,凌晨,任霞. CAXA-CAPP 工艺设计与数据管理教程. 北京：北京航空航天大学出版社,2004
28. 李宇宁,贾文玉. 企业信息化初阶. 北京：电子工业出版社,2004
29. 孙文焕. 机械 CAD/CAM 技术概论. 西安：西安电子科技大学出版社,1995